高校数学でマスターする

現代制御とディジタル制御

――本質の理解からMat@Scilabによる実践まで――

博士(工学)　小坂　学　著

コロナ社

ま　え　が　き

本書は，古典制御について書かれた『高校数学でマスターする制御工学』の続編で，現代制御とディジタル制御と現場の工夫について，前書と高校数学の知識でマスターできるように書かれています。本書を読めば，現代制御で制御器を設計し，それをディジタル化することができます。それをさらにプログラムに書けばマイコンなどで実際に制御実験を行うことができます。ぜひ読んでほしいのは，初めて制御系を設計する卒研生や企業の新人の方々です。前書と同様に，つぎの3編に分かれています。

(1) 【わかる（＝方法手順）編】：現代制御とディジタル制御，現場の技術の使い方を書いたマニュアル

(2) 【ナットク（＝理論証明）編】：高校数学で理解できる【わかる編】の理論的裏付け

(3) 【役立つ（＝応用例）編】：【わかる編】のマニュアルに沿った設計例（MATLAB を利用）

これら3編を通して，現代制御とディジタル制御をしっかりと自分のものにしてほしいと思います。

筆者は，企業の制御技術者として10年間，大学の制御工学の教員として10年以上の間，制御工学の研究と教育を続けています。この経験を生かして，わかりやすく，納得でき，そして企業の現場で役立つことを目指して執筆しました。前書と高校の数学の知識で制御系を設計できるように工夫し，懇切丁寧な説明を心掛け，式番号や図番号を参照するときはその式や図が載っているページ番号も並記しています。内容は，企業の現場で役立っているものに厳選し，実例を示しながら実際のモノのイメージが頭に浮かび，物理的な意味を把握できるようにしっかり説明しています。

実際の制御系設計では多くの場合，MATLAB（マトラブと読む）という制御系 CAD ソフトが使われています。本書でも MATLAB の使い方を紹介します。MATLAB の Control System Toolbox, System Identification Toolbox, Robust Control Toolbox を使用します。MATLAB に似たフリーソフトとして SCILAB（サイラブと読む）があります。これに Mat@Scilab（マト・アト・サイラブと読む）というフリーソフトを組み合わせると，本書で扱うすべての MATLAB コマンドを無料で実行して制御を実感することができます。

なお，本書の内容の一部は文部科学省私立大学戦略的研究基盤形成支援事業（平成 24 年～平成 26 年）の助成を受けました。

本書に関して貴重なご意見・ご指摘をいただきました柴田　浩先生（大阪府立大学名誉教授）に深く感謝いたします。

2015 年 7 月

小坂　学

目　　　　次

——Part I【わかる編】——

1.　現代制御を「わかる」

1.1　状態空間表現によるシステムの解析 ………… *1*

1.1.1　状態空間表現とは ………… *1*

1.1.2　状態空間表現 ($\boldsymbol{A}$, $\boldsymbol{B}$, $\boldsymbol{C}$, $\boldsymbol{D}$) を伝達関数 $\boldsymbol{G}(s)$ に変換する ………… *5*

1.1.3　あるシステムを表す $\boldsymbol{A}$, $\boldsymbol{B}$, $\boldsymbol{C}$, $\boldsymbol{D}$ の組合せは無限にある ………… *6*

1.1.4　伝達関数 $G(s)$ を状態空間表現 ($\boldsymbol{A}$, $\boldsymbol{B}$, $\boldsymbol{C}$, D) に変換する ………… *7*

1.1.5　安 定 性 の 解 析 ………… *12*

1.1.6　状態方程式 $\dot{\boldsymbol{x}} = \boldsymbol{A}\boldsymbol{x} + \boldsymbol{B}\boldsymbol{u}$ の解 ………… *15*

1.1.7　状態空間表現のブロック線図 ………… *18*

1.1.8　システムの接続 ………… *19*

1.2　状態空間表現による制御系設計 ………… *20*

1.2.1　レギュレータとサーボ ………… *20*

1.2.2　状態フィードバック ………… *21*

1.2.3　極　配　置　法 ………… *22*

1.2.4　可　制　御　性 ………… *25*

1.2.5　オブザーバ (状態観測器) ………… *27*

1.2.6　可　観　測　性 ………… *30*

1.2.7　最　適　制　御 ………… *35*

1.2.8　定常偏差をなくすサーボ ………… *38*

1.2.9 状態フィードバックとオブザーバを併合した制御器 ············ 40
1.2.10 併合系の定常偏差をなくすサーボ ································ 42
1.2.11 MATLAB を使って H^{∞} 制御で混合感度問題を設計しよう ··· 45

2. ディジタル制御を「わかる」

2.1 制御器を実装するためのディジタル制御 ······························ 47
2.2 状態表現の制御器のオイラー法によるプログラム化 ················ 48
2.2.1 PID 制御器のオイラー法によるプログラム化 ···················· 50
2.2.2 伝達関数のオイラー法によるプログラム化 ······················ 51
2.3 双一次変換による積分の近似 ··· 52
2.4 遅延演算子 z^{-1} ·· 54
2.5 z 変換で離散化した状態方程式と伝達関数 ·························· 60
2.6 オイラー法と双一次変換で離散化した状態方程式と伝達関数 ········· 64
2.7 サンプリング定理 ·· 65
2.8 オイラー法と双一次変換の周波数特性のずれ ························ 66
2.9 ある周波数でずれない双一次変換のプリワーピング ·················· 67
2.10 ある周波数でずれないオイラー法のプリワープ処理 ················· 69
2.11 一般化双一次変換 ·· 70
2.11.1 オイラー法の安定性 ··· 71
2.11.2 双一次変換の安定性 ··· 72
2.11.3 z 変換の安定性 ·· 74
2.11.4 一般化双一次変換による最適制御系と H^{∞} 制御系の指定領域への極配置 ························· 74
2.12 MATLAB による離散化 ·· 75

3. 現場の制御技術を「わかる」

3.1 アンチワインドアップ …… 78
3.1.1 入力飽和とワインドアップ …… 78
3.1.2 PID 制御のアンチワインドアップ …… 80
3.1.3 制御器がパルス伝達関数 $K(z)$ のときのアンチワインドアップ 83
3.1.4 制御器が状態方程式のときのアンチワインドアップ …… 84
3.2 不 感 帯 対 策 …… 86
3.3 ロボットの非線形補償 …… 87
3.4 リミットサイクルを用いた PID ゲインの調整 …… 89
3.5 フィルタによるノイズ対策 …… 93
3.5.1 フ ィ ル タ と は …… 93
3.5.2 LPF …… 95
3.5.3 HPF …… 99
3.5.4 MATLAB でフィルタを設計しよう …… 100
3.5.5 メディアンフィルタ …… 103
3.6 シ ス テ ム 同 定 …… 105
3.6.1 ステップ応答による同定 …… 105
3.6.2 周 波 数 応 答 法 …… 107
3.6.3 最 小 二 乗 法 …… 109
3.6.4 周波数応答を用いた伝達関数 $G(s)$ の同定 …… 113

—— Part II【ナットク編】——

4. 【わかる編】を理論的裏付けして「ナットク」する

4.1 高校数学とその応用をナットクする …… 116
4.1.1 微 分 と 積 分 …… 116
4.1.2 一次方程式とベクトル …… 117
4.1.3 連立一次方程式と行列 …… 118
4.1.4 行列の足し算と引き算 …… 119
4.1.5 行 列 の 定 数 倍 …… 120
4.1.6 行 列 の 掛 け 算 …… 120
4.1.7 0 の 行 列 …… 121
4.1.8 1 の 行 列 …… 122
4.1.9 行 列 の 割 り 算 …… 122
4.1.10 $\boldsymbol{A}\boldsymbol{A}^{-1} = \boldsymbol{A}^{-1}\boldsymbol{A} = \boldsymbol{I}$ の証明 …… 125
4.1.11 $(\boldsymbol{X}\boldsymbol{Y})^{-1} = \boldsymbol{Y}^{-1}\boldsymbol{X}^{-1}$ の証明 …… 125
4.1.12 逆 行 列 補 題 …… 126
4.1.13 行列 $\boldsymbol{A}$ の転置 $\boldsymbol{A}^{\mathrm{T}}$ …… 126
4.1.14 $(\boldsymbol{A}\boldsymbol{B})^{\mathrm{T}} = \boldsymbol{B}^{\mathrm{T}}\boldsymbol{A}^{\mathrm{T}}$ の証明 …… 126
4.1.15 $\left(\boldsymbol{A}^{\mathrm{T}}\right)^{-1} = \left(\boldsymbol{A}^{-1}\right)^{\mathrm{T}}$ の証明 …… 127
4.1.16 $|\boldsymbol{A}| = \left|\boldsymbol{A}^{\mathrm{T}}\right|$ の証明 …… 128
4.1.17 固 有 値 と は …… 128
4.1.18 $\boldsymbol{A}$ と $\boldsymbol{A}^{\mathrm{T}}$ の固有値が等しいことの証明 …… 130
4.2 1章の現代制御をナットクする …… 130
4.2.1 状態空間表現を伝達関数に変換する式の証明 …… 130

4.2.2　微分方程式から可制御正準形を求める方法の証明 …… 131
4.2.3　双対システムと元のシステムとが等価なことの証明 …… 134
4.2.4　同値変換しても固有値が不変なことの証明 …… 134
4.2.5　$e^{\boldsymbol{A}t}$ の性質の証明 …… 135
4.2.6　状態方程式 $\dot{\boldsymbol{x}} = \boldsymbol{A}\boldsymbol{x} + \boldsymbol{B}\boldsymbol{u}$ の解の証明 …… 138
4.2.7　システムの接続の証明 …… 139
4.2.8　可制御性行列による可制御正準形への変換 …… 140
4.2.9　可制御と極配置の関係 …… 142
4.2.10　正 定 値 行 列 …… 143
4.2.11　$\boldsymbol{Q}$, $\boldsymbol{R} > 0$ のとき $\boldsymbol{Q} + \boldsymbol{K}^{\mathrm{T}}\boldsymbol{R}\boldsymbol{K} > 0$ の証明 …… 144
4.2.12　リアプノフ方程式と $\boldsymbol{A}$ の固有値 …… 144
4.2.13　最適制御の $\boldsymbol{Q} = q\boldsymbol{I}$ と $R = r$ の比が同じならば $\boldsymbol{K}$ が同じになることの証明 …… 146
4.2.14　最適制御の証明 …… 147
4.2.15　併合系の分離定理の証明 …… 150
4.3　2章のディジタル制御をナットクする …… 153
4.3.1　双一次変換で離散化した状態方程式 …… 153
4.3.2　一般化双一次変換による虚軸の円周上への移動 …… 154
4.4　3章の現場の制御技術をナットクする …… 156
4.4.1　自動整合制御のゲイン設定 …… 156
4.4.2　ベクトル $\boldsymbol{\theta}$ による微分 $\dfrac{\partial E(\boldsymbol{\theta})}{\partial \boldsymbol{\theta}}$ …… 157
4.4.3　最小二乗法は残差の二乗和を最小にすることの証明 …… 160

―― Part III【役立つ編】――

5. MATLABを活用した制御系設計を行って「役立つ」

5.1 DCモータのモデリング …… 162

5.1.1 動　作　原　理 …… 162

5.1.2 モ デ リ ン グ …… 163

5.2 DCモータを状態フィードバックで制御しよう …… 168

5.2.1 モータの状態フィードバックとブロック線図 …… 168

5.2.2 状態フィードバックを極配置法で設計しよう …… 172

5.2.3 状態フィードバックを最適制御で設計しよう …… 174

5.2.4 状態フィードバック系のステップ応答とボード線図 …… 176

5.2.5 状態フィードバックのアンチワインドアップ …… 177

5.2.6 状態フィードバックのマイコンへの実装 …… 177

5.2.7 状態フィードバック最適制御のシミュレーション …… 178

5.3 DCモータの速度を出力フィードバックで制御しよう …… 179

5.3.1 併合系を極配置法で設計しよう …… 179

5.3.2 併合系をLQGで設計しよう …… 180

5.3.3 併合系の混合感度問題をH^∞制御で設計しよう …… 183

5.3.4 出力フィードバック制御器をマイコンに実装しよう …… 184

5.3.5 出力フィードバック制御器のアンチワインドアップをしよう …… 185

5.3.6 出力フィードバックのシミュレーション …… 185

引用・参考文献 …… 189

索　　　　引 …… 190

—— Part I【わかる編】——

1 現代制御を「わかる」

ここでは，現代制御理論を理解しよう。

1.1 状態空間表現によるシステムの解析

自転車を時速 20 km で走りたいとき，速度が遅ければペダルを強くこぎ，速すぎれば力をゆるめる。これがフィードバック制御の原理である。制御工学では，自転車を制御対象，ペダルを踏む力 $u(t)$ を**入力**，速度 $y(t)$ を**出力**と呼ぶ。$u(t)$，$y(t)$ の (t) は，時間 t の関数であることを表すが，本書ではまぎらわしくなければ略す。制御対象と入力と出力などのつながりを**システム**という。

古典制御では，伝達関数でシステムを表現して，制御系の解析と設計を行った[†1]。現代制御では，伝達関数の代わりに，状態空間でシステムを表現して制御系の解析と設計を行う。ここでは状態空間を学ぶ。

1.1.1 状態空間表現とは

古典制御では，システムの入力 $u(t)$ と出力 $y(t)$ の関係を表現するために，それぞれのラプラス変換 $U(s)$，$Y(s)$ を求め，その比である伝達関数 $G(s)=\dfrac{Y(s)}{U(s)}$ を利用した[†2]。現代制御では，$u(t)$ と $y(t)$ の関係を，つぎの連立 1 階微分方程式で表現する。

---

†1　前書『高校数学でマスターする制御工学』の内容は古典制御である。
†2　前書『高校数学でマスターする制御工学』の索引「伝達関数」を参照。

$$\text{状態表現}\begin{cases}\dot{\boldsymbol{x}}(t)=\boldsymbol{A}\boldsymbol{x}(t)+\boldsymbol{B}\boldsymbol{u}(t) & \leftarrow \text{状態方程式}\\ \boldsymbol{y}(t)=\boldsymbol{C}\boldsymbol{x}(t)+\boldsymbol{D}\boldsymbol{u}(t) & \leftarrow \text{出力方程式}\end{cases} \tag{1.1}$$

この式を**状態方程式**，**状態空間表現**，または**状態表現**という。また，上の式を状態方程式，下の式を**出力方程式**と呼び，使い分けることもある。$\boldsymbol{x}(t)$ は縦長の列ベクトルで**状態**または**状態変数**といい，その要素の数 n を**システム次数**または**次数**という†。$\dot{\boldsymbol{x}}(t)=\dfrac{d}{dt}\boldsymbol{x}(t)$ は $\boldsymbol{x}(t)$ の時間微分である。$\boldsymbol{A}$ は n 行 n 列 ($n\times n$ と書く) 行列で**システム行列**という (ベクトルと行列の復習は p.117)。

$u(t)$ と $y(t)$ の要素数がどちらも 1 のとき，**1 入出力系** (**単一入出力系**，**1 入力 1 出力系**) といい，このとき $\boldsymbol{B}$ は縦長の $n\times 1$ 列ベクトル，$\boldsymbol{C}$ は横長の $1\times n$ 行ベクトル，D は 1×1 の数（スカラ）となる。1 入出力系のとき，式 (1.1) の $\boldsymbol{x}(t)$，$\boldsymbol{A}$，$\boldsymbol{B}$，$\boldsymbol{C}$，D の要素を明示するとつぎのようになる。

$$\underbrace{\begin{bmatrix}\dot{x}_1(t)\\ \dot{x}_2(t)\\ \vdots\\ \dot{x}_n(t)\end{bmatrix}}_{\dot{\boldsymbol{x}}(t)}=\underbrace{\begin{bmatrix}a_{11} & a_{12} & \cdots & a_{1n}\\ a_{21} & a_{22} & \cdots & a_{2n}\\ \vdots & \vdots & \ddots & \vdots\\ a_{n1} & a_{n2} & \cdots & a_{nn}\end{bmatrix}}_{\boldsymbol{A}}\underbrace{\begin{bmatrix}x_1(t)\\ x_2(t)\\ \vdots\\ x_n(t)\end{bmatrix}}_{\boldsymbol{x}(t)}+\underbrace{\begin{bmatrix}b_1\\ b_2\\ \vdots\\ b_n\end{bmatrix}}_{\boldsymbol{B}}u(t) \tag{1.2}$$

$$y(t)=\underbrace{[c_1 \quad c_2 \quad \cdots \quad c_n]}_{\boldsymbol{C}}\underbrace{\begin{bmatrix}x_1(t)\\ x_2(t)\\ \vdots\\ x_n(t)\end{bmatrix}}_{\boldsymbol{x}(t)}+Du(t) \tag{1.3}$$

a_{ij} は $\boldsymbol{A}$ 行列の i 行 j 列要素である。b_i，c_i，$x_i(t)$ はそれぞれ $\boldsymbol{B}$，$\boldsymbol{C}$，$\boldsymbol{x}(t)$ の第 i 要素である。状態空間表現の式 (1.1) を略して ($\boldsymbol{A}$，$\boldsymbol{B}$，$\boldsymbol{C}$，$\boldsymbol{D}$) または

† 本書ではベクトルを矢印記号を用いた $\vec{a}$ ではなく，太字にして $\boldsymbol{a}$ と表す。行列は大文字の太字で $\boldsymbol{A}$ と表す。

$\begin{bmatrix} \boldsymbol{A} & \boldsymbol{B} \\ \boldsymbol{C} & \boldsymbol{D} \end{bmatrix}$ とも書く。

例題 1.1　**図 1.1** のシステムは質量 $m=0$ のとき，**ばね・ダンパ系**といい，つぎの運動方程式で表される。

$$\underbrace{u(t)}_{\text{外力}} = \underbrace{c\dot{y}(t)}_{\text{ダンパの力}} + \underbrace{ky(t)}_{\text{ばねの力}} \qquad (1.4)$$

$u(t)$, $y(t)$ は外力と変位，c, k は粘性摩擦係数とばね定数である†。このシステムを状態空間表現で表そう。

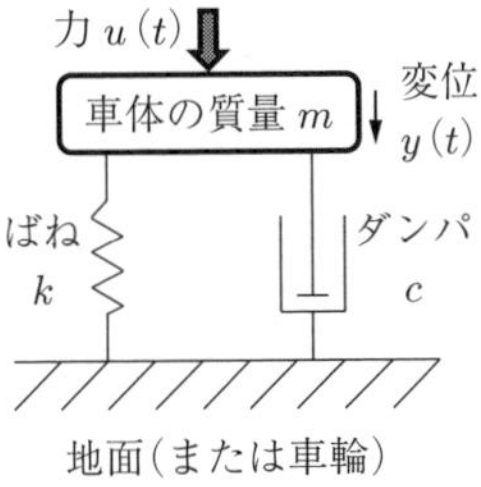

図 1.1　ばね・マス・ダンパ系

【解答】　状態変数 $x(t)$ を

$$x(t) = y(t) \qquad (1.5)$$

として式 (1.4) に代入して，両辺を c で割る。

$$\dot{x}(t) = -\frac{k}{c}x(t) + \frac{1}{c}u(t) \qquad (1.6)$$

式 (1.5), (1.6) をまとめてつぎの状態空間表現を得る。

$$\dot{x}(t) = \overbrace{-\frac{k}{c}}^{A}\, x(t) + \overbrace{\frac{1}{c}}^{B}\, u(t) \qquad (1.7)$$

$$y(t) = \underbrace{1}_{C}\cdot x(t) + \underbrace{0}_{D}\cdot u(t) \qquad (1.8)$$

式 (1.1) と比較すると，$(A,\ B,\ C,\ D) = \left(-\dfrac{k}{c},\ \dfrac{1}{c},\ 1,\ 0\right)$ である。　◇

例題 1.2　$\dot{y}(t) + 2y(t) = 3u(t)$ の状態空間表現 $(A,\ B,\ C,\ D)$ を $y(t) = x(t)$ として求めよう。

---

† 前書『高校数学でマスターする制御工学』の索引「ばね・ダンパ系」を参照。

【解答】 変形すると $\dot{y}(t) = -2y(t) + 3u(t)$ となる。$y(t) = x(t)$ を代入して $\dot{x}(t) = -2x(t) + 3u(t)$ が得られ，式 (1.1) と比較すると $A = -2$, $B = 3$ である。$y(t) = x(t)$ を式 (1.1) と比較すると $C = 1$, $D = 0$ である。 ◇

■ **状態空間表現の伝達関数表現に対するメリット**　状態空間表現の伝達関数表現に対するメリットはつぎのとおりである。

(1) 多入出力系をより簡単に表現できる。

(2) 伝達関数表現では信号の初期値をすべてゼロと仮定しなければならなかった (p.131 の式 (4.43))。状態空間表現では，その必要がない。

(3) 後述のオブザーバを用いて，状態 $\boldsymbol{x}(t)$ を計算（**観測**という）できる。

(1) について，$\boldsymbol{u}(t)$ と $\boldsymbol{y}(t)$ が複数あるシステムを**多入出力系**という。例えばロボットアームでは，肩，肘，手首のそれぞれの関節を動かすのはモータである。それらへ加える電圧が入力 $u_1(t)$，$u_2(t)$，$\cdots$，$u_m(t)$，それぞれの関節の回転角が出力 $y_1(t)$，$y_2(t)$，$\cdots$，$y_l(t)$ の多入出力系である。これを伝達関数表現で表すとつぎのようになり，伝達関数が $l \times m$ 個必要で多入出力系の扱いはたいへん複雑になる。

$$\left.\begin{aligned}
y_1(s) &= G_{11}(s)u_1(s) + G_{12}(s)u_2(s) + \cdots G_{1m}(s)u_m(s) \\
y_2(s) &= G_{21}(s)u_1(s) + G_{22}(s)u_2(s) + \cdots G_{2m}(s)u_m(s) \\
&\vdots \\
y_l(s) &= G_{l1}(s)u_1(s) + G_{l2}(s)u_2(s) + \cdots G_{lm}(s)u_m(s)
\end{aligned}\right\} \tag{1.9}$$

一方，状態空間表現では，$u_1(t), u_2(t), \cdots, u_m(t)$ と $y_1(t), y_2(t), \cdots, y_l(t)$ を縦長の列ベクトルで表せば，式 (1.1) の $\dot{\boldsymbol{x}}(t) = \boldsymbol{A}\boldsymbol{x}(t) + \boldsymbol{B}\boldsymbol{u}(t)$，$\boldsymbol{y}(t) = \boldsymbol{C}\boldsymbol{x}(t) + \boldsymbol{D}\boldsymbol{u}(t)$ で表現できるのである。つまり，状態空間表現を用いれば，多入出力系と単一入出力系を区別しなくても両者をほぼ同じように扱うことができる。多入出力系の状態方程式 (1.2), (1.3) はつぎのようになる。

$$\underbrace{\begin{bmatrix} \dot{x}_1(t) \\ \vdots \\ \dot{x}_n(t) \end{bmatrix}}_{\dot{\boldsymbol{x}}(t)} = \underbrace{\begin{bmatrix} a_{11} \cdots a_{1n} \\ \vdots \ \ddots \ \vdots \\ a_{n1} \cdots a_{nn} \end{bmatrix}}_{\boldsymbol{A}} \underbrace{\begin{bmatrix} x_1(t) \\ \vdots \\ x_n(t) \end{bmatrix}}_{\boldsymbol{x}(t)} + \underbrace{\begin{bmatrix} b_{11} \cdots b_{1m} \\ \vdots \ \ddots \ \vdots \\ b_{n1} \cdots b_{nm} \end{bmatrix}}_{\boldsymbol{B}} \underbrace{\begin{bmatrix} u_1(t) \\ \vdots \\ u_m(t) \end{bmatrix}}_{\boldsymbol{u}(t)} \tag{1.10}$$

$$\underbrace{\begin{bmatrix} y_1(t) \\ \vdots \\ y_l(t) \end{bmatrix}}_{\boldsymbol{y}(t)} = \underbrace{\begin{bmatrix} c_{11} \cdots c_{1n} \\ \vdots \ \ddots \ \vdots \\ c_{l1} \cdots c_{ln} \end{bmatrix}}_{\boldsymbol{C}} \underbrace{\begin{bmatrix} x_1(t) \\ \vdots \\ x_n(t) \end{bmatrix}}_{\boldsymbol{x}(t)} + \underbrace{\begin{bmatrix} d_{11} \cdots d_{1m} \\ \vdots \ \ddots \ \vdots \\ d_{l1} \cdots d_{lm} \end{bmatrix}}_{\boldsymbol{D}} \underbrace{\begin{bmatrix} u_1(t) \\ \vdots \\ u_m(t) \end{bmatrix}}_{\boldsymbol{u}(t)} \tag{1.11}$$

l は出力ベクトル $\boldsymbol{y}(t)$ の要素数，m は入力ベクトル $\boldsymbol{u}(t)$ の要素数である。$\boldsymbol{A}$ のサイズは $n \times n$，$\boldsymbol{B}$ は $n \times m$，$\boldsymbol{C}$ は $l \times n$，$\boldsymbol{D}$ は $l \times m$ である。$l = 1$，$m = 1$ の単一入出力系のとき，式 (1.10), (1.11) は，それぞれ式 (1.2), (1.3) になる。

1.1.2 状態空間表現 ($\boldsymbol{A}$, $\boldsymbol{B}$, $\boldsymbol{C}$, $\boldsymbol{D}$) を伝達関数 $\boldsymbol{G}(s)$ に変換する

次式で状態空間表現 ($\boldsymbol{A}$, $\boldsymbol{B}$, $\boldsymbol{C}$, $\boldsymbol{D}$) を伝達関数 $\boldsymbol{G}(s)$ に変換できる (p.130)。

$$\boldsymbol{G}(s) = \boldsymbol{C}(s\boldsymbol{I} - \boldsymbol{A})^{-1}\boldsymbol{B} + \boldsymbol{D} \tag{1.12}$$

$\boldsymbol{I}$ は $\boldsymbol{A}$ と同じサイズ $(n \times n)$ の単位行列 (p.122) である。$\boldsymbol{G}(s)$ の分母多項式の s の次数は，システム次数 (A の行数または列数) n と等しい (p.129 の式 (4.39))。

例題 1.3 つぎの状態空間表現 ($\boldsymbol{A}$, $\boldsymbol{B}$, $\boldsymbol{C}$, D) を伝達関数 $G(s)$ に変換しよう。

$$\boldsymbol{A} = \begin{bmatrix} 0 & 2 \\ 1 & -3 \end{bmatrix}, \ \boldsymbol{B} = \begin{bmatrix} 5 \\ 0 \end{bmatrix}, \ \boldsymbol{C} = [0 \quad 1], \ D = 0$$

【解答】 式 (1.12) に代入する。

$$G(s) = \boldsymbol{C}(s\boldsymbol{I} - \boldsymbol{A})^{-1}\boldsymbol{B} + D \leftarrow \boldsymbol{I} \text{ は } \boldsymbol{A} \text{ と同じサイズの単位行列 (p.122)}$$

$$= [0 \quad 1]\left(s\begin{bmatrix} 1 & 0 \\ 0 & 1 \end{bmatrix} - \begin{bmatrix} 0 & 2 \\ 1 & -3 \end{bmatrix}\right)^{-1}\begin{bmatrix} 5 \\ 0 \end{bmatrix} + 0 \leftarrow \text{行列の定数倍は p.120}$$

$$= [0 \quad 1]\begin{bmatrix} s-0 & 0-2 \\ 0-1 & s-(-3) \end{bmatrix}^{-1}\begin{bmatrix} 5 \\ 0 \end{bmatrix} \leftarrow \text{行列の引き算は p.119}$$

$$= [0 \quad 1]\frac{1}{s(s+3)-(-2)(-1)}\begin{bmatrix} s+3 & 2 \\ 1 & s \end{bmatrix}\begin{bmatrix} 5 \\ 0 \end{bmatrix} \leftarrow \text{逆行列は p.124 の式 (4.26)}$$

$$= [0\ \ 1]\frac{1}{s^2+3s-2}\begin{bmatrix}(s+3)\cdot 5+2\cdot 0\\ 1\cdot 5+s\cdot 0\end{bmatrix} \leftarrow \text{行列の掛け算は p.121 の式 (4.16)}$$

$$= \frac{1}{s^2+3s-2}[0\quad 1]\begin{bmatrix}5\,(s+3)\\ 5\end{bmatrix}$$

$$= \frac{1}{s^2+3s-2}\,(0\cdot 5\,(s+3)+1\cdot 5)$$

$$\therefore\quad G\,(s) = \frac{5}{s^2+3s-2}$$

◇

1.1.3 あるシステムを表す $\boldsymbol{A}$, $\boldsymbol{B}$, $\boldsymbol{C}$, $\boldsymbol{D}$ の組合せは無限にある

あるシステムを表す伝達関数 $G\,(s)$ は，$G\,(s)$ の分子・分母が約分されていれば一つしかない。しかし状態表現の場合，$\boldsymbol{A}$, $\boldsymbol{B}$, $\boldsymbol{C}$, $\boldsymbol{D}$ の組合せは無限にあることをこれから示す。$\boldsymbol{A}$ と同じサイズで，要素が実数で定数の行列 $\boldsymbol{T}$ を導入する。$\boldsymbol{T}$ はその逆行列 $\boldsymbol{T}^{-1}$ が存在するように選ぶ (逆行列は p.124)。p.2 の式 (1.1) の状態方程式 $\dot{\boldsymbol{x}}\,(t) = \boldsymbol{Ax}\,(t) + \boldsymbol{Bu}\,(t)$ に $\boldsymbol{T}$ を左から掛ける。

$$\boldsymbol{T}\dot{\boldsymbol{x}}\,(t) = \boldsymbol{TAx}\,(t) + \boldsymbol{TBu}\,(t)$$

$$\boldsymbol{T}\dot{\boldsymbol{x}}\,(t) = \boldsymbol{TA}\left(\boldsymbol{T}^{-1}\boldsymbol{T}\right)\boldsymbol{x}\,(t) + \boldsymbol{TBu}\,(t) \qquad \leftarrow \boldsymbol{T}^{-1}\boldsymbol{T} = \boldsymbol{I}\ \text{より}$$

$$\boldsymbol{T}\dot{\boldsymbol{x}}\,(t) = \boldsymbol{TAT}^{-1}\boldsymbol{Tx}\,(t) + \boldsymbol{TBu}\,(t) \tag{1.13}$$

式 (1.1) の出力方程式に $\boldsymbol{x}\,(t) = \left(\boldsymbol{T}^{-1}\boldsymbol{T}\right)\boldsymbol{x}\,(t)$ を代入する。

$$\boldsymbol{y}\,(t) = \boldsymbol{CT}^{-1}\boldsymbol{Tx}\,(t) + \boldsymbol{Du}\,(t) \tag{1.14}$$

式 (1.13) と式 (1.14) に

$$\overline{\boldsymbol{x}}(t) = \boldsymbol{Tx}\,(t) \ \leftarrow \overline{\boldsymbol{x}}\ \text{はエックスバーと読む} \tag{1.15}$$

$$\overline{\boldsymbol{A}} = \boldsymbol{TAT}^{-1}, \quad \overline{\boldsymbol{B}} = \boldsymbol{TB}, \quad \overline{\boldsymbol{C}} = \boldsymbol{CT}^{-1} \tag{1.16}$$

を代入して，つぎの状態表現を得る。

$$\begin{cases} \dot{\boldsymbol{x}}(t) = \overline{\boldsymbol{A}}\overline{\boldsymbol{x}}(t) + \overline{\boldsymbol{B}}\boldsymbol{u}(t) \\ \boldsymbol{y}(t) = \overline{\boldsymbol{C}}\overline{\boldsymbol{x}}(t) + \boldsymbol{D}\boldsymbol{u}(t) \end{cases} \tag{1.17}$$

この変換を**同値変換**(または線形変換，状態変数変換)という。システム($\boldsymbol{A}$, $\boldsymbol{B}$, $\boldsymbol{C}$, $\boldsymbol{D}$ を($\overline{\boldsymbol{A}}$, $\overline{\boldsymbol{B}}$, $\overline{\boldsymbol{C}}$, $\boldsymbol{D}$)に変換しても $\boldsymbol{u}(t)$ と $\boldsymbol{y}(t)$ はそのままで変わっていない。したがって，両者は $\boldsymbol{u}(t)$ と $\boldsymbol{y}(t)$ に関してまったく同じシステムである。$\boldsymbol{T}$ はその逆行列が存在すればどう選んでもよいので，あるシステムを表す状態表現(式(1.17))は無限に存在する。

1.1.4 伝達関数 $G(s)$ を状態空間表現($\boldsymbol{A}$, $\boldsymbol{B}$, $\boldsymbol{C}$, D)に変換する

入力 $u(t)$ と出力 $y(t)$ の関係が，つぎの微分方程式で表される 1 入出力系を考える。

$$\begin{aligned} & y^{(n)}(t) + a_{n-1}y^{(n-1)}(t) + \cdots + a_1 y^{(1)}(t) + a_0 y(t) \\ &= b_k u^{(k)}(t) + b_{k-1}u^{(k-1)}(t) + \cdots + b_1 u^{(1)}(t) + b_0 u(t) \end{aligned} \tag{1.18}$$

$y^{(i)}(t)$ は $y(t)$ の i 階微分，a_i, b_i は実数の定数であり，$n \geqq k$ である。古典制御では，このシステムをつぎの伝達関数 $G(s)$ で表した†。

$$G(s) = \frac{Y(s)}{U(s)} = \frac{b_k s^k + b_{k-1}s^{k-1} + \cdots + b_1 s + b_0}{s^n + a_{n-1}s^{n-1} + \cdots + a_1 s + a_0} \tag{1.19}$$

$n > k$ のとき，このシステムの状態空間表現($\dot{\boldsymbol{x}} = \boldsymbol{A}\boldsymbol{x} + \boldsymbol{B}u$, $y = \boldsymbol{C}\boldsymbol{x} + Du$)の一つは次式で与えられる(p.131)。

$$\underbrace{\begin{bmatrix} \dot{x}_1(t) \\ \dot{x}_2(t) \\ \vdots \\ \dot{x}_n(t) \end{bmatrix}}_{\dot{\boldsymbol{x}}_(t)} = \underbrace{\begin{bmatrix} 0 & & & \\ \vdots & & \boldsymbol{I} & \\ 0 & & & \\ -a_0 & -a_1 & \cdots & -a_{n-1} \end{bmatrix}}_{\boldsymbol{A}} \underbrace{\begin{bmatrix} x_1(t) \\ x_2(t) \\ \vdots \\ x_n(t) \end{bmatrix}}_{\boldsymbol{x}(t)} + \underbrace{\begin{bmatrix} 0 \\ \vdots \\ 0 \\ 1 \end{bmatrix}}_{\boldsymbol{B}} u(t) \tag{1.20}$$

† 前書『高校数学でマスターする制御工学』の 2.3.3 項を参照。

$$y(t) = \underbrace{[\overbrace{b_0 \quad b_1 \quad \cdots \quad b_k}^{k+1\ \text{個}} \quad \overbrace{0 \ \cdots \ 0}^{n-(k+1)\ \text{個}}]}_{\boldsymbol{C}} \underbrace{\begin{bmatrix} x_1(t) \\ x_2(t) \\ \vdots \\ x_n(t) \end{bmatrix}}_{\boldsymbol{x}(t)} \leftarrow D = 0 \qquad (1.21)$$

式 (1.20) の $\boldsymbol{A}$ 行列内の $\boldsymbol{I}$ は $(n-1)$ 次の単位行列 (p.122) である。式 (1.20), (1.21) の状態空間表現を 1 入出力系の**可制御正準形**（かせいぎょせいじゅんけい）(可制御標準形) という。この変換より，$G(s)$ の分母多項式の s の次数 n と，システム次数 ($\boldsymbol{A}$ の行数または列数) とは等しいことがわかる。ある状態表現 ($\boldsymbol{A}$, $\boldsymbol{B}$, $\boldsymbol{C}$, D) を可制御正準形に変換する方法を p.140 で説明する。

$n = 3$ のときの式 (1.19)〜(1.21) はつぎのようになる。

$$G(s) = \frac{b_2 s^2 + b_1 s + b_0}{s^3 + a_2 s^2 + a_1 s + a_0} \qquad (1.22)$$

$$\begin{bmatrix} \dot{x}_1(t) \\ \dot{x}_2(t) \\ \dot{x}_3(t) \end{bmatrix} = \begin{bmatrix} 0 & 1 & 0 \\ 0 & 0 & 1 \\ -a_0 & -a_1 & -a_2 \end{bmatrix} \begin{bmatrix} x_1(t) \\ x_2(t) \\ x_3(t) \end{bmatrix} + \begin{bmatrix} 0 \\ 0 \\ 1 \end{bmatrix} u(t) \qquad (1.23)$$

$$y(t) = [b_0 \quad b_1 \quad b_2] \begin{bmatrix} x_1(t) \\ x_2(t) \\ x_3(t) \end{bmatrix} \qquad (1.24)$$

このときのブロック線図を**図 1.2** に示す。積分記号 $\int$ のブロックは入力の時間積分を出力する。図より，可制御正準形は a_i と b_i がすべてゼロでも，$\boldsymbol{x}$ は u とつながっているため，u で $\boldsymbol{x}$ を動かすことができる。これの意味することの詳細を後述の可制御で説明する。

$n = 2$ のときの式 (1.19)〜(1.21) はつぎのようになる。

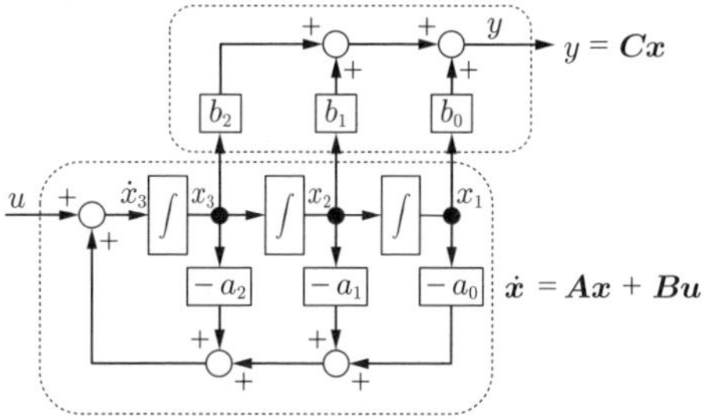

図 1.2 可制御正準形のブロック線図 (式 (1.23), (1.24))

$$G(s) = \frac{b_1 s + b_0}{s^2 + a_1 s + a_0} \tag{1.25}$$

$$\begin{bmatrix} \dot{x}_1(t) \\ \dot{x}_2(t) \end{bmatrix} = \begin{bmatrix} 0 & 1 \\ -a_0 & -a_1 \end{bmatrix} \begin{bmatrix} x_1(t) \\ x_2(t) \end{bmatrix} + \begin{bmatrix} 0 \\ 1 \end{bmatrix} u(t) \tag{1.26}$$

$$y(t) = [b_0 \quad b_1] \begin{bmatrix} x_1(t) \\ x_2(t) \end{bmatrix} \tag{1.27}$$

$n = 1$ のときの式 (1.19)〜(1.21) はつぎのようになる。

$$G(s) = \frac{b_0}{s + a_0} \tag{1.28}$$

$$\dot{x}_1(t) = -a_0 x_1(t) + 1 \cdot u(t) \tag{1.29}$$

$$y(t) = b_0 x_1(t) \tag{1.30}$$

$n = k$ のときは，$G(s)$ の分母多項式の次数 n と分子多項式の次数 k が等しくなる。このとき式 (1.21) の $\boldsymbol{C}$, D をつぎのように置き換える。

$$\boldsymbol{C} = [b_0 \quad b_1 \quad \cdots \quad b_{n-1}] - b_n [a_0 \quad a_1 \quad \cdots \quad a_{n-1}] \tag{1.31}$$

$$D = b_n \tag{1.32}$$

例題 1.4 つぎの伝達関数 $G(s)$ を，可制御正準形の状態表現 ($\boldsymbol{A}$, $\boldsymbol{B}$, $\boldsymbol{C}$, D) に変換しよう。

(1) $G(s)=\dfrac{4s^2+4s+8}{2s^3+4s^2+6s+1}$

(2) $G(s)=\dfrac{2s^3+4s^2+4s+8}{2s^3+4s^2+6s+1}$

【解答】 (1) 式 (1.22) の分母多項式の最高次数の項 s^3 の係数は 1 である。$G(s)$ もそうなるように分子分母を 2 で割り，a_0, b_0 などを求める。

$$G(s)=\frac{\overbrace{2}^{b_2}s^2+\overbrace{2}^{b_1}s+\overbrace{4}^{b_0}}{s^3+\underbrace{2}_{a_2}s^2+\underbrace{3}_{a_1}s+\underbrace{0.5}_{a_0}}$$

a_0, b_0 などを式 (1.23), (1.24) に代入して $(\boldsymbol{A},\ \boldsymbol{B},\ \boldsymbol{C},\ D)$ を求める。

$$\boldsymbol{A}=\begin{bmatrix}0 & 1 & 0\\ 0 & 0 & 1\\ -a_0 & -a_1 & -a_2\end{bmatrix}=\begin{bmatrix}0 & 1 & 0\\ 0 & 0 & 1\\ -0.5 & -3 & -2\end{bmatrix},\ \boldsymbol{B}=\begin{bmatrix}0\\ 0\\ 1\end{bmatrix}$$

$$\boldsymbol{C}=[b_0\quad b_1\quad b_2]=[4\quad 2\quad 2],\quad D=0$$

(2) $G(s)$ の分母が (1) の $G(s)$ と同じなので $\boldsymbol{A}$, $\boldsymbol{B}$ は同じである。$G(s)$ の分子・分母を 2 で割ると $b_3=1$ で, b_0, a_0 などは (1) と同じである。$G(s)$ の分子・分母の次数がどちらも 3 で等しいので, 式 (1.31), (1.32) に代入して $\boldsymbol{C}$, D を求める。

$$\begin{aligned}\boldsymbol{C}&=[b_0\quad b_1\quad b_2]-b_3[a_0\quad a_1\quad a_2]=[4\quad 2\quad 2]-1\cdot[0.5\quad 3\quad 2]\\ &=[4-0.5\quad 2-3\quad 2-2]=[3.5\quad -1\quad 0]\end{aligned}$$

$$D=b_3=1$$

◇

例題 1.5 つぎの運動方程式で表されるばね・マス・ダンパ系 (p.3 の図 1.1) を可制御正準形で表し，状態 $x(t)$ を得るために必要なセンサを考えよう。

$$\underbrace{u(t)}_{\text{外力}}=\underbrace{m\ddot{y}(t)}_{\text{慣性力}}+\underbrace{c\dot{y}(t)}_{\text{ダンパの力}}+\underbrace{ky(t)}_{\text{ばねの力}}$$

$u(t)$, $y(t)$ は外力と変位，m, c, k はそれぞれ質量，粘性摩擦係数，ばね定数である†。

---

† 前書『高校数学でマスターする制御工学』の索引「ばね・マス・ダンパ系」を参照。

【解答】 $y(t)$ が2階微分までされているので，p.7の式(1.18)よりシステム次数は $n=2$ であり，p.9の式(1.25)と係数比較するとつぎの関係がある。

$$b_1=0,\ b_0=\frac{1}{m},\ a_1=\frac{c}{m},\ a_0=\frac{k}{m} \tag{1.33}$$

これらを式(1.26), (1.27)に代入して，つぎの可制御正準形を得る。

$$\begin{bmatrix} \dot{x}_1(t) \\ \dot{x}_2(t) \end{bmatrix} = \begin{bmatrix} 0 & 1 \\ -\dfrac{k}{m} & -\dfrac{c}{m} \end{bmatrix} \begin{bmatrix} x_1(t) \\ x_2(t) \end{bmatrix} + \begin{bmatrix} 0 \\ 1 \end{bmatrix} u(t) \tag{1.34}$$

$$y(t) = \begin{bmatrix} \dfrac{1}{m} & 0 \end{bmatrix} \begin{bmatrix} x_1(t) \\ x_2(t) \end{bmatrix} \tag{1.35}$$

これらを計算する(行列と内積はp.118の式(4.7), (4.8), (4.10))。

$$\text{式 (1.34) の 1 行目}\quad \dot{x}_1(t)=x_2(t) \quad \therefore \quad x_2(t)=\dot{x}_1(t) \tag{1.36}$$

$$\text{式 (1.34) の 2 行目}\quad \dot{x}_2(t)=-\frac{k}{m}x_1(t)-\frac{c}{m}x_2(t)+u(t) \tag{1.37}$$

$$\text{式 (1.35)}\quad y(t)=\frac{1}{m}x_1(t) \quad \therefore \quad x_1(t)=my(t) \tag{1.38}$$

式(1.38)より，$x_1(t)$ は変位 $y(t)$ を計測して m を掛ければ得られる。式(1.36)の $x_1(t)$ に式(1.38)を代入する。

$$x_2(t)=m\dot{y}(t) \tag{1.39}$$

これより，$x_2(t)$ は変位 $y(t)$ の時間微分である速度 $\dot{y}(t)$ を計測して m を掛ければ得られる。以上より，変位センサと速度センサが必要である†。 ◇

可制御正準形の $\boldsymbol{A}$, $\boldsymbol{B}$, $\boldsymbol{C}$, $\boldsymbol{D}$ を用いて，つぎのように表した状態空間表現を**可観測正準形**（かかんそくせいじゅんけい）(可観測標準形)という。

$$\begin{cases} \dot{\boldsymbol{x}}=\boldsymbol{A}^{\mathrm{T}}\boldsymbol{x}+\boldsymbol{C}^{\mathrm{T}}\boldsymbol{u} \\ \boldsymbol{y}=\boldsymbol{B}^{\mathrm{T}}\boldsymbol{x}+\boldsymbol{D}^{\mathrm{T}}\boldsymbol{u} \end{cases} \tag{1.40}$$

$\boldsymbol{A}$ などの右肩のTは行列の転置である(p.126)。このシステムと元のシステム

$$\begin{cases} \dot{\boldsymbol{x}}=\boldsymbol{A}\boldsymbol{x}+\boldsymbol{B}\boldsymbol{u} \\ \boldsymbol{y}=\boldsymbol{C}\boldsymbol{x}+\boldsymbol{D}\boldsymbol{u} \end{cases} \tag{1.41}$$

とは，互いに**双対**（そうつい）システムであるという。状態方程式を $(\boldsymbol{A},\ \boldsymbol{B},\ \boldsymbol{C},\ \boldsymbol{D})$ と略して書くと，システム $(\boldsymbol{A},\ \boldsymbol{B},\ \boldsymbol{C},\ \boldsymbol{D})$ と $\left(\boldsymbol{A}^{\mathrm{T}},\ \boldsymbol{C}^{\mathrm{T}},\ \boldsymbol{B}^{\mathrm{T}},\ \boldsymbol{D}^{\mathrm{T}}\right)$ とは互いに

† 変位 $y(t)$ を微分して $\dot{y}(t)$ を計算する場合は，速度センサは不要になる。

双対システムである。式 (1.23), (1.24) の $\boldsymbol{A}$, $\boldsymbol{B}$, $\boldsymbol{C}$, $\boldsymbol{D}$ を用いて式 (1.40) の可観測正準形にしたときのブロック線図を**図 1.3** に示す。図より，可観測正準形は a_i と b_i がすべてゼロでも，$\boldsymbol{x}$ は y とつながっているため，y を観測すれば $\boldsymbol{x}$ がわかる。これの意味の詳細を後述の可観測で説明する。1 入出力系の双対システムと元のシステムとは，伝達関数に変換すると同一になる (p.134)。

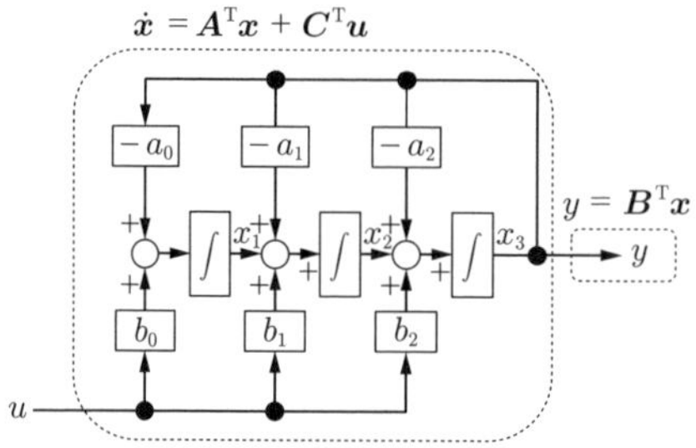

図 1.3　可観測正準形のブロック線図（式 (1.23), (1.24) の双対システム）

1.1.5　安定性の解析

伝達関数 $G(s)$ の分母多項式 $= 0$ の解が極であり，すべての極の実部が負であれば安定であった[†]。p.5 の式 (1.12) より伝達関数は，$G(s) = \boldsymbol{C}(s\boldsymbol{I} - \boldsymbol{A})^{-1}\boldsymbol{B} + \boldsymbol{D}$ であり，その s の分母多項式は，$(s\boldsymbol{I} - \boldsymbol{A})$ の行列式 $|s\boldsymbol{I} - \boldsymbol{A}|$ である (p.125 の式 (4.27))。したがって

極は，行列式 $|s\boldsymbol{I} - \boldsymbol{A}| = 0$ の解である。この解を $\boldsymbol{A}$ の**固有値**という (p.128)。

同値変換をしてもシステムの固有値は不変である (p.134)。つまり，$\overline{\boldsymbol{A}} = \boldsymbol{T}\boldsymbol{A}\boldsymbol{T}^{-1}$ の固有値と $\boldsymbol{A}$ の固有値は同じである。

例題 1.6　つぎのシステム ($\boldsymbol{A}$, $\boldsymbol{B}$, $\boldsymbol{C}$, D) の安定性を調べよう。

$$\boldsymbol{A} = \begin{bmatrix} 0 & 2 \\ 1 & -1 \end{bmatrix},\ \boldsymbol{B} = \begin{bmatrix} 1 \\ 0 \end{bmatrix},\ \boldsymbol{C} = [0 \quad 5],\ D = 1$$

---

† 前書『高校数学でマスターする制御工学』の索引「安定」を参照。

【解答】

$$|s\boldsymbol{I}-\boldsymbol{A}| = \underbrace{\left| s\begin{bmatrix} 1 & 0 \\ 0 & 1 \end{bmatrix} - \begin{bmatrix} 0 & 2 \\ 1 & -1 \end{bmatrix}\right|}_{s\boldsymbol{I}\text{の計算は p.120}} = \underbrace{\left|\begin{bmatrix} s & 0 \\ 0 & s \end{bmatrix} - \begin{bmatrix} 0 & 2 \\ 1 & -1 \end{bmatrix}\right|}_{\text{行列の引き算は p.119}}$$

$$= \left|\begin{bmatrix} s-0 & -2 \\ -1 & s-(-1) \end{bmatrix}\right| = s(s+1)-(-2)(-1) \leftarrow \text{p.124 の式 (4.26)}$$

$$= s^2+s-2$$

極 (固有値) は $|s\boldsymbol{I}-\boldsymbol{A}| = s^2+s-2=0$ の解である。二次方程式 $ax^2+bx+c=0$ の解は $x=\dfrac{-b\pm\sqrt{b^2-4ac}}{2a}$ なので，これを用いて極 s を得る。

$$s = \frac{-1\pm\sqrt{1^2-4\cdot1\cdot(-2)}}{2\cdot1} = \frac{-1\pm\sqrt{9}}{2} = \frac{-1\pm3}{2}$$

$$\therefore \quad s=-2,\ 1$$

極 1 は実部が正なので不安定である。 ◇

例題 1.7 つぎのシステム ($\boldsymbol{A}$, $\boldsymbol{B}$, $\boldsymbol{C}$, D) の安定性を調べよう。

$$\boldsymbol{A} = \begin{bmatrix} -1 & 0 & 0 \\ -1 & -1 & 1 \\ -1 & -1 & -1 \end{bmatrix},\ \boldsymbol{B} = \begin{bmatrix} 1 \\ 0 \\ 4 \end{bmatrix},\ \boldsymbol{C} = [3 \quad -2 \quad 4],\ D=1$$

【解答】 $\boldsymbol{A}$ が三次なので掃出し法 (p.124) で $|s\boldsymbol{I}-\boldsymbol{A}|$ を求める。

$$[(s\boldsymbol{I}-\boldsymbol{A}) \quad \boldsymbol{I}] = \begin{bmatrix} s+1 & 0 & 0, & 1 & 0 & 0 \\ 1 & s+1 & -1, & 0 & 1 & 0 \\ 1 & 1 & s+1, & 0 & 0 & 1 \end{bmatrix} \tag{1.42}$$

1 行目 $\div(s+1)$

$$1\text{ 行目} = \begin{bmatrix} 1 & 0 & 0, & \dfrac{1}{s+1} & 0 & 0 \end{bmatrix} \tag{1.43}$$

2 行目 -1 行目

$$2\text{ 行目} = \begin{bmatrix} 0 & s+1 & -1, & \dfrac{-1}{s+1} & 1 & 0 \end{bmatrix} \tag{1.44}$$

2 行目 $\div (s+1)$

$$2\text{ 行目} = \begin{bmatrix} 0 & 1 & \dfrac{-1}{s+1}, & \dfrac{-1}{(s+1)^2} & \dfrac{1}{s+1} & 0 \end{bmatrix} \tag{1.45}$$

3 行目 -1 行目

$$3\text{ 行目} = \begin{bmatrix} 0 & 1 & s+1, & \dfrac{-1}{s+1} & 0 & 1 \end{bmatrix} \tag{1.46}$$

3 行目 -2 行目

$$\begin{aligned} 3\text{ 行目} &= \begin{bmatrix} 0 & 0 & s+1+\dfrac{1}{s+1}, & \dfrac{-1}{s+1}+\dfrac{1}{(s+1)^2} & \dfrac{-1}{s+1} & 1 \end{bmatrix} \\ &= \begin{bmatrix} 0 & 0 & \dfrac{s^2+2s+2}{s+1}, & \dfrac{-s}{(s+1)^2} & \dfrac{-1}{s+1} & 1 \end{bmatrix} \end{aligned} \tag{1.47}$$

3 行目 $\div \left(\dfrac{s^2+2s+2}{s+1}\right)$

$$\begin{aligned} 3\text{ 行目} &= \begin{bmatrix} 0 & 0 & 1, & \dfrac{-s}{(s+1)^2}\left(\dfrac{s+1}{s^2+2s+2}\right) & \dfrac{-1}{s+1}\left(\dfrac{s+1}{s^2+2s+2}\right) & \dfrac{s+1}{s^2+2s+2} \end{bmatrix} \\ &= \begin{bmatrix} 0 & 0 & 1, & \dfrac{-s}{(s+1)(s^2+2s+2)} & \dfrac{-1}{s^2+2s+2} & \dfrac{s+1}{s^2+2s+2} \end{bmatrix} \end{aligned} \tag{1.48}$$

2 行目 -3 行目 $\times \left(\dfrac{-1}{s+1}\right)$

$$2\text{ 行目} = \begin{bmatrix} 0 & 1 & 0, & \dfrac{-(s+2)}{(s+1)(s^2+2s+2)} & \dfrac{s+1}{s^2+2s+2} & \dfrac{1}{s^2+2s+2} \end{bmatrix} \tag{1.49}$$

式 (1.43), (1.49), (1.48) より $\begin{bmatrix} \boldsymbol{I} & (s\boldsymbol{I}-\boldsymbol{A})^{-1} \end{bmatrix}$ は

$$\begin{bmatrix} 1 & 0 & 0, & \dfrac{1}{s+1} & 0 & 0 \\ 0 & 1 & 0, & \dfrac{-(s+2)}{(s+1)(s^2+2s+2)} & \dfrac{s+1}{s^2+2s+2} & \dfrac{1}{s^2+2s+2} \\ 0 & 0 & 1, & \dfrac{-s}{(s+1)(s^2+2s+2)} & \dfrac{-1}{s^2+2s+2} & \dfrac{s+1}{s^2+2s+2} \end{bmatrix} \tag{1.50}$$

になる。行列式は掃出し法で求めた逆行列の分母である (p.125 の式 (4.27))。$|s\boldsymbol{I}-\boldsymbol{A}|$ の s の次数はシステム次数 $n=3$ である (p.129 の式 (4.39))。式 (1.50) より，分母多項式の最小公倍数は三次なので

$$|s\boldsymbol{I}-\boldsymbol{A}| = (s+1)\left(s^2+2s+2\right) \tag{1.51}$$

である。よって $|s\boldsymbol{I}-\boldsymbol{A}|=0$ の解は

$$s=-1,\ -1\pm j \tag{1.52}$$

である。これらが極である。すべての極の実部が負なので安定である。　◇

1.1.6 状態方程式 $\dot{\boldsymbol{x}} = \boldsymbol{A}\boldsymbol{x} + \boldsymbol{B}\boldsymbol{u}$ の解

状態方程式 $\dot{\boldsymbol{x}}(t) = \boldsymbol{A}\boldsymbol{x}(t) + \boldsymbol{B}\boldsymbol{u}(t)$ の唯一の解は

$$\boldsymbol{x}(t) = e^{\boldsymbol{A}(t-t_0)}\boldsymbol{x}(t_0) + \int_{t_0}^{t} e^{\boldsymbol{A}(t-\tau)}\boldsymbol{B}\boldsymbol{u}(\tau)\,d\tau \tag{1.53}$$

である (p.138)。t_0 は**初期時間** (制御を開始する時間) で，$t_0 = 0$ のとき，つぎのようになる。

$$\boldsymbol{x}(t) = e^{\boldsymbol{A}t}\boldsymbol{x}(0) + \int_{0}^{t} e^{\boldsymbol{A}(t-\tau)}\boldsymbol{B}\boldsymbol{u}(\tau)\,d\tau \tag{1.54}$$

右辺第 1 項は初期値 $x(0)$ による応答で，**初期値応答** (零入力応答) という。右辺第 2 項は入力 $u(t)$ による応答で，**強制応答** (零状態応答) という。例えば，止まっている自動車のアクセルを踏んで加速したときの速度は強制応答であり，運転中にアクセルを離してから減速していく速度は初期値応答である。$e^{\boldsymbol{A}t}$ を**状態遷移行列**(せんい) (または遷移行列，状態推移(すいい)行列) といい，次式で定義される。

$$e^{\boldsymbol{A}t} = \boldsymbol{I} + \boldsymbol{A}t + \frac{(\boldsymbol{A}t)^2}{2!} + \frac{(\boldsymbol{A}t)^3}{3!} + \frac{(\boldsymbol{A}t)^4}{4!} + \cdots \tag{1.55}$$

$e = 2.718\cdots$ は自然対数の底であり，! は階乗で，例えば $4! = 4\cdot3\cdot2\cdot1$ である。$e^{\boldsymbol{A}t}$ は $\boldsymbol{A}$ と同じサイズの行列で，スカラの指数関数 e^{at} と同様につぎの性質をもつ (p.135)。

$$e^{\boldsymbol{A}\cdot 0} = \boldsymbol{I} \tag{1.56}$$

$$\frac{d}{dt}e^{\boldsymbol{A}t} = \boldsymbol{A}e^{\boldsymbol{A}t} = e^{\boldsymbol{A}t}\boldsymbol{A} \tag{1.57}$$

$$\int e^{\boldsymbol{A}t}dt = \boldsymbol{A}^{-1}e^{\boldsymbol{A}t} = e^{\boldsymbol{A}t}\boldsymbol{A}^{-1} \tag{1.58}$$

$$e^{\boldsymbol{A}(t-t_0)} = e^{\boldsymbol{A}t}e^{-\boldsymbol{A}t_0} \tag{1.59}$$

$$\left(e^{\boldsymbol{A}t}\right)^{-1} = e^{-\boldsymbol{A}t} \tag{1.60}$$

$$e^{\boldsymbol{A}t} = \mathcal{L}^{-1}\left[(s\boldsymbol{I} - \boldsymbol{A})^{-1}\right] \leftarrow e^{at} = \mathcal{L}^{-1}\left[\frac{1}{s-a}\right] \text{ を行列に拡張} \tag{1.61}$$

$e^{\boldsymbol{A}t}$ を求めるには，つぎの例題 1.8 のように式 (1.61) を用いる。

例題 1.8　$u(t)=0$, $\boldsymbol{x}(0)=[1 \quad 1]^{\mathrm{T}}$ のとき，つぎのシステムの $e^{\boldsymbol{A}t}$ と $\boldsymbol{x}(t)$ を求めよう。

$$\boldsymbol{A}=\begin{bmatrix} 0 & 1 \\ -p_1p_2 & p_1+p_2 \end{bmatrix},\ \boldsymbol{B}=\begin{bmatrix} 0 \\ 1 \end{bmatrix},\ \boldsymbol{C}=[10 \quad 1],\ D=0 \tag{1.62}$$

【解答】　式 (1.54) に $u(t)=0$ を代入する。

$$\boldsymbol{x}(t)=e^{\boldsymbol{A}t}\boldsymbol{x}(0)+\underbrace{\int_0^t e^{\boldsymbol{A}(t-\tau)}\boldsymbol{B}\cdot 0\,d\tau}_{\text{関数 0 の積分 (面積)(p.116) は 0}}=e^{\boldsymbol{A}t}\boldsymbol{x}(0) \tag{1.63}$$

$e^{\boldsymbol{A}t}$ を式 (1.61) より求める。

$$\begin{aligned} e^{\boldsymbol{A}t}&=\mathcal{L}^{-1}\left[(s\boldsymbol{I}-\boldsymbol{A})^{-1}\right] \\ &=\mathcal{L}^{-1}\left[\left(s\begin{bmatrix} 1 & 0 \\ 0 & 1 \end{bmatrix}-\begin{bmatrix} 0 & 1 \\ -p_1p_2 & p_1+p_2 \end{bmatrix}\right)^{-1}\right] \\ &=\mathcal{L}^{-1}\left[\begin{bmatrix} s & -1 \\ p_1p_2 & s-(p_1+p_2) \end{bmatrix}^{-1}\right] \\ &=\mathcal{L}^{-1}\left[\frac{1}{s^2-(p_1+p_2)s+p_1p_2}\begin{bmatrix} s-(p_1+p_2) & 1 \\ -p_1p_2 & s \end{bmatrix}\right] \end{aligned} \tag{1.64}$$

↑ 逆行列は p.124 の式 (4.26)

$$=\mathcal{L}^{-1}\begin{bmatrix} \dfrac{s-(p_1+p_2)}{(s-p_1)(s-p_2)} & \dfrac{1}{(s-p_1)(s-p_2)} \\ \dfrac{-p_1p_2}{(s-p_1)(s-p_2)} & \dfrac{s}{(s-p_1)(s-p_2)} \end{bmatrix}$$

部分分数展開する†。

$$e^{\boldsymbol{A}t}=\frac{1}{p_1-p_2}\mathcal{L}^{-1}\begin{bmatrix} -p_2\dfrac{1}{s-p_1}+p_1\dfrac{1}{s-p_2} & \dfrac{1}{s-p_1}-\dfrac{1}{s-p_2} \\ -p_1p_2\left(\dfrac{1}{s-p_1}-\dfrac{1}{s-p_2}\right) & p_1\dfrac{1}{s-p_1}-p_2\dfrac{1}{s-p_2} \end{bmatrix} \tag{1.65}$$

---

† 前書『高校数学でマスターする制御工学』の索引「部分分数展開」を参照。

式 (1.64) より $|s\boldsymbol{I}-\boldsymbol{A}| = s^2-(p_1+p_2)s+p_1p_2=(s-p_1)(s-p_2)$ なので $\boldsymbol{A}$ の固有値 (極) は p_1, p_2 である。$\mathcal{L}^{-1}\left[\dfrac{1}{s-p}\right]=e^{pt}$ の公式[†1]を式 (1.65) に用いると $e^{\boldsymbol{A}t}$ が求まる。

$$e^{\boldsymbol{A}t}=\frac{1}{p_1-p_2}\begin{bmatrix} -p_2e^{p_1t}+p_1e^{p_2t} & e^{p_1t}-e^{p_2t} \\ -p_1p_2\left(e^{p_1t}-e^{p_2t}\right) & p_1e^{p_1t}-p_2e^{p_2t}\end{bmatrix} \tag{1.66}$$

$\boldsymbol{x}(t)$ は式 (1.63) に代入して

$$\boldsymbol{x}(t)=e^{\boldsymbol{A}t}\boldsymbol{x}(0)=\frac{1}{p_1-p_2}\begin{bmatrix} -p_2e^{p_1t}+p_1e^{p_2t} & e^{p_1t}-e^{p_2t} \\ -p_1p_2\left(e^{p_1t}-e^{p_2t}\right) & p_1e^{p_1t}-p_2e^{p_2t}\end{bmatrix}\begin{bmatrix}1\\1\end{bmatrix}$$

$$\therefore \quad \boldsymbol{x}(t)=\frac{1}{p_1-p_2}\begin{bmatrix}(1-p_2)e^{p_1t}-(1-p_1)e^{p_2t} \\ p_1(1-p_2)e^{p_1t}-p_2(1-p_1)e^{p_2t}\end{bmatrix} \tag{1.67}$$

である。 ◇

$\boldsymbol{A}$ の固有値 (極) が p_i のとき，e^{p_it} を固有値 p_i の**モード**という。極 p_i が実数のとき，**図 1.4** のように，p_i が負のモードは安定で 0 に収束し，正のモードは不安定で ∞ に向かう。極が複素数 $p_i+j\omega_i$ のときは，角周波数 ω_i で振動しながら，p_i が負なら 0 に，正なら振幅が ∞ に向かう[†2]。$\boldsymbol{x}(t)$ は式 (1.67) のように，モード e^{p_it} の定数倍の和である。そのため，すべてのモードが安定なときに限り，システムは安定となり $\boldsymbol{x}(t)=\boldsymbol{O}$ に収束する ($\boldsymbol{O}$ はすべての要素が 0 のベクトル)。安定なモードは図 1.4 のように $|p_i|$ が大きいほど速く減衰してほぼ 0 になる。$\boldsymbol{x}(t)$ はモードの定数倍の和なので，遅いモード ($|p_i|$ が 0 に近い) があると $\boldsymbol{x}(t)$ の減衰も遅くなる。このとき $\boldsymbol{y}(t)=\boldsymbol{C}\boldsymbol{x}(t)+\boldsymbol{D}\boldsymbol{u}(t)$ より，応答 $\boldsymbol{y}(t)$ も遅くなる。p_i をすべて $-\infty$ にすると，$t\neq 0$ のときに $e^{p_it}\to 0$ になる。このとき，$t=0$ で制御を開始すると

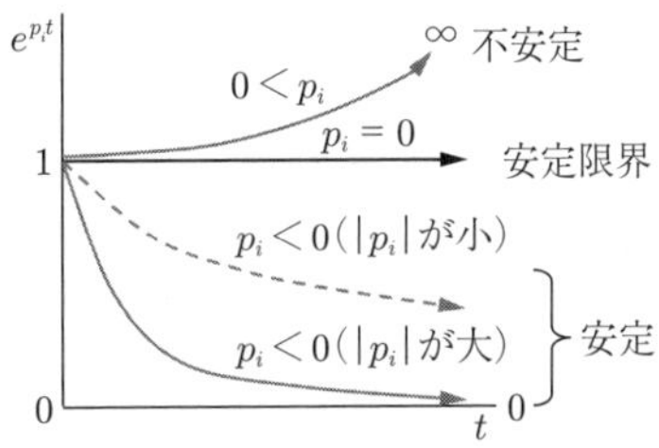

図 1.4 e^{p_it} の応答

---
†1 前書『高校数学でマスターする制御工学』の索引「ラプラス変換表」を参照。
†2 前書『高校数学でマスターする制御工学』の 2.3.6 項を参照。

$$\text{瞬時に } \boldsymbol{x}(t) \ \rightarrow \ \boldsymbol{O} \tag{1.68}$$

になる。

1.1.7 状態空間表現のブロック線図

状態方程式をラプラス変換して，$\boldsymbol{x}(0) = \boldsymbol{O}$ とおいて，つぎのように変形する。

$$\dot{\boldsymbol{x}}(t) = \boldsymbol{A}\boldsymbol{x}(t) + \boldsymbol{B}\boldsymbol{u}(t) \ \rightarrow \ s\boldsymbol{x}(s) = \boldsymbol{A}\boldsymbol{x}(s) + \boldsymbol{B}\boldsymbol{u}(s) \tag{1.69}$$

$$\therefore \quad \boldsymbol{x}(s) = \frac{1}{s}\left(\boldsymbol{A}\boldsymbol{x}(s) + \boldsymbol{B}\boldsymbol{u}(s)\right) \ \leftarrow \text{両辺} \div s$$

$$\boldsymbol{y}(t) = \boldsymbol{C}\boldsymbol{x}(t) + \boldsymbol{D}\boldsymbol{u}(t) \ \rightarrow \ \boldsymbol{y}(s) = \boldsymbol{C}\boldsymbol{x}(s) + \boldsymbol{D}\boldsymbol{u}(s)$$

これらをブロック線図で表すと**図 1.5** (a) を得る†。$\boldsymbol{x}(s) = \boldsymbol{I}\boldsymbol{x}(s)$ を式 (1.69) の左辺に代入して $\boldsymbol{A}\boldsymbol{x}(s)$ を右辺に移項する。

$$s\boldsymbol{I}\boldsymbol{x}(s) - \boldsymbol{A}\boldsymbol{x}(s) = \boldsymbol{B}\boldsymbol{u}(s)$$

$$\underbrace{(s\boldsymbol{I} - \boldsymbol{A})\,\boldsymbol{x}(s)}_{\boldsymbol{x}(s)\text{ でくくった}} = \boldsymbol{B}\boldsymbol{u}(s)$$

$$\boldsymbol{x}(s) = (s\boldsymbol{I} - \boldsymbol{A})^{-1}\boldsymbol{B}\boldsymbol{u}(s) \ \leftarrow \text{両辺の左から } (s\boldsymbol{I} - \boldsymbol{A}) \text{ を掛けた}$$

この式より，図 1.5 (b) のブロック線図を得る。

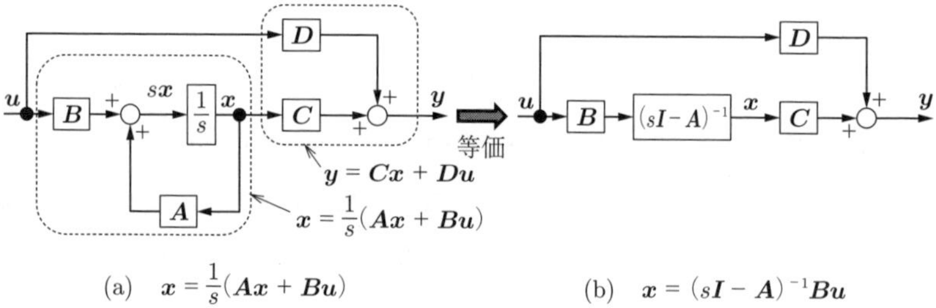

図 1.5　状態空間表現のブロック線図

† 前書『高校数学でマスターする制御工学』の索引「ブロック線図」を参照。

1.1.8 システムの接続

ここでは図 **1.6** に示すつぎのシステム $\boldsymbol{G_1}$ と $\boldsymbol{G_2}$ の接続について説明する。

$$\boldsymbol{G_1}\begin{cases}\dot{\boldsymbol{x}}_1=\boldsymbol{A_1x_1}+\boldsymbol{B_1u_1}\\ \boldsymbol{y_1}=\boldsymbol{C_1x_1}+\boldsymbol{D_1u_1}\end{cases} \tag{1.70}$$

$$\boldsymbol{G_2}\begin{cases}\dot{\boldsymbol{x}}_2=\boldsymbol{A_2x_2}+\boldsymbol{B_2u_2}\\ \boldsymbol{y_2}=\boldsymbol{C_2x_2}+\boldsymbol{D_2u_2}\end{cases} \tag{1.71}$$

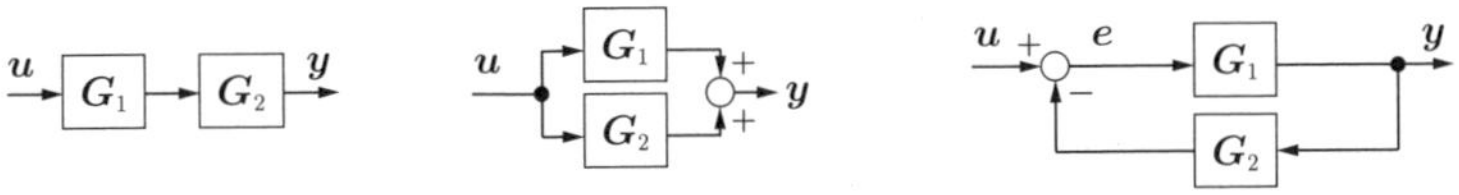

(a) 直列接続　(b) 並列接続　(c) フィードバック接続

図 **1.6** システムの接続

(1) 直 列 接 続　図 1.6 (a) の直列接続は，伝達関数表現では $y=G_2G_1u$ であった。状態空間表現ではつぎのようになる (p.139)。

$$\begin{bmatrix}\dot{\boldsymbol{x}}_1\\ \dot{\boldsymbol{x}}_2\end{bmatrix}=\begin{bmatrix}\boldsymbol{A_1} & \boldsymbol{O}\\ \boldsymbol{B_2C_1} & \boldsymbol{A_2}\end{bmatrix}\begin{bmatrix}\boldsymbol{x_1}\\ \boldsymbol{x_2}\end{bmatrix}+\begin{bmatrix}\boldsymbol{B_1}\\ \boldsymbol{B_2D_1}\end{bmatrix}\boldsymbol{u} \tag{1.72}$$

$$\boldsymbol{y}=[\boldsymbol{D_2C_1}\ \ \boldsymbol{C_2}]\begin{bmatrix}\boldsymbol{x_1}\\ \boldsymbol{x_2}\end{bmatrix}+\boldsymbol{D_2D_1u} \tag{1.73}$$

直列接続したシステムの状態変数は $\begin{bmatrix}\boldsymbol{x_1}\\ \boldsymbol{x_2}\end{bmatrix}$ に，システム行列 $\boldsymbol{A}$ は $\begin{bmatrix}\boldsymbol{A_1} & \boldsymbol{O}\\ \boldsymbol{B_2C_1} & \boldsymbol{A_2}\end{bmatrix}$ に，$\boldsymbol{B}$ は $\begin{bmatrix}\boldsymbol{B_1}\\ \boldsymbol{B_2D_1}\end{bmatrix}$ に，$\boldsymbol{C}$ は $[\boldsymbol{D_2C_1}\ \ \boldsymbol{C_2}]$ に，$\boldsymbol{D}$ は $\boldsymbol{D_2D_1}$ になる。

(2) 並 列 接 続　図 1.6 (b) の並列接続は，伝達関数表現では $y=(G_1+G_2)u$ であった。状態空間表現ではつぎのようになる (p.139)。

$$\begin{bmatrix} \dot{\boldsymbol{x}}_1 \\ \dot{\boldsymbol{x}}_2 \end{bmatrix} = \begin{bmatrix} \boldsymbol{A}_1 & \boldsymbol{O} \\ \boldsymbol{O} & \boldsymbol{A}_2 \end{bmatrix} \begin{bmatrix} \boldsymbol{x}_1 \\ \boldsymbol{x}_2 \end{bmatrix} + \begin{bmatrix} \boldsymbol{B}_1 \\ \boldsymbol{B}_2 \end{bmatrix} \boldsymbol{u} \tag{1.74}$$

$$\boldsymbol{y} = [\boldsymbol{C}_1 \;\; \boldsymbol{C}_2] \begin{bmatrix} \boldsymbol{x}_1 \\ \boldsymbol{x}_2 \end{bmatrix} + (\boldsymbol{D}_1 + \boldsymbol{D}_2)\,\boldsymbol{u} \tag{1.75}$$

(3) フィードバック接続　図 1.6 (c) のフィードバック接続は，伝達関数表現では u, y がスカラのとき $y = \dfrac{G_1}{1+G_1G_2}u$ であった。状態空間表現では，つぎのようになる (p.140)。

$$\begin{bmatrix} \dot{\boldsymbol{x}}_1 \\ \dot{\boldsymbol{x}}_2 \end{bmatrix} = \begin{bmatrix} \boldsymbol{A}_1 - \boldsymbol{B}_1\boldsymbol{d}\boldsymbol{D}_2\boldsymbol{C}_1 & -\boldsymbol{B}_1\boldsymbol{d}\boldsymbol{C}_2 \\ \boldsymbol{B}_2(\boldsymbol{C}_1 - \boldsymbol{D}_1\boldsymbol{d}\boldsymbol{D}_2\boldsymbol{C}_1) & \boldsymbol{A}_2 - \boldsymbol{B}_2\boldsymbol{D}_1\boldsymbol{d}\boldsymbol{C}_2 \end{bmatrix} \begin{bmatrix} \boldsymbol{x}_1 \\ \boldsymbol{x}_2 \end{bmatrix} + \begin{bmatrix} \boldsymbol{B}_1\boldsymbol{d} \\ \boldsymbol{B}_2\boldsymbol{D}_1\boldsymbol{d} \end{bmatrix} \boldsymbol{u} \tag{1.76}$$

$$\boldsymbol{y} = [\boldsymbol{C}_1 - \boldsymbol{D}_1\boldsymbol{d}\boldsymbol{D}_2\boldsymbol{C}_1 \;\; -\boldsymbol{D}_1\boldsymbol{d}\boldsymbol{C}_2] \begin{bmatrix} \boldsymbol{x}_1 \\ \boldsymbol{x}_2 \end{bmatrix} + \boldsymbol{D}_1\boldsymbol{d}\boldsymbol{u} \tag{1.77}$$

$$\boldsymbol{d} = (\boldsymbol{I} + \boldsymbol{D}_2\boldsymbol{D}_1)^{-1}$$

$\boldsymbol{D}_1 = \boldsymbol{O}$ または $\boldsymbol{D}_2 = \boldsymbol{O}$ のときは，つぎのようになる。

$$\begin{bmatrix} \dot{\boldsymbol{x}}_1 \\ \dot{\boldsymbol{x}}_2 \end{bmatrix} = \begin{bmatrix} \boldsymbol{A}_1 - \boldsymbol{B}_1\boldsymbol{D}_2\boldsymbol{C}_1 & -\boldsymbol{B}_1\boldsymbol{C}_2 \\ \boldsymbol{B}_2\boldsymbol{C}_1 & \boldsymbol{A}_2 \end{bmatrix} \begin{bmatrix} \boldsymbol{x}_1 \\ \boldsymbol{x}_2 \end{bmatrix} + \begin{bmatrix} \boldsymbol{B}_1 \\ \boldsymbol{O} \end{bmatrix} u \tag{1.78}$$

$$y = [\boldsymbol{C}_1 \;\; \boldsymbol{O}] \begin{bmatrix} \boldsymbol{x}_1 \\ \boldsymbol{x}_2 \end{bmatrix}$$

1.2 状態空間表現による制御系設計

1.2.1 レギュレータとサーボ

フィードバック制御の目的は，出力を目標値に近づけることである。その目標値が一定値ならば**レギュレータ** (レギュレータ問題) といい，一定値でなく変化すれば**サーボ** (サーボ問題) という。レギュレータの例として部屋の温度を

25°C 一定に保ち続けるエアコンの温度制御などがある。サーボの例として，工場で作業するロボットアームの手先を，目標軌道に追従させる位置制御などがある。

1.2.2 状態フィードバック

古典制御では，図 **1.7** に示すように出力 y をフィードバックして目標値 r との偏差を制御器 $K(s)$ に通し，制御入力を

$$u(s) = K(s)(r(s) - y(s)) \tag{1.79}$$

で求めた†。**状態フィードバック**では，図 **1.8** のように状態変数 $\boldsymbol{x}(t)$ をフィードバックして制御入力 $\boldsymbol{u}$ を次式で求める。

状態フィードバック $$\boldsymbol{u}(t) = \boldsymbol{K}(\boldsymbol{x_r}(t) - \boldsymbol{x}(t)) \tag{1.80}$$

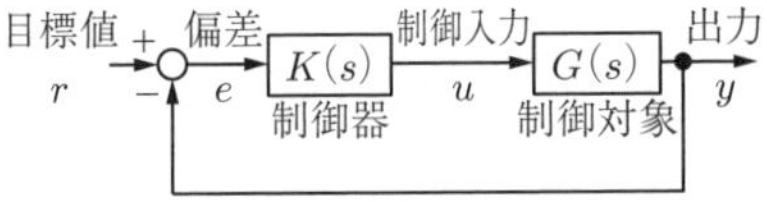

図 **1.7** 古典制御のブロック線図

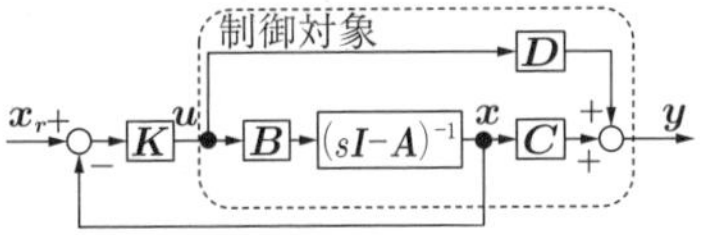

図 **1.8** 状態フィードバックのブロック線図

$\boldsymbol{x_r}(t)$ は状態変数 $\boldsymbol{x}(t)$ の目標値である。$m \times n$ 定数行列 $\boldsymbol{K}$ を**状態フィードバックゲイン**という。$u(t)$ の要素数 m が 1 のときは

$$\boldsymbol{K} = [k_1 \quad k_2 \quad \cdots \quad k_n] \leftarrow n \text{ は } \boldsymbol{x} \text{ の要素数} \tag{1.81}$$

のように横長の行ベクトルになる。式 (1.80) を状態空間表現 (p.2 の式 (1.1)) に代入する。

$$\dot{\boldsymbol{x}}(t) = \boldsymbol{A}\boldsymbol{x}(t) + \boldsymbol{B}\boldsymbol{u}(t) = \boldsymbol{A}\boldsymbol{x}(t) + \boldsymbol{B}\boldsymbol{K}(\boldsymbol{x_r}(t) - \boldsymbol{x}(t))$$

$$\therefore \quad \dot{\boldsymbol{x}}(t) = (\boldsymbol{A} - \boldsymbol{B}\boldsymbol{K})\boldsymbol{x}(t) + \boldsymbol{B}\boldsymbol{K}\boldsymbol{x_r}(t)$$

$$\boldsymbol{y} = \boldsymbol{C}\boldsymbol{x} + \boldsymbol{D}\boldsymbol{u} = (\boldsymbol{C} - \boldsymbol{D}\boldsymbol{K})\boldsymbol{x} + \boldsymbol{D}\boldsymbol{K}\boldsymbol{x_r} \tag{1.82}$$

† 前書『高校数学でマスターする制御工学』の 2.2.4 項を参照。

これより，元のシステムに比べ

$$A \to A - BK \tag{1.83}$$

$$B \to BK,\ C \to C - DK,\ D \to DK \tag{1.84}$$

に変わった。極はシステム行列 $\boldsymbol{A}$ の固有値 (p.12) なので，状態フィードバックによって極が $\boldsymbol{A}$ から $\boldsymbol{A}-\boldsymbol{BK}$ の固有値に変わる。制御対象の特性 $\boldsymbol{A}$, $\boldsymbol{B}$, $\boldsymbol{C}$, $\boldsymbol{D}$ の変更はたいへんだが，$\boldsymbol{K}$ は多くの場合，マイコンのプログラムを書き換えるだけで簡単に変更できる†。$\boldsymbol{K}$ をうまく設定できれば良い制御性能が得られるだろう。$\boldsymbol{K}$ の設計手法として，おもにつぎの方法がある。

(1) フィードバック系の極が望ましい値になるように $\boldsymbol{K}$ を設計する極配置法

(2) ある評価関数を最小化する $\boldsymbol{K}$ を設計する最適制御

出力 $\boldsymbol{y}$ を目標値 $\boldsymbol{r}$ に追従させたいときは，$\boldsymbol{x}=\boldsymbol{x_r}$ になったとすると式 (1.82) より，$\boldsymbol{y}=(\boldsymbol{C}-\boldsymbol{DK})\boldsymbol{x_r}+\boldsymbol{DKx_r}=\boldsymbol{Cx_r}$ となるので，$\boldsymbol{x_r}$ が $\boxed{\boldsymbol{Cx_r}=\boldsymbol{r}}$ を満たすように設定する。$\boldsymbol{r}$ や外乱が一定のとき，定常偏差をなくしたいときは後述のサーボ (p.38) を設計する。

1.2.3 極 配 置 法

極配置法は，フィードバック系が望ましい極をもつように状態フィードバックゲイン $\boldsymbol{K}$ を設計する手法である。望ましい極をもたせることを，極を配置するという。フィードバック系の極は，$|s\boldsymbol{I}-(\boldsymbol{A}-\boldsymbol{BK})|=0$ の s の解であり，$\boldsymbol{A}-\boldsymbol{BK}$ の固有値と同じである (p.12)。$\boldsymbol{A}$ と $\boldsymbol{A}-\boldsymbol{BK}$ はどちらも n 次行列なので，ともにシステム次数 n 個の固有値をもつ (p.129 の式 (4.39))。したがって，状態フィードバックしても極の数は n のままで変わらない。$\boldsymbol{A}$, $\boldsymbol{B}$ が後述の可制御 (p.25) のとき，つぎの手順ですべての極をどの値にでも自在に配置できる。

---

† 例えば，自動車は車体やエンジンを作ってから，そのあとで制御器を設計することが多い。

望ましい極 p_1, p_2, $\cdots$, p_n を決め，$R(s)=0$ の解がその極になる多項式 $R(s)$ を求める。

$$R(s) = (s-p_1)(s-p_2)\cdots(s-p_n)$$
$$= s^n + d_{n-1}s^{n-1} + \cdots + d_2 s^2 + d_1 s + d_0 \tag{1.85}$$

つぎの方法のどちらかで

$$R(s) = |s\boldsymbol{I} - (\boldsymbol{A} - \boldsymbol{B}\boldsymbol{K})| \tag{1.86}$$

を満足する $\boldsymbol{K}$ を設計する。$\boldsymbol{K}$ のサイズは，$\boldsymbol{x}$ の数が n, $\boldsymbol{u}$ の数が m のとき $m \times n$ である。1 入出力系の場合，$\boldsymbol{K} = [k_1 \quad k_2 \quad \cdots \quad k_n]$ である。

方法① $R(s) = |s\boldsymbol{I} - (\boldsymbol{A} - \boldsymbol{B}\boldsymbol{K})|$ と式 (1.85) を s について係数比較して $\boldsymbol{K}$ を求める。n はシステム次数（$\boldsymbol{A}$ の列数）である。

方法② 1 入出力系の場合，可制御正準形を求め，$\boldsymbol{K}$ を次式で与える (p.142)。

$$\boldsymbol{K} = [d_0 - a_0 \quad d_1 - a_1 \quad \cdots \quad d_{n-1} - a_{n-1}] \tag{1.87}$$

例題 1.9 状態フィードバックによる極配置法でフィードバック系の極をすべて -10 に配置したい。制御対象は $G(s) = \dfrac{2}{-s+1}$ である。方法①と②のそれぞれで $\boldsymbol{K}$ を設計しよう。

【解答】 $G(s)$ の分母が一次なので，A の列数も 1 である (p.5)。したがって，極配置法の手順より，配置する極の数も 1，K の要素数も 1 である。$K = k_1$ とおく。極 p_1 を -10 に配置するので，式 (1.85) より

$$R(s) = s - p_1 = s - (-10) = s + 10 \tag{1.88}$$

を得る。$G(s)$ の分子分母に -1 を掛けると $G(s) = \dfrac{-2}{s-1}$ になる。その可制御正準形は，p.9 の式 (1.29), (1.30) より次式である。

$$A = 1,\ B = 1,\ C = -2,\ D = 0 \tag{1.89}$$

方法①で K を設計する。

$$|sI-(A-BK)| = |s\cdot 1-(1-1\cdot k_1)| = s-1+k_1$$

$R(s)=s+10$ と係数比較する。

$$s^0\text{の係数}\quad 10=-1+k_1 \quad \therefore \quad k_1 = 10-(-1) = 11$$

これより $K=11$ が求まった。

方法②で設計する。p.9 の式 (1.28) より $a_0=-1$ である。式 (1.87) に代入する。

$$K=[d_0-a_0]=10-(-1)=11$$

◇

例題 1.10　p.12 の例題 1.6 と同じつぎのシステムの極を $-10\pm 2j$ に配置する $\boldsymbol{K}$ を方法①の極配置法で設計しよう。

$$\boldsymbol{A}=\begin{bmatrix}0 & 2\\ 1 & -1\end{bmatrix},\ \boldsymbol{B}=\begin{bmatrix}1\\ 0\end{bmatrix},\ \boldsymbol{C}=[0 \quad 5],\ \boldsymbol{D}=1$$

【解答】　$-10\pm 2j$ は $-10+2j$ と $-10-2j$ である。これらを式 (1.85) に代入する。

$$\begin{aligned}
&R(s)=(s-(-10+2j))(s-(-10-2j))\\
&=s^2+(-(-10+2j)-(-10-2j))s+\underbrace{(-(-10+2j))(-(-10-2j))}_{=(10-2j)(10+2j)}\\
&=s^2+20s+\underbrace{(10^2+10\cdot 2j-2j\cdot 10-2j\cdot 2j)}_{=(10^2-4j^2)}\\
&=s^2+20s+\underbrace{(100-(-4))}_{j=\sqrt{-1}\text{より}\ j^2=-1}=s^2+\underbrace{20}_{s^1\text{の係数}}s+\underbrace{104}_{s^0\text{の係数}}
\end{aligned}$$

システム次数（$\boldsymbol{A}$ の列数）が 2 なので $\boldsymbol{K}=[k_1 \quad k_2]$ である。

$$\begin{aligned}
&|s\boldsymbol{I}-(\boldsymbol{A}-\boldsymbol{BK})|\\
&=\left|s\begin{bmatrix}1 & 0\\ 0 & 1\end{bmatrix}-\left(\begin{bmatrix}0 & 2\\ 1 & -1\end{bmatrix}-\begin{bmatrix}1\\ 0\end{bmatrix}\underbrace{[k_1 \quad k_2]}_{\boldsymbol{K}}\right)\right|
\end{aligned}$$

$$= \left| \begin{bmatrix} s & 0 \\ 0 & s \end{bmatrix} - \left(\begin{bmatrix} 0 & 2 \\ 1 & -1 \end{bmatrix} - \begin{bmatrix} k_1 & k_2 \\ 0 & 0 \end{bmatrix} \right) \right| \leftarrow \text{行列の掛け算は p.121 の式 (4.16)}$$

$$= \left| \begin{bmatrix} s & 0 \\ 0 & s \end{bmatrix} - \begin{bmatrix} -k_1 & 2-k_2 \\ 1 & -1 \end{bmatrix} \right| = \begin{vmatrix} s+k_1 & k_2-2 \\ -1 & s+1 \end{vmatrix} \leftarrow \text{行列の引き算は p.119}$$

$$= (s+k_1)(s+1) - (k_2-2)(-1) \leftarrow \text{p.124 の式 (4.26) より}$$

$$= s^2 + \underbrace{(k_1+1)}_{s^1\text{の係数}} s + \underbrace{(k_1+k_2-2)}_{s^0\text{の係数}}$$

$R(s) = |s\boldsymbol{I} - (\boldsymbol{A} - \boldsymbol{BK})|$ になるように s の係数比較をする。

$$s^1\text{の係数} \quad k_1 + 1 = 20 \qquad \therefore \quad k_1 = 19$$

$$s^0\text{の係数} \quad k_1 + k_2 - 2 = 104 \qquad \therefore \quad k_2 = 104 - k_1 + 2 = 87$$

$\boldsymbol{K} = [k_1 \quad k_2] = [19 \quad 87]$ を得た。 ◇

1.2.4　可　制　御　性

ここでは状態フィードバックによってすべての極を配置できるための条件を理解しよう。可制御性行列 $\boldsymbol{V_c}$ を次式で定義する。

$$\text{可制御性行列} \ \boldsymbol{V_c} = \begin{bmatrix} \boldsymbol{B} & \boldsymbol{AB} & \boldsymbol{A}^2\boldsymbol{B} & \boldsymbol{A}^3\boldsymbol{B} & \cdots & \boldsymbol{A}^{n-1}\boldsymbol{B} \end{bmatrix} \quad (1.90)$$

入力 $\boldsymbol{u}$ の要素数が m のとき，$\boldsymbol{V_c}$ のサイズは $n \times nm$ である。$m = 1$ の場合を考える†。行列式 $|\boldsymbol{V_c}| \neq 0$ のとき，$\boldsymbol{V_c}$ は**フルランク**であるといい，逆行列 $\boldsymbol{V_c}^{-1}$ が存在する (p.125 の式 (4.27))。このとき，状態空間表現を可制御正準形に変換できる (p.140)。可制御正準形に対して，状態フィードバックを行うと，システムのすべての極をどの値にでも配置できる (p.142)。すべての極を $-\infty$ に配置すると，瞬時に $\boldsymbol{x}(t) = \boldsymbol{O}$ になる (p.18 の式 (1.68))。つまり，$\boldsymbol{x}(t)$ を有限時間内に $\boldsymbol{x}(t) = \boldsymbol{O}$ に変化させる制御入力 $\boldsymbol{u}(t)$ が存在する。このようなシステムは**可制御**であるという。まとめると

$\boldsymbol{V_c}$ がフルランク (入力数 $m = 1$ なら $|\boldsymbol{V_c}| \neq 0$) のとき可制御であり，状態

† $m > 1$ の場合は，$\boldsymbol{V_c}$ を $\boldsymbol{V_c}\boldsymbol{V_c}^{\mathrm{T}}$ に置き換えれば同様の議論が成り立つ。

フィードバックですべての極をどの値にでも自在に配置できる。

$|\boldsymbol{V_c}| = 0$ のシステムは**不可制御**であるという。このとき状態フィードバックで配置できない極が存在する。しかし，その極が安定であれば，ほかの極を安定な値に配置すればシステムは安定になる。このように，不可制御でも安定化できるシステムは**可安定**であるという。

例題 1.11　つぎのシステムが不可制御のとき，状態フィードバックで $\boldsymbol{A}-\boldsymbol{BK}$ の固有値 (極) の一部を配置できない (動かせない) ことを確かめよう。

$$\dot{\boldsymbol{x}}(t) = \begin{bmatrix} 1 & 0 \\ 0 & 2 \end{bmatrix} \boldsymbol{x}(t) + \begin{bmatrix} b_1 \\ 1 \end{bmatrix} u(t) \qquad (1.91)$$

$$y(t) = [c_1 \quad 1]\,\boldsymbol{x}(t)$$

【解答】　$\boldsymbol{A}$ 行列のサイズが 2×2 なのでシステム次数 $n = 2$ である。よって $\boldsymbol{K} = [k_1 \quad k_2]$ となり，$\boldsymbol{V_c}$ は式 (1.90) より

$$\boldsymbol{V_c} = \left[\boldsymbol{B} \quad \boldsymbol{A}^{2-1}\boldsymbol{B}\right] = [\boldsymbol{B} \quad \boldsymbol{AB}] = \begin{bmatrix} b_1 & b_1 \\ 1 & 2 \end{bmatrix}$$ ← $\boldsymbol{AB}$ は p.121 の式 (4.16)

$$\therefore \quad |\boldsymbol{V_c}| = 2b_1 - b_1 = b_1$$ ← 行列式は p.124 の式 (4.26)

となる。よって

$$b_1 = 0 \qquad (1.92)$$

のときに $|\boldsymbol{V_c}| = 0$ が成り立ち，システムが不可制御になる。

$\boldsymbol{A}-\boldsymbol{BK}$ の固有値は $|s\boldsymbol{I} - (\boldsymbol{A}-\boldsymbol{BK})| = 0$ の解である (p.12)。$b_1 = 0$ を $\boldsymbol{A}-\boldsymbol{BK}$ の $\boldsymbol{B}$ に代入する。

$$\begin{aligned} & s\boldsymbol{I} - (\boldsymbol{A}-\boldsymbol{BK}) \\ &= s\begin{bmatrix} 1 & 0 \\ 0 & 1 \end{bmatrix} - \left(\begin{bmatrix} 1 & 0 \\ 0 & 2 \end{bmatrix} - \begin{bmatrix} 0 \\ 1 \end{bmatrix} [k_1 \quad k_2] \right) \\ &= \begin{bmatrix} s & 0 \\ 0 & s \end{bmatrix} - \left(\begin{bmatrix} 1 & 0 \\ 0 & 2 \end{bmatrix} - \begin{bmatrix} 0 & 0 \\ k_1 & k_2 \end{bmatrix} \right) \\ &= \begin{bmatrix} s & 0 \\ 0 & s \end{bmatrix} - \begin{bmatrix} 1 & 0 \\ -k_1 & 2-k_2 \end{bmatrix} \end{aligned}$$

← 行列の掛け算は p.121 の式 (4.16)

← 行列の引き算は p.119

$$= \begin{bmatrix} s-1 & 0 \\ k_1 & s-2+k_2 \end{bmatrix}$$

$$\therefore \quad |s\boldsymbol{I}-(\boldsymbol{A}-\boldsymbol{B}\boldsymbol{K})| = (s-1)(s-2+k_2) - 0 \cdot k_1 \leftarrow \text{p.124 の式 (4.26) より}$$
$$= (s-1)(s-(2-k_2))$$

これより固有値 (極) は 1, $2-k_2$ である。極 $2-k_2$ は $\boldsymbol{K}=[k_1 \quad k_2]$ の k_2 を例えば $k_2=12$ にすれば極を -10 に配置できる。しかし極 1 は $\boldsymbol{K}=[k_1 \quad k_2]$ をどの値に設定しても変化しない。つまり $b_1=0$ で不可制御のときは極配置できない極 1 が存在する。極 1 は実部が正より不安定なため，システムは可安定でない。もしもその極が 1 でなく -1 ならば可安定であり，もう一つの極 $2-k_2$ を負に配置すればシステムが安定になる。 ◇

この例題の可制御性行列の行列式 $|\boldsymbol{B} \quad \boldsymbol{AB}|$ は，MATLAB で，`B=[0;1]`，`A=[1 0;0 2]`，`det([B A*B])` とタイプすれば計算できる[†]。これが 0 ならば不可制御である。

1.2.5 オブザーバ (状態観測器)

状態フィードバックは，状態変数 $\boldsymbol{x}(t)$ を利用するので，$\boldsymbol{x}(t)$ がわからなければ使えない (p.21 の式 (1.80))。しかし $\boldsymbol{x}(t)=[x_1(t) \quad x_2(t) \quad \cdots \quad x_n(t)]^{\mathrm{T}}$ には n 個もの要素があり，すべてを計測することが困難な場合がある。例えば p.10 のばね・マス・ダンパ系の例題では，出力である変位センサに加えて速度センサが必要であり，速度センサがかさばったり高価だったり壊れやすいと困る。そこで，制御対象の入力 $\boldsymbol{u}(t)$ と出力 $\boldsymbol{y}(t)$ を用いて $\boldsymbol{x}(t)$ を計算して求める（観測する）ことを考えよう。

次式で制御対象のモデルに $\boldsymbol{u}(t)$ を入力するシミュレーションを行い，$\boldsymbol{x}(t)$, $\boldsymbol{y}(t)$ の推定値 $\hat{\boldsymbol{x}}(t)$，$\hat{\boldsymbol{y}}(t)$ を計算 (予測) してみよう ($\hat{\boldsymbol{x}}$ は「エックスハット」と読む)。

$$\dot{\hat{\boldsymbol{x}}}(t) = \boldsymbol{A}\hat{\boldsymbol{x}}(t) + \boldsymbol{B}\boldsymbol{u}(t) \quad \leftarrow \boldsymbol{u}(t) \text{ で } \hat{\boldsymbol{x}}(t) \text{ を予測} \tag{1.93}$$

† MATLAB では，行列の行 (横) の要素の区切りはスペース ( ) またはコンマ (,)，列 (縦) の区切りはセミコロン (;) である。

$$\hat{\boldsymbol{y}}(t) = \boldsymbol{C}\hat{\boldsymbol{x}}(t) + \boldsymbol{D}\boldsymbol{u}(t) \quad \leftarrow \boldsymbol{u}(t),\ \hat{\boldsymbol{x}}(t) \text{ で } \hat{\boldsymbol{y}}(t) \text{ を予測} \tag{1.94}$$

この式の $\hat{\boldsymbol{x}}(t)$ の性質を調べるために，モデルの式 (1.93) から実際の制御対象の $\dot{\boldsymbol{x}}(t) = \boldsymbol{A}\boldsymbol{x}(t) + \boldsymbol{B}\boldsymbol{u}(t)$ を引く。

$$\dot{\hat{\boldsymbol{x}}}(t) - \dot{\boldsymbol{x}}(t) = \boldsymbol{A}(\hat{\boldsymbol{x}}(t) - \boldsymbol{x}(t)) + \boldsymbol{B}\underbrace{(\boldsymbol{u}(t) - \boldsymbol{u}(t))}_{\boldsymbol{O}\text{になる}}$$

$$\therefore \quad \dot{\boldsymbol{e}}(t) = \boldsymbol{A}\boldsymbol{e}(t) \quad \leftarrow \boldsymbol{e}(t) = \hat{\boldsymbol{x}}(t) - \boldsymbol{x}(t) \text{ とおいた} \tag{1.95}$$

これは状態変数が $\boldsymbol{e}(t)$ で，$\boldsymbol{B}\boldsymbol{u}(t) = \boldsymbol{O}$ の状態方程式である。p.15 の式 (1.54) より，初期値 $\boldsymbol{e}(0)$ による応答は $\boldsymbol{e}(t) = e^{\boldsymbol{A}t}\boldsymbol{e}(0)$ である。この応答は，図 1.4 (p.17) のように，$\boldsymbol{A}$ の固有値 (極) の実部がすべて負ならシステムが安定となり $\boldsymbol{e}(t) \to \boldsymbol{O}$ に収束する。しかし，実部が 0 に近い極があると収束に時間がかかり，不安定な極をもつと $\boldsymbol{e}(t)$ は発散してしまうという問題が起こる (図 1.4)†。この問題を解決するために，**図 1.9** のように $\hat{\boldsymbol{x}}(t)$ で予測した出力 $\hat{\boldsymbol{y}}(t)$ をフィードバックして，$\hat{\boldsymbol{y}}(t)$ が真の出力 $\boldsymbol{y}(t)$ を目標値としてそれに近づくように制御する。フィードバック制御では，例えば自転車を時速 20 km で運転するとき，時速 20 km よりも遅ければペダルを踏む力を強め，逆に速すぎたら踏む力を弱める。それと同じように，$\hat{\boldsymbol{y}}(t)$ が $\boldsymbol{y}(t)$ よりも小さければ $\hat{\boldsymbol{x}}(t)$ を大きくし，逆に大きければ $\hat{\boldsymbol{x}}(t)$ を小さくすることで，$\hat{\boldsymbol{y}}(t)$ が $\boldsymbol{y}(t)$ に近づくように $\hat{\boldsymbol{x}}(t)$ を調節するのである。このフィードバックを施したシステムは図 1.9 より

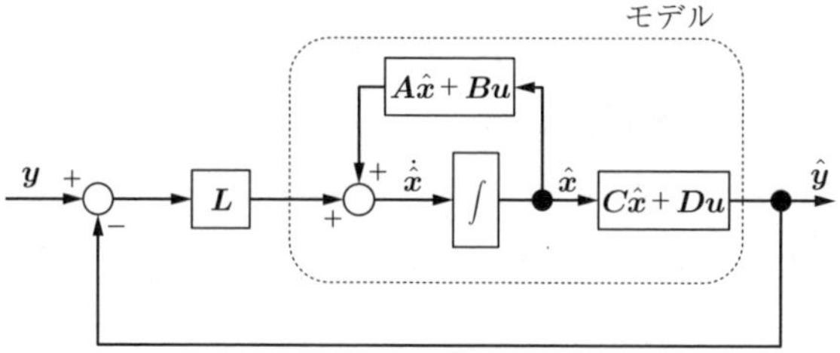

図 1.9　目標値 $\boldsymbol{y}(t)$ に近づくように $\hat{\boldsymbol{y}}(t)$ をフィードバック制御するオブザーバ

† 前書『高校数学でマスターする制御工学』の 2.3.6 項を参照。

$$\dot{\hat{\boldsymbol{x}}}(t) = \overbrace{\boldsymbol{A}\hat{\boldsymbol{x}}(t) + \boldsymbol{B}\boldsymbol{u}(t)}^{\boldsymbol{u}(t)\text{ で }\hat{\boldsymbol{x}}(t)\text{ を予測}} + \overbrace{\boldsymbol{L}(\boldsymbol{y}(t) - \hat{\boldsymbol{y}}(t))}^{\boldsymbol{y}(t)-\hat{\boldsymbol{y}}(t)\text{ で }\hat{\boldsymbol{x}}(t)\text{ を修正}} \tag{1.96}$$

$$\hat{\boldsymbol{y}}(t) = \underbrace{\boldsymbol{C}\hat{\boldsymbol{x}}(t) + \boldsymbol{D}\boldsymbol{u}(t)}_{\boldsymbol{u}(t)\text{ と }\hat{\boldsymbol{x}}(t)\text{ で }\hat{\boldsymbol{y}}(t)\text{ を予測}} \tag{1.97}$$

である。これが**オブザーバ**（同一次元オブザーバ，状態観測器）である。$n \times l$ 定数行列の $\boldsymbol{L}$ を**オブザーバゲイン**という。n は $\boldsymbol{x}(t)$ の数，l は $\boldsymbol{y}(t)$ の数である。1 出力系 $(l=1)$ の場合，$\boldsymbol{L}$ は縦長の列ベクトルになる。式 (1.97) から実際の制御対象の $\dot{\boldsymbol{x}}(t) = \boldsymbol{A}\boldsymbol{x}(t) + \boldsymbol{B}\boldsymbol{u}(t)$ を引き，$\boldsymbol{e}(t) = \hat{\boldsymbol{x}}(t) - \boldsymbol{x}(t)$ とおく。

$$\dot{\boldsymbol{e}}(t) = \boldsymbol{A}\boldsymbol{e}(t) + \boldsymbol{B}\underbrace{(\boldsymbol{u}(t) - \boldsymbol{u}(t))}_{O\text{ になる}} + \boldsymbol{L}(\boldsymbol{y}(t) - \hat{\boldsymbol{y}}(t)) \tag{1.98}$$

$$= \boldsymbol{A}\boldsymbol{e}(t) + \boldsymbol{L}(\boldsymbol{C}\boldsymbol{x}(t) - \boldsymbol{C}\hat{\boldsymbol{x}}(t)) \leftarrow \boldsymbol{y} = \boldsymbol{C}\boldsymbol{x} + \boldsymbol{D}\boldsymbol{u},\ \text{式 (1.94) より}$$

$$= \boldsymbol{A}\boldsymbol{e}(t) + \boldsymbol{L}\boldsymbol{C}(-\boldsymbol{e}(t))$$

$$\therefore\quad \dot{\boldsymbol{e}}(t) = (\boldsymbol{A} - \boldsymbol{L}\boldsymbol{C})\,\boldsymbol{e}(t) \tag{1.99}$$

これと元の式 (1.95) を比べると $\boxed{\boldsymbol{A} \to \boldsymbol{A} - \boldsymbol{L}\boldsymbol{C}}$ に変わった。極はシステム行列の固有値なので，オブザーバゲイン $\boldsymbol{L}$ によって極が $\boldsymbol{A}$ から $\boldsymbol{A}-\boldsymbol{L}\boldsymbol{C}$ の固有値に変わる。そこで，$\boldsymbol{L}$ をうまく設計して $\boldsymbol{A}-\boldsymbol{L}\boldsymbol{C}$ の固有値などを望ましい値にすることを考えよう。行列の固有値は転置しても変わらないので (p.130)

$$(\boldsymbol{A} - \boldsymbol{L}\boldsymbol{C})^{\mathrm{T}} = \boldsymbol{A}^{\mathrm{T}} - (\boldsymbol{L}\boldsymbol{C})^{\mathrm{T}} = \boldsymbol{A}^{\mathrm{T}} - \boldsymbol{C}^{\mathrm{T}}\boldsymbol{L}^{\mathrm{T}} \leftarrow (\boldsymbol{X}\boldsymbol{Y})^{\mathrm{T}} = \boldsymbol{Y}^{\mathrm{T}}\boldsymbol{X}^{\mathrm{T}}\ \text{(p.127)}$$

が良い性質をもつように $\boldsymbol{L}$ を設計すればよい。$\boldsymbol{A}^{\mathrm{T}} - \boldsymbol{C}^{\mathrm{T}}\boldsymbol{L}^{\mathrm{T}}$ と状態フィードバックの $\boldsymbol{A} - \boldsymbol{B}\boldsymbol{K}$ を見比べると，$\boldsymbol{A}$, $\boldsymbol{B}$, $\boldsymbol{K}$ がそれぞれ $\boldsymbol{A}^{\mathrm{T}}$, $\boldsymbol{C}^{\mathrm{T}}$, $\boldsymbol{L}^{\mathrm{T}}$ に置き換わっているだけである。したがって，つぎのシステム

$$\dot{\boldsymbol{x}}(t) = \boldsymbol{A}^{\mathrm{T}}\boldsymbol{x}(t) + \boldsymbol{C}^{\mathrm{T}}\boldsymbol{u}(t) \tag{1.100}$$

$$\boldsymbol{u}(t) = \boldsymbol{L}^{\mathrm{T}}(\boldsymbol{x}_r(t) - \boldsymbol{x}(t)) \tag{1.101}$$

に対して状態フィードバックを設計することと同じである。ゆえに $\left(\boldsymbol{A}^{\mathrm{T}},\ \boldsymbol{C}^{\mathrm{T}}\right)$ が可制御であれば，$\boldsymbol{A}-\boldsymbol{L}\boldsymbol{C}$ のすべての固有値をどの値にでも自在に配置で

きる (次項の可観測性を参照)。このとき，状態フィードバックと同じように，式 (1.100) の制御対象に対して極配置法や最適制御で式 (1.101) の $\boldsymbol{L}$ を設計できる。特に，後述の最適制御で $\boldsymbol{L}$ を設計したオブザーバを**カルマンフィルタ**という。

1.2.6 可　観　測　性

ここではオブザーバによって

$$\begin{cases} \dot{\boldsymbol{x}}(t) = \boldsymbol{A}\boldsymbol{x}(t) + \boldsymbol{B}\boldsymbol{u}(t) \\ \boldsymbol{y}(t) = \boldsymbol{C}\boldsymbol{x}(t) + \boldsymbol{D}\boldsymbol{u}(t) \end{cases} \tag{1.102}$$

で表されるシステム $(\boldsymbol{A},\ \boldsymbol{B},\ \boldsymbol{C},\ \boldsymbol{D})$ のすべての状態 $\boldsymbol{x}(t)$ を観測できるための条件を理解しよう。$(\boldsymbol{A},\ \boldsymbol{B},\ \boldsymbol{C},\ \boldsymbol{D})$ の双対システム $\left(\boldsymbol{A}^{\mathrm{T}},\ \boldsymbol{C}^{\mathrm{T}},\ \boldsymbol{B}^{\mathrm{T}},\ \boldsymbol{D}^{\mathrm{T}}\right)$

$$\begin{cases} \dot{\boldsymbol{x}}(t) = \boldsymbol{A}^{\mathrm{T}}\boldsymbol{x}(t) + \boldsymbol{C}^{\mathrm{T}}\boldsymbol{u}(t) \\ \boldsymbol{y}(t) = \boldsymbol{B}^{\mathrm{T}}\boldsymbol{x}(t) + \boldsymbol{D}^{\mathrm{T}}\boldsymbol{u}(t) \end{cases} \tag{1.103}$$

が可制御 (p.25) なとき，元のシステム $(\boldsymbol{A},\ \boldsymbol{B},\ \boldsymbol{C},\ \boldsymbol{D})$ が**可観測**であるという。可観測でなければ**不可観測**という。双対システム $\left(\boldsymbol{A}^{\mathrm{T}},\ \boldsymbol{C}^{\mathrm{T}},\ \boldsymbol{B}^{\mathrm{T}},\ \boldsymbol{D}^{\mathrm{T}}\right)$ が可安定なときは元のシステム $(\boldsymbol{A},\ \boldsymbol{B},\ \boldsymbol{C},\ \boldsymbol{D})$ が**可検出**であるという。双対システム $\left(\boldsymbol{A}^{\mathrm{T}},\ \boldsymbol{C}^{\mathrm{T}},\ \boldsymbol{B}^{\mathrm{T}},\ \boldsymbol{D}^{\mathrm{T}}\right)$ の可制御性行列 $\boldsymbol{V_c}$ (p.25) を転置したつぎの行列

$$\boldsymbol{V_o} = \boldsymbol{V_c}^{\mathrm{T}} = \left[\boldsymbol{C}^{\mathrm{T}} \quad \boldsymbol{A}^{\mathrm{T}}\boldsymbol{C}^{\mathrm{T}} \quad \left(\boldsymbol{A}^{\mathrm{T}}\right)^2\boldsymbol{C}^{\mathrm{T}} \quad \left(\boldsymbol{A}^{\mathrm{T}}\right)^3\boldsymbol{C}^{\mathrm{T}} \quad \cdots \quad \left(\boldsymbol{A}^{\mathrm{T}}\right)^{n-1}\boldsymbol{C}^{\mathrm{T}}\right]^{\mathrm{T}}$$

$$\therefore \quad \boldsymbol{V_o} = \begin{bmatrix} \boldsymbol{C} \\ \boldsymbol{C}\boldsymbol{A} \\ \boldsymbol{C}\boldsymbol{A}^2 \\ \boldsymbol{C}\boldsymbol{A}^3 \\ \vdots \\ \boldsymbol{C}\boldsymbol{A}^{n-1} \end{bmatrix} \leftarrow (\boldsymbol{X}\boldsymbol{Y})^{\mathrm{T}} = \boldsymbol{Y}^{\mathrm{T}}\boldsymbol{X}^{\mathrm{T}} \text{ より (p.127)} \tag{1.104}$$

を，システム $(\boldsymbol{A},\ \boldsymbol{B},\ \boldsymbol{C},\ \boldsymbol{D})$ の**可観測性行列**という。

可制御の性質 (p.25) より，$\boldsymbol{V_o}$ がフルランクのとき，システム $\left(\boldsymbol{A}^{\mathrm{T}},\ \boldsymbol{C}^{\mathrm{T}},\ \boldsymbol{B}^{\mathrm{T}},\ \boldsymbol{D}^{\mathrm{T}}\right)$ は可制御となり，$\boldsymbol{u}(t) = \boldsymbol{L}^{\mathrm{T}}(\boldsymbol{x_r}(t) - \boldsymbol{x}(t))$ の状態フィードバックを行うと $\boldsymbol{A}^{\mathrm{T}} - \boldsymbol{C}^{\mathrm{T}}\boldsymbol{L}^{\mathrm{T}} = (\boldsymbol{A} - \boldsymbol{LC})^{\mathrm{T}}$ の固有値 (極) を自在に配置できる。$(\boldsymbol{A} - \boldsymbol{LC})^{\mathrm{T}}$ と $\boldsymbol{A} - \boldsymbol{LC}$ の固有値は同じである (p.130)。したがって，$\boldsymbol{A} - \boldsymbol{LC}$ のすべての極が安定になるように配置すれば，p.29 の式 (1.99)

$$\dot{\boldsymbol{e}}(t) = (\boldsymbol{A} - \boldsymbol{LC})\,\boldsymbol{e}(t)$$

の $\boldsymbol{e}(t)$ がゼロに向かう。$\boldsymbol{e}(t) = \hat{\boldsymbol{x}}(t) - \boldsymbol{x}(t)$ より，$\hat{\boldsymbol{x}}(t)$ が $\boldsymbol{x}(t)$ に向かうので，このオブザーバによってすべての状態 $\boldsymbol{x}(t)$ を観測できる。

$\dot{\boldsymbol{y}}(t)$ は $\boldsymbol{y}(t)$ の時刻 t における傾きである (p.116)。ゆえに，時刻 t を含む有限時間 dt の間の $\boldsymbol{y}(t)$ の変化 $d\boldsymbol{y}$ を観測すれば，傾き $= \dfrac{d\boldsymbol{y}}{dt}$ を計算できる。$\ddot{\boldsymbol{y}}(t)$ や $\dot{\boldsymbol{u}}(t)$ なども同様である。出力方程式 $\boldsymbol{y}(t) = \boldsymbol{Cx}(t) + \boldsymbol{Du}(t)$ を変形する。

$$\boldsymbol{Cx}(t) = \underbrace{\boldsymbol{y}(t) - \boldsymbol{Du}(t)}_{\boldsymbol{z_0}(t)\ \text{とおく}} \tag{1.105}$$

右辺は既知の $\boldsymbol{y}(t)$, $\boldsymbol{u}(t)$ を用いれば計算できる。両辺を微分する。

$$\begin{aligned}
&\boldsymbol{C}\dot{\boldsymbol{x}}(t) = \dot{\boldsymbol{z}}_0(t)\\
&\boldsymbol{C}(\boldsymbol{Ax}(t) + \boldsymbol{Bu}(t)) = \dot{\boldsymbol{z}}_0(t) \ \leftarrow \dot{\boldsymbol{x}}(t) = \boldsymbol{Ax}(t) + \boldsymbol{Bu}(t)\ \text{より}\\
\therefore\ &\boldsymbol{CAx}(t) = \underbrace{\dot{\boldsymbol{z}}_0(t) - \boldsymbol{CBu}(t)}_{\boldsymbol{z_1}(t)\ \text{とおく}}
\end{aligned} \tag{1.106}$$

両辺を微分する。

$$\begin{aligned}
&\boldsymbol{CA}\dot{\boldsymbol{x}}(t) = \dot{\boldsymbol{z}}_1(t)\\
&\boldsymbol{CA}(\boldsymbol{Ax}(t) + \boldsymbol{Bu}(t)) = \dot{\boldsymbol{z}}_1(t) \ \leftarrow \dot{\boldsymbol{x}}(t) = \boldsymbol{Ax}(t) + \boldsymbol{Bu}(t)\ \text{より}\\
\therefore\ &\boldsymbol{CA}^2\boldsymbol{x}(t) = \underbrace{\dot{\boldsymbol{z}}_1(t) - \boldsymbol{CABu}(t)}_{\boldsymbol{z_2}(t)\ \text{とおく}}
\end{aligned} \tag{1.107}$$

同様の計算を繰り返すと次式を得る。

$$\boldsymbol{C}\boldsymbol{A}^i\boldsymbol{x}(t) = \boldsymbol{z_i}(t),\ \boldsymbol{z_i}(t) = \dot{\boldsymbol{z}}_{\boldsymbol{i-1}}(t) - \boldsymbol{C}\boldsymbol{A}^{i-1}\boldsymbol{B}\boldsymbol{u}(t)$$
$$i = 0,\ 1,\ 2,\ \cdots \tag{1.108}$$

$i = 0,\ 1,\ 2,\ \cdots,\ n-1$ の順に並べてベクトルの形にする。

$$\begin{bmatrix} \boldsymbol{C}\boldsymbol{x}(t) \\ \boldsymbol{C}\boldsymbol{A}\boldsymbol{x}(t) \\ \boldsymbol{C}\boldsymbol{A}^2\boldsymbol{x}(t) \\ \vdots \\ \boldsymbol{C}\boldsymbol{A}^{n-1}\boldsymbol{x}(t) \end{bmatrix} = \begin{bmatrix} \boldsymbol{z_0}(t) \\ \boldsymbol{z_1}(t) \\ \boldsymbol{z_2}(t) \\ \vdots \\ \boldsymbol{z_{n-1}}(t) \end{bmatrix}$$

$$\therefore \underbrace{\begin{bmatrix} \boldsymbol{C} \\ \boldsymbol{C}\boldsymbol{A} \\ \boldsymbol{C}\boldsymbol{A}^2 \\ \vdots \\ \boldsymbol{C}\boldsymbol{A}^{n-1} \end{bmatrix}}_{\text{これは}\boldsymbol{V_o}} \boldsymbol{x}(t) = \underbrace{\begin{bmatrix} \boldsymbol{z_0}(t) \\ \boldsymbol{z_1}(t) \\ \boldsymbol{z_2}(t) \\ \vdots \\ \boldsymbol{z_{n-1}}(t) \end{bmatrix}}_{\boldsymbol{Z}\text{とおく}} \quad \leftarrow \text{行列の掛け算は p.121} \tag{1.109}$$

n はシステム次数 ($\boldsymbol{A}$ の行数) である。$\boldsymbol{z_i}(t)$ は $\boldsymbol{y}(t)$, $\boldsymbol{u}(t)$ とその時間微分値と $\boldsymbol{A}$, $\boldsymbol{B}$, $\boldsymbol{C}$, $\boldsymbol{D}$ との積和なので，既知の $\boldsymbol{y}(t)$, $\boldsymbol{u}(t)$ を用いれば計算できる。よって出力数 $l = 1$ のとき，可観測性行列 $\boldsymbol{V_o}$ が逆行列をもてば，式 (1.109) より $\boldsymbol{x}(t) = \boldsymbol{V_o}^{-1}\boldsymbol{Z}$ を計算でき，$t = 0$ を代入すれば初期状態 $\boldsymbol{x}(0)$ がわかる[†1]。しかし時間微分は高周波ノイズを増幅してしまうため，式 (1.109) で計算した $\boldsymbol{x}(t)$ はノイズまみれになってしまい，実際に使用することはほとんどない[†2]。代わりにオブザーバを使用する。以上をまとめる。

$\boldsymbol{V_o}$ がフルランク (出力数 $l = 1$ なら $|\boldsymbol{V_o}| \neq 0$) のとき，オブザーバですべて

---

†1 出力数 $l > 1$ のときは式 (1.109) の両辺に $\left(\boldsymbol{V_o}^{\mathrm{T}}\boldsymbol{V_o}\right)^{-1}\boldsymbol{V_o}^{\mathrm{T}}$ を左から掛けて $\boldsymbol{x}(t) = \left(\boldsymbol{V_o}^{\mathrm{T}}\boldsymbol{V_o}\right)^{-1}\boldsymbol{V_o}^{\mathrm{T}}\boldsymbol{Z}$ を計算する。

†2 前書『高校数学でマスターする制御工学』の 4.3.3 項を参照。

の極 ($\boldsymbol{A}-\boldsymbol{LC}$ の固有値) をどこでも自在に配置できる。このとき，$t=0$ を含む有限時間の間の入力 $\boldsymbol{u}(t)$ と出力 $\boldsymbol{y}(t)$ を用いて，初期状態 $\boldsymbol{x}(0)$ を決定できる。このようなシステムは**可観測**であるという。

例題 1.12 p.26 の式 (1.91) のシステムが不可観測のとき，オブザーバで $\boldsymbol{A}-\boldsymbol{LC}$ の固有値の一部を動かせないことを確かめよう。

【解答】 $\boldsymbol{A}$ 行列のサイズが 2×2 なのでシステム次数は $n=2$ である。よって $\boldsymbol{L}=[l_1 \quad l_2]^T$ となり，$\boldsymbol{V_o}$ は式 (1.104) より

$$\boldsymbol{V_o}=\begin{bmatrix}\boldsymbol{C}\\ \boldsymbol{CA}\end{bmatrix}=\begin{bmatrix}c_1 & 1\\ c_1 & 2\end{bmatrix} \leftarrow \boldsymbol{CA}\text{ の計算は p.121 の式 (4.16)}$$

$$\therefore \quad |\boldsymbol{V_o}|=2c_1-c_1=c_1 \quad \leftarrow \text{行列式は p.124 の式 (4.26)}$$

となる。よって

$$c_1=0 \tag{1.110}$$

のときに $|\boldsymbol{V_o}|=0$ が成り立ち，システムが不可観測になる。

$\boldsymbol{A}-\boldsymbol{LC}$ の固有値は $|s\boldsymbol{I}-(\boldsymbol{A}-\boldsymbol{LC})|=0$ の解である (p.12)。不可観測のとき，$\boldsymbol{A}-\boldsymbol{LC}$ の $\boldsymbol{C}$ に $c_1=0$ を代入する。

$$\begin{aligned}
s\boldsymbol{I}-(\boldsymbol{A}-\boldsymbol{LC}) &= s\begin{bmatrix}1 & 0\\ 0 & 1\end{bmatrix}-\left(\begin{bmatrix}1 & 0\\ 0 & 2\end{bmatrix}-\begin{bmatrix}l_1\\ l_2\end{bmatrix}[0 \ \ 1]\right)\\
&= \begin{bmatrix}s & 0\\ 0 & s\end{bmatrix}-\left(\begin{bmatrix}1 & 0\\ 0 & 2\end{bmatrix}-\begin{bmatrix}0 & l_1\\ 0 & l_2\end{bmatrix}\right)\\
&= \begin{bmatrix}s & 0\\ 0 & s\end{bmatrix}-\begin{bmatrix}1 & -l_1\\ 0 & 2-l_2\end{bmatrix}\\
&= \begin{bmatrix}s-1 & l_1\\ 0 & s-2+l_2\end{bmatrix}
\end{aligned}$$

$$\therefore \quad |s\boldsymbol{I}-(\boldsymbol{A}-\boldsymbol{LC})|=(s-1)(s-2+l_2)-0\cdot l_1=(s-1)(s-(2-l_2))$$

これより固有値 (極) は 1, $2-l_2$ である。極 1 はオブザーバゲイン $\boldsymbol{L}=[l_1 \quad l_2]^{\mathrm{T}}$ をどの値に設定しても変化しない。つまり $c_1=0$ で不可観測のときは極配置できない極 1 が存在する。極 1 は実部が正より不安定なため，システムは可検出で

ない。このとき $\hat{\boldsymbol{x}}(t)$ は発散してしまう。もしもその極が 1 でなく -1 ならば可検出であり，もう一つの極 $2-l_2$ を負に配置すれば安定となる。　◇

■ **最 小 実 現**　1 入出力系のとき，状態表現のシステム次数 n が，既約 (分子・分母がすでに約分されていること) な伝達関数 $G(s)$ の分母多項式の s の最高次数と等しいとき，その状態表現は**最小実現**であるという。このときに限り，可制御かつ可観測となる (例題 1.13)。多入出力系のときは，可制御かつ可観測のときに限り最小実現であるという。

1 入出力系の最小実現を求めるには，状態表現を伝達関数 $G(s)$ に変換し，分子・分母を約分してから可制御正準形に変換する。

例題 1.13　p.26 の式 (1.91) のシステムが最小実現でないとき，伝達関数の分子・分母を約分できることを確かめよう。

【解答】　式 (1.91) のシステムの伝達関数 $G(s)$ は p.5 の式 (1.12) より

$$G(s)=\boldsymbol{C}(s\boldsymbol{I}-\boldsymbol{A})^{-1}\boldsymbol{B}+D=[c_1\quad 1]\left(s\begin{bmatrix}1&0\\0&1\end{bmatrix}-\begin{bmatrix}1&0\\0&2\end{bmatrix}\right)^{-1}\begin{bmatrix}b_1\\1\end{bmatrix}$$

$$=[c_1\quad 1]\begin{bmatrix}s-1&0\\0&s-2\end{bmatrix}^{-1}\begin{bmatrix}b_1\\1\end{bmatrix}\quad\leftarrow \text{行列の引き算は p.119}$$

$$=[c_1\quad 1]\frac{1}{(s-1)(s-2)-0}\begin{bmatrix}s-2&0\\0&s-1\end{bmatrix}\begin{bmatrix}b_1\\1\end{bmatrix}\quad\leftarrow \text{逆行列は p.124 の式 (4.26)}$$

$$=\frac{1}{(s-1)(s-2)}\underbrace{[c_1\quad 1]\begin{bmatrix}(s-2)\,b_1\\(s-1)\cdot 1\end{bmatrix}}_{\text{行列の掛け算は p.121 の式 (4.16)}}$$

$$=\frac{b_1c_1(s-2)+(s-1)}{(s-1)(s-2)}\tag{1.111}$$

である。可制御かつ可観測のときに限り最小実現になるので，最小実現でないときは不可制御または不可観測である。p.26 の式 (1.92) より，不可制御のとき $b_1=0$ である。p.33 の式 (1.110) より，不可観測のとき $c_1=0$ である。$b_1=0$ または $c_1=0$ を $G(s)$ に代入すると

$$G(s)=\frac{s-1}{(s-1)(s-2)}=\frac{1}{s-2}\tag{1.112}$$

となり，分子と分母を約分できて極 1 と零点 1 とがなくなる。このように，極と零点とが互いに打ち消し合うことを**極零相殺**（そうさい）という。 ◇

例題 1.14 PID 制御のように出力 $y(t)$ をフィードバックする制御器 $K(s)$ では，制御対象が最小実現でないときに自在に配置できない極が存在することを示そう。

【解答】 つぎの制御器 $K(s)$ と，最小実現でない制御対象 $G(s)$ を考える。

$$K(s) = \frac{k_n(s)}{k_d(s)}, \quad G(s) = \frac{\alpha(s)\, g_n(s)}{\alpha(s)\, g_d(s)} \tag{1.113}$$

$k_n(s), k_d(s), \alpha(s), g_n(s), g_d(s)$ は s の多項式である。$G(s)$ は分子分母を $\alpha(s)$ で約分できるので最小実現でない。ここでは見やすくするために添え字 (s) を略す。式 (1.113) を閉ループ伝達関数 $\dfrac{GK}{1+GK}$ に代入する[†]。

$$\begin{aligned}
\frac{GK}{1+GK} &= \frac{\dfrac{\alpha g_n k_n}{\alpha g_d k_d}}{1 + \dfrac{\alpha g_n k_n}{\alpha g_d k_d}} \\
&= \frac{\alpha g_n k_n}{\alpha g_n k_n + \alpha g_d k_d} \quad \leftarrow \text{分子分母} \times \alpha g_d k_d \\
&= \frac{\alpha g_n k_n}{\alpha(g_n k_n + g_d k_d)} \quad \leftarrow \text{分母を } \alpha \text{ でくくった}
\end{aligned}$$

分母多項式 $\alpha(g_n k_n + g_d k_d)$ の α は，$K = \dfrac{k_n}{k_d}$ をどのように設定しても変化しない。そのため，$\alpha(s) = 0$ の解を極として必ずもち，その極を自在に配置できない。状態フィードバックでもこのシステムの $\boldsymbol{A}$, $\boldsymbol{B}$ の選び方によっては，不可制御 (p.26) になる。このとき $\alpha(s) = 0$ の解である極が安定ならば可安定であり，不安定ならば可安定でない。

$G(s)$ を既約にした $G(s) = \dfrac{g_n(s)}{g_d(s)}$ を可制御正準形にすれば，最小実現が得られる。 ◇

1.2.7 最 適 制 御

最適制御 (LQR) は，$\boldsymbol{x}(t) \to \boldsymbol{O}$ としたいとき，式 (1.114) の評価関数 J を最

[†] 前書『高校数学でマスターする制御工学』の索引「閉ループ伝達関数」を参照。

小にする状態フィードバックゲイン $\boldsymbol{K}$ を設計できる。**最適レギュレータ**または **LQR** (linear quadratic regulator; 線形二次形式レギュレータ) とも呼ばれる。$\boldsymbol{x}(t) \to \boldsymbol{O}$ にするには，p.21 の式 (1.80) の目標値 $\boldsymbol{x_r}(t) = \boldsymbol{O}$ にするが，$\boldsymbol{x_r}(t) = \boldsymbol{O}$ 以外の場合でも良好な制御性能が得られることが多い。

最小にする評価関数 $$J = \int_0^\infty \left(\boldsymbol{x}^{\mathrm{T}}(t)\,\boldsymbol{Q}\boldsymbol{x}(t) + \boldsymbol{u}^{\mathrm{T}}(t)\,\boldsymbol{R}\boldsymbol{u}(t)\right) dt \tag{1.114}$$

$\boldsymbol{Q}$ は $n \times n$ 次半正定値行列 $\left(\boldsymbol{Q} = \boldsymbol{Q}^{\mathrm{T}} \geqq 0\right)$，$\boldsymbol{R}$ は $m \times m$ 次正定値行列 $\left(\boldsymbol{R} = \boldsymbol{R}^{\mathrm{T}} > 0\right)$ である (p.143)。$\boldsymbol{Q}$ と $\boldsymbol{R}$ を**重み行列**という。$\boldsymbol{Q}$ と $\boldsymbol{R}$ を選ぶとき，i 行 i 列の対角要素はすべてプラス，非対角要素はすべてゼロの対角行列にすることが多い。$\boldsymbol{u}(t)$ の要素数 m が 1 のとき，正のスカラ q と r を用いて，$\boldsymbol{Q} = q\boldsymbol{I}$，$\boldsymbol{R} = r$ に設定すると，J は

$$J = \int_0^\infty \left(q\left(x_1^2(t) + x_2^2(t) + \cdots\right) + ru^2(t)\right) dt$$

となる (行列の掛け算は p.121 の式 (4.16))。負の数を二乗すると正になるので $q(x_1^2(t) + x_2^2(t) + \cdots) \geqq 0$，$ru^2(t) \geqq 0$ となる。これらの和を制御開始時点の $t = 0$ から $t = \infty$ まで積分した値が J である。その積分値は，積分の定義より**図 1.10** のグラフと横軸で囲まれた面積である (p.116)。図 1.10 に示すように q が大きいとき，$q\left(x_1^2(t) + x_2^2(t) + \cdots\right)$ の面積が J の多くを占める。最適制御はその J を最小化するので，速く $x_1^2(t) + x_2^2(t) + \cdots$ を小さくする。$x_i^2(t) \geqq 0$ なので速く $\boldsymbol{x}(t)$ が $\boldsymbol{O}$ に近づく。このとき，制御対象がロボットアームであれば，アームが速く動く。つまり q が大きいほど高速に応答する。逆に q が小さいほど，$ru^2(t)$ の面積が J の多くを占める。すると，$u(t)$ の大きさが速く小さくなるので，入力エネルギーが小さくなる。このとき，電車が制御対象ならば，アクセルやブレーキの踏み込みが小さくなり，ゆっくり加減速するので乗り心地

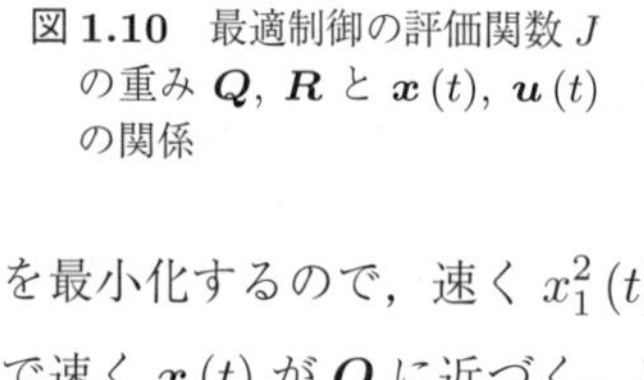

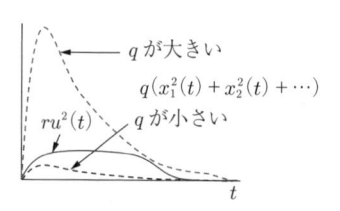

図 1.10　最適制御の評価関数 J の重み $\boldsymbol{Q}$, $\boldsymbol{R}$ と $\boldsymbol{x}(t)$, $\boldsymbol{u}(t)$ の関係

も良く，省エネ運転ができる。まとめると，つぎの特長がある。

・速応性重視 ($|\boldsymbol{x}(t)| \rightarrow$ 小) $\cdots \boldsymbol{Q} \rightarrow$ 大

・省エネ重視 ($|\boldsymbol{u}(t)| \rightarrow$ 小) $\cdots \boldsymbol{Q} \rightarrow$ 小

q と r の比が同じならば，同じ K が得られる (p.146)。

$\boldsymbol{K}$ は次式で与えられる (p.147)。

$$\boldsymbol{K} = \boldsymbol{R}^{-1}\boldsymbol{B}^{\mathrm{T}}\boldsymbol{P} \tag{1.115}$$

$n \times n$ 正定値行列 $\boldsymbol{P} = \boldsymbol{P}^{\mathrm{T}} > 0$ はつぎのリカッチ方程式の唯一解である。

$$\boldsymbol{A}^{\mathrm{T}}\boldsymbol{P} + \boldsymbol{P}\boldsymbol{A} - \boldsymbol{P}\boldsymbol{B}\boldsymbol{R}^{-1}\boldsymbol{B}^{\mathrm{T}}\boldsymbol{P} + \boldsymbol{Q} = \boldsymbol{O} \tag{1.116}$$

$\boldsymbol{P}$ は $\boldsymbol{A}$ と同じサイズである。$\boldsymbol{P}$ は唯一解なので，$\boldsymbol{P} = \boldsymbol{P}^{\mathrm{T}} > 0$ となる解は必ず一つだけである (p.147)。

例題 1.15　$A = 1,\ B = 1,\ C = 1,\ D = 0$ のシステムに対し，最適制御の状態フィードバックゲイン K を $Q = 3,\ R = 1$ として設計しよう。

【解答】　リカッチ方程式 (1.116) に代入する。

$$A^{\mathrm{T}}P + PA - PBR^{-1}B^{\mathrm{T}}P + Q = 0 \leftarrow \text{リカッチ方程式}$$

$$1^{\mathrm{T}} \cdot P + P \cdot 1 - P \cdot 1 \cdot 1^{-1} \cdot 1^{\mathrm{T}} \cdot P + 3 = 0$$

$$P + P - P^2 + 3 = 0$$

$$P^2 - 2P - 3 = 0$$

$$(P - 3)(P + 1) = 0$$

$$\therefore \quad P = 3, -1$$

P は $P > 0$ なので，$x \neq 0$ のあらゆる x について，$x^{\mathrm{T}}Px > 0$ でなければならない (p.143)。よって -1 ではなく，$P = 3$ である。P は唯一解なのでこれが解である。P を式 (1.115) に代入すると $K = R^{-1}B^{\mathrm{T}}P = 1^{-1} \cdot 1^{\mathrm{T}} \cdot 3 = 3$ となり，$K = 3$ を得る。 ◇

リカッチ方程式は手計算でがんばって解くこともできるが, MATLAB で簡単に求まる。この例題の場合は，A=1, B=1, Q=3, R=1, [K,P] = lqr(A,B,Q,R) とタイプすればよい[†1]。[K,P] = lqr(A,B,Q,R) は，制御対象の状態表現が (A,B,C,D) で，重み行列が Q,R のとき，状態フィードバックゲイン K を最適制御で設計する。P はリカッチ方程式の解である。

1.2.8 定常偏差をなくすサーボ

制御器が積分器 $\int$ を含む場合，内部モデル原理[†2]より，目標値 $\boldsymbol{r}(t)$ や外乱 $\boldsymbol{d}(t)$ が一定値のとき，偏差 $\boldsymbol{e}(t) = \boldsymbol{r}(t) - \boldsymbol{y}(t)$ の最終値である定常偏差 $\boldsymbol{e}(\infty)$ はゼロになる。制御器に積分器 $\int$ を含ませるには，**図 1.11** (a) に示すように，(1) 制御対象に積分器を含ませたシステムを制御対象とみなして，(2) 制御器を設計し，(3) その制御器に積分器を含ませたものを制御器として使用する。これから (1), (2), (3) それぞれの設計手順を説明する。

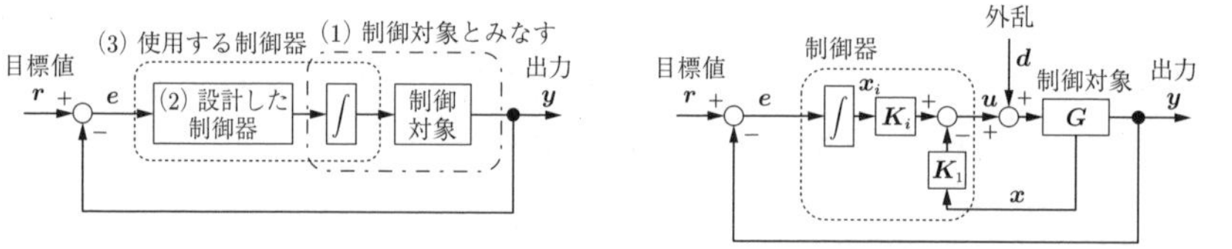

(a) 考え方　　(b) 積分器を含む状態フィードバック系

図 1.11 制御器に積分器 $\int$ を含ませるには

(1) 制御対象に積分器を含ませる　積分器の入力を $\boldsymbol{u_2}(t)$, 出力を $\boldsymbol{y_2}(t)$ とすると $\boldsymbol{y_2}(t) = \int \boldsymbol{u_2}(t)\,dt$ である。両辺を微分すると $\dot{\boldsymbol{y}}_2(t) = \boldsymbol{u_2}(t)$ となる。この状態表現 $(\boldsymbol{A_2}, \boldsymbol{B_2}, \boldsymbol{C_2}, \boldsymbol{D_2})$ は $\boldsymbol{x_2}(t) = \boldsymbol{y_2}(t)$ とおくと

$$\begin{cases} \dot{\boldsymbol{x}}_2(t) = \boldsymbol{O}_l \boldsymbol{x_2}(t) + \boldsymbol{I}_l \boldsymbol{u_2}(t) \leftarrow \dot{\boldsymbol{x}}_2(t) = \boldsymbol{u_2}(t) \\ \boldsymbol{y_2}(t) = \boldsymbol{I}_l \boldsymbol{x_2}(t) + \boldsymbol{O}_l \boldsymbol{u_2}(t) \leftarrow \boldsymbol{y_2}(t) = \boldsymbol{x_2}(t) \end{cases} \tag{1.117}$$

である。$\boldsymbol{u_2}(t)$ と $\boldsymbol{y_2}(t)$ は l 次，零行列 $\boldsymbol{O}_l$ と単位行列 $\boldsymbol{I}_l$ のサイズは $l \times l$ であ

†1 Mat@Scilab では lqr() の代わりに mtlb_lqr() を用いる。MATLAB は Control System Toolbox が必要。

†2 前書『高校数学でマスターする制御工学』の索引「内部モデル原理」を参照。

る†。この積分器を $\boldsymbol{G_2}$，制御対象 $(\boldsymbol{A}, \boldsymbol{B}, \boldsymbol{C}, \boldsymbol{D})$ を $\boldsymbol{G_1}$ として p.19 の式 (1.72) で直列接続する。

$$\begin{bmatrix} \dot{\boldsymbol{x}}(t) \\ \dot{\boldsymbol{x}}_2(t) \end{bmatrix} = \begin{bmatrix} \boldsymbol{A} & \boldsymbol{O} \\ \boldsymbol{C} & \boldsymbol{O_l} \end{bmatrix} \begin{bmatrix} \boldsymbol{x}(t) \\ \boldsymbol{x_2}(t) \end{bmatrix} + \begin{bmatrix} \boldsymbol{B} \\ \boldsymbol{D} \end{bmatrix} \boldsymbol{u}(t) \tag{1.118}$$

$\boldsymbol{O}$ はサイズが $n \times l$ の零行列である。2 行目を抜き出すと $\dot{\boldsymbol{x}}_2(t) = \boldsymbol{Cx}(t) + \boldsymbol{Du}(t)$ である (p.118 の式 (4.9), (4.10) の関係より)。これに $\boldsymbol{G_1}$ の出力方程式 $\boldsymbol{y}(t) = \boldsymbol{Cx}(t) + \boldsymbol{Du}(t)$ を代入すると $\dot{\boldsymbol{x}}_2(t) = \boldsymbol{y}(t)$ を得る。両辺を積分すると $\boldsymbol{x_2}(t) = \int \boldsymbol{y}(t)\,dt$ となり，$\boldsymbol{y}(t)$ が積分されるので積分器を含んでいる。

（2） **制御器を設計する**　　式 (1.118) を制御対象とみなして，極配置法や最適制御で状態フィードバックゲイン $\boldsymbol{K} = [\boldsymbol{K_1} \quad \boldsymbol{K_i}]$ を設計する。

（3） **制御器に積分器を含ませる**　　$\boldsymbol{x_2}(t)$ の目標値を $\boldsymbol{x_{r2}}(t)$ とすると，p.21 の状態フィードバックの式 (1.80) より

$$\boldsymbol{u}(t) = \boldsymbol{K} \begin{bmatrix} \boldsymbol{x_r}(t) - \boldsymbol{x}(t) \\ \boldsymbol{x_{r2}}(t) - \boldsymbol{x_2}(t) \end{bmatrix} = \boldsymbol{K} \begin{bmatrix} \boldsymbol{x_r}(t) - \boldsymbol{x}(t) \\ \boldsymbol{x_{r2}}(t) - \int \boldsymbol{y}(t)\ dt \end{bmatrix} \tag{1.119}$$

となる。多くの場合

$$\boldsymbol{x_r}(t) = \boldsymbol{O}, \quad \boldsymbol{x_{r2}}(t) = \int \boldsymbol{r}(t)\,dt \tag{1.120}$$

にする。$\boldsymbol{x_i}(t) = \int (\boldsymbol{r}(t) - \boldsymbol{y}(t))\,dt$ とおき，これらを式 (1.119) に代入する。

$$\boldsymbol{u}(t) = \boldsymbol{K} \begin{bmatrix} -\boldsymbol{x}(t) \\ \int (\boldsymbol{r}(t) - \boldsymbol{y}(t))\,dt \end{bmatrix} = \boldsymbol{K} \begin{bmatrix} -\boldsymbol{x}(t) \\ \boldsymbol{x_i}(t) \end{bmatrix} \tag{1.121}$$

この制御系のブロック線図を図 1.11 (b) に示す。$\boldsymbol{K} = [\boldsymbol{K_1} \quad \boldsymbol{K_i}]$ を最適制御で設計したとき，この制御方法を**線形二次積分制御**といい，略して **LQI** (linear quadratic integral) という。

† 零行列は全要素が 0 の行列，単位行列は零行列の対角要素を 1 にした行列である。

1.2.9 状態フィードバックとオブザーバを併合した制御器

状態フィードバックでは状態変数 $\boldsymbol{x}(t)$ をフィードバックする (p.21)。$\boldsymbol{x}(t)$ の代わりに，**図 1.12** に示すように，オブザーバで計算した $\hat{\boldsymbol{x}}(t)$ を用いて制御することを，状態フィードバックとオブザーバを**併合する**といい，併合したシステムを**併合系**という。

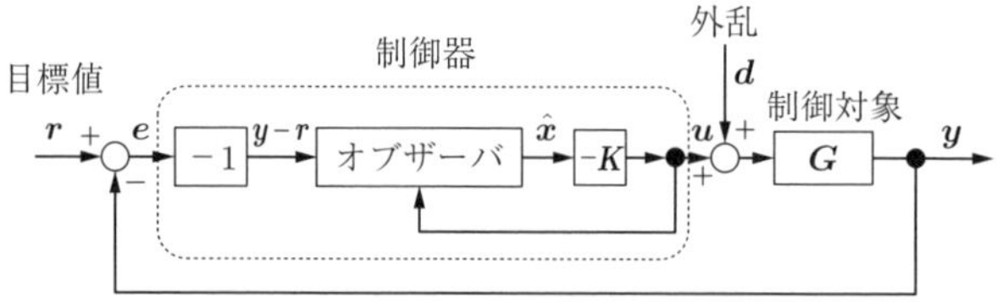

図 1.12　状態フィードバックとオブザーバを併合した制御系のブロック線図

状態フィードバックでは制御対象の状態 $\boldsymbol{x}(t)$ を用いて p.21 の式 (1.80)

$$\boldsymbol{u}(t) = \boldsymbol{K}(\boldsymbol{x}_{\boldsymbol{r}}(t) - \boldsymbol{x}(t))$$

によって制御入力 $\boldsymbol{u}(t)$ を計算した。制御器への入力は状態の偏差であり，この偏差を小さくすることがフィードバック制御の目的である。

併合系では $\boldsymbol{u}(t)$ を計算するために用いる制御対象からの情報が，$\boldsymbol{x}(t)$ から出力 $\boldsymbol{y}(t)$ に代わる。これを**出力フィードバック**という。この場合，フィードバック制御の目的は状態の偏差を小さくすることから，出力の偏差を小さくすることに変わる。そのため，制御器への入力は PID 制御器のように出力の偏差 $\boldsymbol{e}(t) = \boldsymbol{r}(t) - \boldsymbol{y}(t)$ にすべきである。そうするために $\boldsymbol{u}(t) = \boldsymbol{K}(\boldsymbol{x}_{\boldsymbol{r}}(t) - \boldsymbol{x}(t))$ とオブザーバの式 (p.29 の式 (1.96), (1.97)) において $\boldsymbol{x}_{\boldsymbol{r}}(t) \to \boldsymbol{O}$，$\boldsymbol{y}(t) \to \boldsymbol{y}(t) - \boldsymbol{r}(t)$ と置き換える。

$$\boldsymbol{u}(t) = -\boldsymbol{K}\hat{\boldsymbol{x}}(t) \quad \leftarrow \text{状態フィードバック} \tag{1.122}$$

$$\begin{cases} \dot{\hat{\boldsymbol{x}}}(t) = \boldsymbol{A}\hat{\boldsymbol{x}}(t) + \boldsymbol{B}\boldsymbol{u}(t) + \boldsymbol{L}((\underbrace{\boldsymbol{y}(t) - \boldsymbol{r}(t)}_{\text{偏差}-\boldsymbol{e}(t)}) - \hat{\boldsymbol{y}}(t)) \leftarrow \text{オブザーバ} \\ \hat{\boldsymbol{y}}(t) = \boldsymbol{C}\hat{\boldsymbol{x}}(t) + \boldsymbol{D}\boldsymbol{u}(t) \end{cases} \tag{1.123}$$

これらを状態空間表現にすると

$$\begin{cases} \dot{\hat{\boldsymbol{x}}}(t) = (\boldsymbol{A} - \boldsymbol{BK} - \boldsymbol{LC} + \boldsymbol{LDK})\,\hat{\boldsymbol{x}}(t) - \boldsymbol{Le}(t) \\ \boldsymbol{u}(t) = -\boldsymbol{K}\hat{\boldsymbol{x}}(t) \end{cases} \tag{1.124}$$

となる (例題 1.16)。これより制御器への入力が出力の偏差 $\boldsymbol{e}(t)$ になった。p.5 の式 (1.12) で伝達関数表現 $\boldsymbol{u}(s) = \boldsymbol{K_1}(s)(\boldsymbol{r}(s) - \boldsymbol{y}(s))$ に変換すると制御器 $\boldsymbol{K_1}(s)$ はつぎのようになる (例題 1.16)。

$$\boldsymbol{K_1}(s) = \boldsymbol{K}(s\boldsymbol{I} - (\boldsymbol{A} - \boldsymbol{BK} - \boldsymbol{LC} + \boldsymbol{LDK}))^{-1}\boldsymbol{L} \tag{1.125}$$

この式から，$\boldsymbol{A}$ の次数 (制御対象の次数) n と，$\boldsymbol{K_1}(s)$ の次数 (分母多項式の s の最高次数) とは等しいことがわかる (p.129 の式 (4.39))。併合系の $\boldsymbol{K}$ を最適制御で，$\boldsymbol{L}$ をカルマンフィルタで両方ともリカッチ方程式を解いて設計したとき，その設計法を **LQG** (linear quadratic Gaussian; 線形二次形式ガウス形) という。

例題 1.16 式 (1.124), (1.125) を導こう。

【解答】 式 (1.123) の $\dot{\hat{\boldsymbol{x}}} = \cdots$ の式に，式 (1.123) の $\hat{\boldsymbol{y}}(t) = \boldsymbol{C}\hat{\boldsymbol{x}}(t) + \boldsymbol{Du}(t)$ を代入する。

$$\begin{aligned} \dot{\hat{\boldsymbol{x}}}(t) &= \boldsymbol{A}\hat{\boldsymbol{x}}(t) + \boldsymbol{Bu}(t) + \boldsymbol{L}(\boldsymbol{y}(t) - \boldsymbol{r}(t) - (\boldsymbol{C}\hat{\boldsymbol{x}}(t) + \boldsymbol{Du}(t))) \\ &= (\boldsymbol{A} - \boldsymbol{LC})\hat{\boldsymbol{x}}(t) + \boldsymbol{Bu}(t) + \boldsymbol{L}(\boldsymbol{y}(t) - \boldsymbol{r}(t) - \boldsymbol{Du}(t)) \end{aligned}$$

$\boldsymbol{u}(t) = -\boldsymbol{K}\hat{\boldsymbol{x}}(t)$ (式 (1.122)) を代入する。

$$\dot{\hat{\boldsymbol{x}}} = (\boldsymbol{A} - \boldsymbol{LC})\hat{\boldsymbol{x}}(t) + \boldsymbol{B}(-\boldsymbol{K}\hat{\boldsymbol{x}}(t)) + \boldsymbol{L}(\boldsymbol{y}(t) - \boldsymbol{r}(t) + \boldsymbol{DK}\hat{\boldsymbol{x}}(t))$$

$$\therefore \quad \dot{\hat{\boldsymbol{x}}}(t) = (\boldsymbol{A} - \boldsymbol{LC} - \boldsymbol{BK} + \boldsymbol{LDK})\hat{\boldsymbol{x}}(t) - \boldsymbol{L}(\boldsymbol{r}(t) - \boldsymbol{y}(t))$$

式 (1.124) を得た。式 (1.124) より，制御器の $(\boldsymbol{A}, \boldsymbol{B}, \boldsymbol{C}, \boldsymbol{D})$ は，$(\boldsymbol{A} - \boldsymbol{LC} - \boldsymbol{BK} + \boldsymbol{LDK},\ -\boldsymbol{L},\ -\boldsymbol{K},\ \boldsymbol{O})$ である。これを p.5 の式 (1.12) に代入して，式 (1.125) の併合系の伝達関数 $\boldsymbol{K_1}(s)$ を得る。

$$\boldsymbol{K_1}(s) = \boldsymbol{K}(s\boldsymbol{I} - (\boldsymbol{A} - \boldsymbol{BK} - \boldsymbol{LC} + \boldsymbol{LDK}))^{-1}\boldsymbol{L}$$

◇

併合系の極に関して，つぎの**分離定理**が成り立つ (p.150)。

併合系の閉ループの極は，状態フィードバック系の極 ($\boldsymbol{A}-\boldsymbol{BK}$ の固有値) と，オブザーバの極 ($\boldsymbol{A}-\boldsymbol{LC}$ の固有値) の両方である。

併合系の閉ループの極はこれら以外になく，極の総数は $2n$ である。分離定理より，状態フィードバック系の極とオブザーバの極とは互いに無関係で，互いに影響しない。つまり互いに独立に $\boldsymbol{K}$ と $\boldsymbol{L}$ を設計できる。ただし，オブザーバを併合しないで，$\boldsymbol{x}(t)$ を計測して状態フィードバックを行ったときの特性に近づけたい場合は，オブザーバで速く $\hat{\boldsymbol{x}}(t)$ を $\boldsymbol{x}(t)$ に近づける。そのために，オブザーバの極を状態フィードバック系の極よりも速く (極の実部が原点から遠く) なるように設計する[†1]。LQG の場合はオブザーバのリカッチ方程式の $\boldsymbol{Q}$ と $\boldsymbol{R}$ の比を状態フィードバックよりも大きく ($\boldsymbol{Q}$ をより大きく) する。

1.2.10 併合系の定常偏差をなくすサーボ

p.38 の図 1.11 (b) の積分器を含む状態フィードバック系を併合系にしよう。オブザーバは $\boldsymbol{u}(t)$ と $\boldsymbol{y}(t)$ を用いて制御対象 $\boldsymbol{G}$ の状態変数 $\boldsymbol{x}(t)$ を推定するだけなので，状態フィードバックが積分器を含んでいてもいなくても関係ない。したがって $\boldsymbol{G}$ に対して $\boldsymbol{L}$ を設計し，式 (1.123) で $\hat{\boldsymbol{x}}(t)$ を計算すればよい。併合系の状態フィードバックは式 (1.121) の $\boldsymbol{x}(t)$ の代わりに $\hat{\boldsymbol{x}}(t)$ を用いて $\boldsymbol{u}(t)$ を計算する。以上で併合系の制御器に積分器を含ませることができる。この制御器をサーボといい，LQG で設計したとき，**LQG サーボ**という。

古典制御の I–PD 制御器は，y から u までの伝達関数が PID 制御器と同じだが，目標値 r を異なる場所に入力することによって，オーバーシュートを起こりにくくしている[†2]。併合系でも同様に，図 **1.13** に示す二つの制御器がある。図 (a) では，PID 制御器と同様に制御器への入力は $\boldsymbol{r}-\boldsymbol{y}$ のみで，式 (1.123) と式 (1.121) をそのまま用いる。図 (b) では，I–PD 制御器と同様に積分器への入力のみ $\boldsymbol{r}-\boldsymbol{y}$ とし，それ以外 (式 (1.123) の $\boldsymbol{r}$) は $\boldsymbol{r}=\boldsymbol{O}$ にする。これに

---

†1　極と速応性は前書『高校数学でマスターする制御工学』の索引「速応性」を参照。
†2　前書『高校数学でマスターする制御工学』の索引「I-PD 制御」を参照。

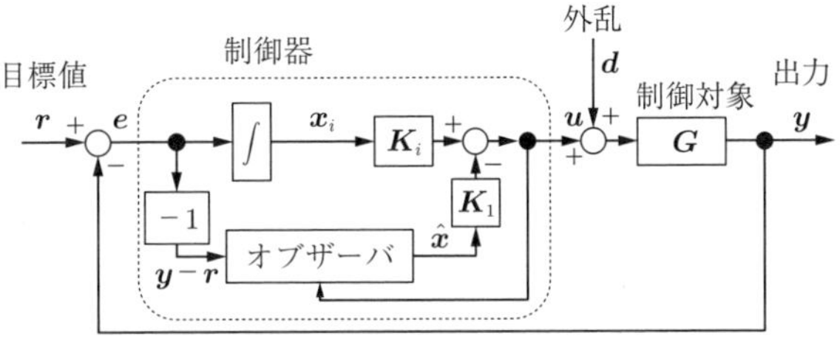

(a)　PID 制御系に似た構造

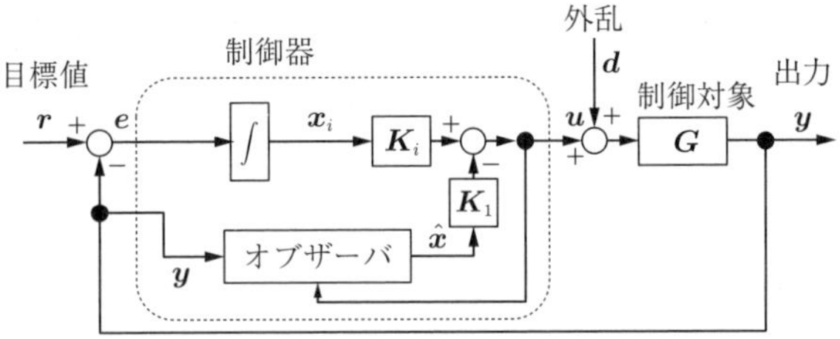

(b)　I-PD 制御系に似た構造

図 1.13　併合系で定常偏差をなくす方法

より，I–PD 制御器と同じ理由でオーバーシュートが起こりにくくなる。

図 1.13 (a) の制御器の状態方程式は $\boldsymbol{A_{11}} = \boldsymbol{A} - \boldsymbol{BK_1} - \boldsymbol{LC} + \boldsymbol{LDK_1}$, $\boldsymbol{A_{12}} = (\boldsymbol{B} - \boldsymbol{LD})\,\boldsymbol{K_i}$, $\boldsymbol{K} = [\boldsymbol{K_1} \quad \boldsymbol{K_i}]$ とおくと次式のようになる (例題 1.17)。

$$\begin{bmatrix} \dot{\hat{\boldsymbol{x}}}(t) \\ \dot{\boldsymbol{x}}_i(t) \end{bmatrix} = \begin{bmatrix} \boldsymbol{A_{11}} & \boldsymbol{A_{12}} \\ \boldsymbol{O} & \boldsymbol{O_l} \end{bmatrix} \begin{bmatrix} \hat{\boldsymbol{x}}(t) \\ \boldsymbol{x_i}(t) \end{bmatrix} + \begin{bmatrix} -\boldsymbol{L} \\ \boldsymbol{I_l} \end{bmatrix} \boldsymbol{e}(t) \tag{1.126}$$

$$\boldsymbol{u}(t) = \boldsymbol{K} \begin{bmatrix} -\hat{\boldsymbol{x}}(t) \\ \boldsymbol{x_i}(t) \end{bmatrix} \tag{1.127}$$

図 1.13 (b) は式 (1.126) が次式に変わる (例題 1.17)。

$$\begin{bmatrix} \dot{\hat{\boldsymbol{x}}}(t) \\ \dot{\boldsymbol{x}}_i(t) \end{bmatrix} = \begin{bmatrix} \boldsymbol{A_{11}} & \boldsymbol{A_{12}} \\ \boldsymbol{O} & \boldsymbol{O_l} \end{bmatrix} \begin{bmatrix} \hat{\boldsymbol{x}}(t) \\ \boldsymbol{x_i}(t) \end{bmatrix} + \begin{bmatrix} \boldsymbol{O} & \boldsymbol{L} \\ \boldsymbol{I_l} & -\boldsymbol{I_l} \end{bmatrix} \begin{bmatrix} \boldsymbol{r}(t) \\ \boldsymbol{y}(t) \end{bmatrix} \tag{1.128}$$

例題 1.17　式 (1.126)〜(1.128) を導出しよう。

【解答】 p.39 の式 (1.121) の $\boldsymbol{x}(t)$ を $\hat{\boldsymbol{x}}(t)$ に置き換えると式 (1.127) を得る。
図 1.13 (a) を式で表すと，式 (1.117), (1.123) より

$$\dot{\boldsymbol{x}}_i(t) = \boldsymbol{O_l x_i}(t) + \boldsymbol{I_l e}(t) \;\leftarrow\; \boldsymbol{x_i}(t) = \int \boldsymbol{e}(t)\ dt \tag{1.129}$$

$$\begin{cases} \dot{\hat{\boldsymbol{x}}}(t) = \boldsymbol{A}\hat{\boldsymbol{x}}(t) + \boldsymbol{Bu}(t) + \boldsymbol{L}(-\boldsymbol{e}(t) - \hat{\boldsymbol{y}}(t)) \;\leftarrow\; \text{オブザーバ} \\ \hat{\boldsymbol{y}}(t) = \boldsymbol{C}\hat{\boldsymbol{x}}(t) + \boldsymbol{Du}(t) \end{cases} \tag{1.130}$$

である。式 (1.130) の $\dot{\hat{\boldsymbol{x}}}(t) = \cdots$ の式に $\hat{\boldsymbol{y}}(t) = \boldsymbol{C}\hat{\boldsymbol{x}}(t) + \boldsymbol{Du}(t)$ を代入する。

$$\begin{aligned} \dot{\hat{\boldsymbol{x}}}(t) &= \boldsymbol{A}\hat{\boldsymbol{x}}(t) + \boldsymbol{Bu}(t) + \boldsymbol{L}(-\boldsymbol{e}(t) - (\boldsymbol{C}\hat{\boldsymbol{x}}(t) + \boldsymbol{Du}(t))) \\ &= (\boldsymbol{A} - \boldsymbol{LC})\hat{\boldsymbol{x}}(t) + (\boldsymbol{B} - \boldsymbol{LD})\boldsymbol{u}(t) - \boldsymbol{Le}(t) \end{aligned}$$

式 (1.127) を代入する。

$$\begin{aligned} \dot{\hat{\boldsymbol{x}}}(t) &= (\boldsymbol{A} - \boldsymbol{LC})\hat{\boldsymbol{x}}(t) + (\boldsymbol{B} - \boldsymbol{LD})(-\boldsymbol{K_1}\hat{\boldsymbol{x}}(t) + \boldsymbol{K_i x_i}) - \boldsymbol{Le}(t) \\ &= \underbrace{(\boldsymbol{A} - \boldsymbol{LC} - (\boldsymbol{B} - \boldsymbol{LD})\boldsymbol{K_1})}_{\boldsymbol{A_{11}}\text{とおく}}\hat{\boldsymbol{x}}(t) + \underbrace{(\boldsymbol{B} - \boldsymbol{LD})\boldsymbol{K_i}}_{\boldsymbol{A_{12}}\text{とおく}}\boldsymbol{x_i}(t) - \boldsymbol{Le}(t) \end{aligned}$$

これと式 (1.129) を組み合わせて式 (1.126) を得る (行列の掛け算は p.121 の式 (4.16))。

$$\begin{bmatrix} \dot{\hat{\boldsymbol{x}}}(t) \\ \dot{\boldsymbol{x}}_i(t) \end{bmatrix} = \begin{bmatrix} \boldsymbol{A_{11}} & \boldsymbol{A_{12}} \\ \boldsymbol{O} & \boldsymbol{O_l} \end{bmatrix} \begin{bmatrix} \hat{\boldsymbol{x}}(t) \\ \boldsymbol{x_i}(t) \end{bmatrix} + \begin{bmatrix} -\boldsymbol{L} \\ \boldsymbol{I_l} \end{bmatrix} \boldsymbol{e}(t)$$

つぎに図 1.13 (b) の状態方程式 (1.128) を導出する。式 (1.126) の右辺第 2 項は $\boldsymbol{e}(t) = \boldsymbol{r}(t) - \boldsymbol{y}(t)$ を代入するとつぎのようになる。

$$\begin{bmatrix} -\boldsymbol{L} \\ \boldsymbol{I_l} \end{bmatrix} \boldsymbol{e}(t) = \begin{bmatrix} -\boldsymbol{L} \\ \boldsymbol{I_l} \end{bmatrix} (\boldsymbol{r}(t) - \boldsymbol{y}(t)) = \begin{bmatrix} -\boldsymbol{L}(\boldsymbol{r}(t) - \boldsymbol{y}(t)) \\ \boldsymbol{I_l}(\boldsymbol{r}(t) - \boldsymbol{y}(t)) \end{bmatrix}$$

図 1.13 (b) より積分以外の $\boldsymbol{e}(t) = (\boldsymbol{r}(t) - \boldsymbol{y}(t))$ を $\boldsymbol{O} - \boldsymbol{y}(t)$ に置き換えると，式 (1.128) の右辺第 2 項を得る。

$$\begin{bmatrix} -\boldsymbol{L}(\boldsymbol{O} - \boldsymbol{y}(t)) \\ \boldsymbol{I_l}(\boldsymbol{r}(t) - \boldsymbol{y}(t)) \end{bmatrix} = \begin{bmatrix} \boldsymbol{O} & \boldsymbol{L} \\ \boldsymbol{I_l} & -\boldsymbol{I_l} \end{bmatrix} \begin{bmatrix} \boldsymbol{r}(t) \\ \boldsymbol{y}(t) \end{bmatrix}$$

◇

1.2.11 MATLAB を使って H^∞ 制御で混合感度問題を設計しよう

■ **混合感度問題とは**　感度関数

$$\boldsymbol{S} = (\boldsymbol{I} + \boldsymbol{GK})^{-1} \tag{1.131}$$

は低周波の外乱を除去するために低周波で小さくなることが望ましく，相補感度関数

$$\boldsymbol{T} = \boldsymbol{I} - \boldsymbol{S} = (\boldsymbol{I} + \boldsymbol{GK})^{-1}\boldsymbol{GK} \tag{1.132}$$

はロバスト安定にするために高周波で小さくなることが望ましい†。そこで，**図 1.14** のゲイン線図に示すようにつぎの設計目的を立てる。

● 設計目的：低周波で小さくなる $\boldsymbol{W_s}$ と高周波で小さくなる $\boldsymbol{W_t}$ をあらかじめ指定しておき，すべての周波数において，$|\boldsymbol{S}| < |\boldsymbol{W_s}|$ と $|\boldsymbol{T}| < |\boldsymbol{W_t}|$ を満足する制御器 $\boldsymbol{K}$ を設計する。

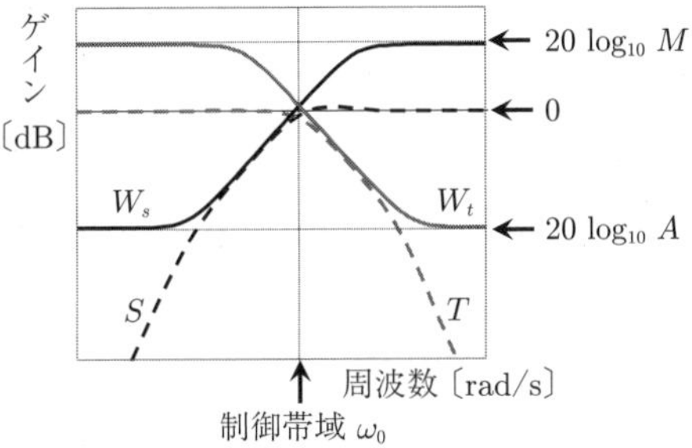

図 1.14　混合感度問題のゲイン線図

これを**混合感度問題**といい，現代制御を発展させた H^∞ 制御によって制御器 $\boldsymbol{K}$ を設計できる。本書ではその理論には触れず，制御系設計ソフトの MATLAB による 1 入出力系に対する設計手順の一つを説明する。

本設計で指定するのは，図 1.14 に示すように，つぎの四つである。

· **制御帯域** ω_0〔rad/s〕
· $|W_s|$ と $|W_t|$ の最小値 $A\,(>0)$ (低周波の $|W_s|$，高周波の $|W_t|$)
· $|W_s|$ と $|W_t|$ の最大値 $M\,(>1)$ (高周波の $|W_s|$，低周波の $|W_t|$)
· W_s と W_t の次数 k

これらを設定して MATLAB のコマンド

† 前書『高校数学でマスターする制御工学』の 4.1.2 項を参照。

```
[K,Cl,gam]=mixsyn(G,Ws^(-1),[],Wt^(-1))
```

により，制御器 K を設計できる (p.183 の設計例を参照)。K の次数は，G, W_s^{-1}, W_t^{-1} それぞれの次数の和になる。設計目的の $|S| < |W_s|$, $|T| < |W_t|$ を達成する K が存在しないとき，mixsyn() は代わりに $|S| < \gamma|W_s|$, $|T| < \gamma|W_t|$ を達成する K を設計する。$\gamma\,(\geqq 1)$ はさきほどの MATLAB コマンドの中の gam である。コマンドの中の Cl は $W_s^{-1}S$ と $W_t^{-1}T$ であり，bodemag(Cl) とタイプするとそのゲイン線図が現れる。このゲイン線図の最大値が $20\log_{10}(\,\mathtt{gam}\,)$〔dB〕である。

G が虚軸上に極をもつと，mixsyn() で解くことができないが，つぎの手順で対策できる (p.74)。

(1) 変換前の s 平面の虚軸を，右半面の円周上に移す双一次（そういちじ）変換を，G, W_s, W_t に対して行う。このとき，変換後の W_s^{-1}, W_t^{-1} が安定でなければならない。

(2) H^∞ 制御で K を設計する。

(3) K を双一次変換で逆変換する。

また，制御器 K に積分器をもたせたいときはつぎの手順を行う (p.38)。

(a) 制御対象 G に積分器 $\dfrac{1}{s}$ を含ませる。

(b) 制御器 K を設計する。

(c) K に $\dfrac{1}{s}$ を含ませる。

この方法では，手順 (a) で制御対象の次数が一つ増え，手順 (c) で K の次数が一つ増えるので，H^∞ 制御で設計すると，K の次数が二つ増える。以上の設計手順をすべて行う MATLAB コマンド例を p.183 に示す。

2 ディジタル制御を「わかる」

ここではディジタル制御を学び，マイコンに制御器を実装する方法を理解しよう。

2.1 制御器を実装するためのディジタル制御

実際の制御系の一例を**図 2.1** に示す。制御対象は電気自動車であり，その車輪の回転速度 $y(t)$ を目標値 $r(t)$ に制御するために，つぎのことを行っている。

(1) マイコンの A–D 変換器は電圧計であり，回転速度を電圧に変換した $y(t)$ をマイコンに入力する。

(2) マイコンは，$y(t)$ を用いて制御入力 $u(t)$ を計算する。

(3) マイコンの D–A 変換器は，$u(t)$ の大きさの電圧を発生する。

(4) モータドライバは，$u(t)$ に比例する電力を電源から引き出す。

(5) モータはその電力を受けて回転し，車輪を回す。

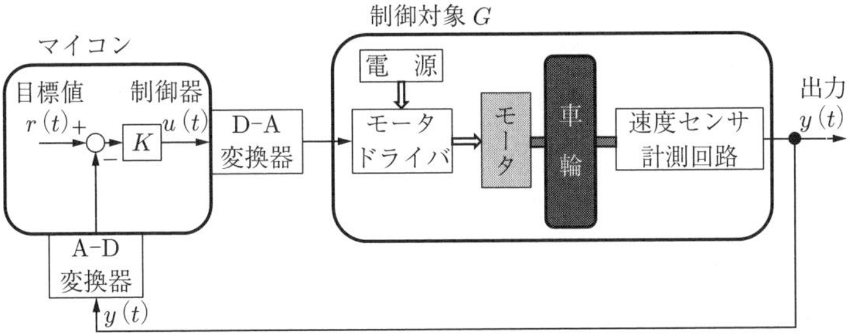

図 2.1 実際の制御系の一例

(6) 車輪に取り付けられた速度センサと計測回路は，車輪の回転速度を電圧 $y(t)$ に変換して出力する。

ここでは (2) を学ぶ。マイコンは，加減乗除の四則演算はできるが，微分や積分はできない。しかし状態表現の制御器は微分を含んでいる。そこで，ディジタル制御によって，微分を含む状態表現を四則演算で近似する。この近似は次節で説明するが，微小な時間 T ごとに四則演算を繰り返す。そのため，T ごとの時間間隔で $u(t)$ を更新し，その間は値を保持するので，$u(t)$ の波形は図 **2.2** のように T 秒ごとの階段状になる。T を**サンプル時間**（サンプル周期，サンプリングタイム）という。周期 T を周波数にした $f_s = \dfrac{1}{T}$〔Hz〕を**サンプル周波数**という。このように連続的な信号を非連続な信号に分割することを**離散化**するという。

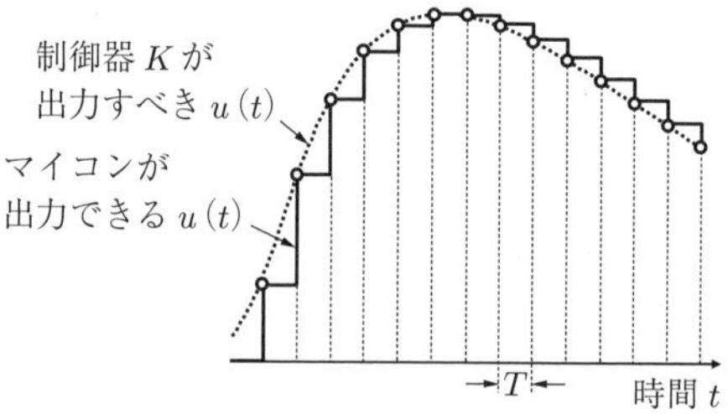

図 **2.2**　マイコンが出力する $u(t)$

2.2　状態表現の制御器のオイラー法によるプログラム化

つぎの状態方程式を C 言語などでプログラム化して計算することを考えよう。

$$\dot{\boldsymbol{x}}(t) = \boldsymbol{A}\boldsymbol{x}(t) + \boldsymbol{B}\boldsymbol{u}(t) \tag{2.1}$$

$$\boldsymbol{y}(t) = \boldsymbol{C}\boldsymbol{x}(t) + \boldsymbol{D}\boldsymbol{u}(t) \tag{2.2}$$

プログラムに，「左辺=右辺」と書くと，右辺の四則演算の結果が，左辺に代入される。したがって式 (2.2) をプログラム化すると，右辺の掛け算と足し算の結果が，左辺の $y(t)$ に代入される。ところが式 (2.1) には時間微分 $\dot{\boldsymbol{x}}(t)$ があり，四則演算だけでは $\boldsymbol{x}(t)$ を計算することができない。そこで，時間微分を計算する方法を考えよう。時間微分の定義は

$$\dot{\boldsymbol{x}}(t) = \lim_{T \to 0} \frac{\boldsymbol{x}(t+T) - \boldsymbol{x}(t)}{T} \tag{2.3}$$

である。微分 $\dot{\boldsymbol{x}}(t)$ は関数 $\boldsymbol{x}(t)$ の傾きである (p.116)。**図 2.3** に示すように傾きとは，$T=0$ の極限における底辺 T と，高さ $\boldsymbol{x}(t+T)-\boldsymbol{x}(t)$ の比である。$T=0$ の極限をとる代わりに，T をゼロに近い小さな正の定数にした次式を**オイラー法**（前進差分）による微分の近似という。

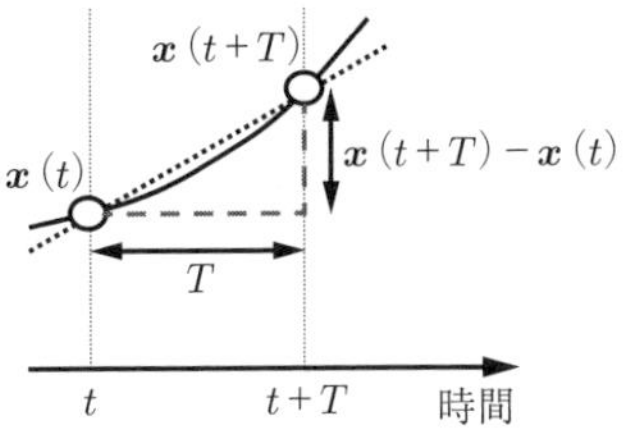

図 2.3　関数の傾きと微分の定義

$$\text{オイラー法による微分近似}\quad \dot{\boldsymbol{x}}(t) \simeq \frac{\boldsymbol{x}(t+T)-\boldsymbol{x}(t)}{T} \tag{2.4}$$

この方法はサンプル時間 T が大きくなるほど，近似の誤差も大きくなる。この式を $\boldsymbol{x}(t+T)$ について解く。

$$\boldsymbol{x}(t+T) = \boldsymbol{x}(t) + T\dot{\boldsymbol{x}}(t) \tag{2.5}$$

これを**差分方程式** (漸化式) という。右辺の時刻 t における $\boldsymbol{x}(t)$ と $\dot{\boldsymbol{x}}(t)$ で計算した結果を，左辺 $\boldsymbol{x}(t+T)$ に代入するので，時刻 t における信号を用いて，時刻 $t+T$ の未来の信号が求まる。ゆえに，初期値 $\boldsymbol{x}(0)$ とシステムへの入力 $\boldsymbol{u}(t)$ がわかっていれば，式 (2.1), (2.2), (2.5) より時刻 $t=0$ で

$$\begin{aligned}
\dot{\boldsymbol{x}}(0) &= \boldsymbol{A}\boldsymbol{x}(0) + \boldsymbol{B}\boldsymbol{u}(0) && \leftarrow \text{右辺を計算して左辺の } \dot{\boldsymbol{x}}(0) \text{ に代入}\\
\boldsymbol{x}(T) &= \boldsymbol{x}(0) + T\dot{\boldsymbol{x}}(0) && \leftarrow \text{右辺を計算して左辺の } \boldsymbol{x}(T) \text{ に代入}\\
\boldsymbol{y}(0) &= \boldsymbol{C}\boldsymbol{x}(0) + \boldsymbol{D}\boldsymbol{u}(0) && \leftarrow \text{右辺を計算して左辺の } \boldsymbol{y}(0) \text{ に代入}
\end{aligned}$$

を計算して $\boldsymbol{x}(T)$ と $\boldsymbol{y}(0)$ が求まる。つぎに時刻 $t=T$ で同様に

$$\begin{aligned}
\dot{\boldsymbol{x}}(T) &= \boldsymbol{A}\boldsymbol{x}(T) + \boldsymbol{B}\boldsymbol{u}(T) && \leftarrow \text{右辺を計算して左辺の } \dot{\boldsymbol{x}}(T) \text{ に代入}\\
\boldsymbol{x}(2T) &= \boldsymbol{x}(T) + T\dot{\boldsymbol{x}}(T) && \leftarrow \text{右辺を計算して左辺の } \boldsymbol{x}(2T) \text{ に代入}\\
\boldsymbol{y}(T) &= \boldsymbol{C}\boldsymbol{x}(T) + \boldsymbol{D}\boldsymbol{u}(T) && \leftarrow \text{右辺を計算して左辺の } \boldsymbol{y}(T) \text{ に代入}
\end{aligned}$$

を計算して $\boldsymbol{x}(2T)$ と $\boldsymbol{y}(T)$ が求まる。このように時間間隔 T ごとにこの計算を繰り返すと時刻 t で

$$\begin{cases} \dot{\boldsymbol{x}}(t) = \boldsymbol{A}\boldsymbol{x}(t) + \boldsymbol{B}\boldsymbol{u}(t) & \leftarrow \text{右辺を計算して左辺の } \dot{\boldsymbol{x}}(t) \text{ に代入} \\ \boldsymbol{x}(t+T) = \boldsymbol{x}(t) + T\dot{\boldsymbol{x}}(t) & \leftarrow \text{右辺を計算して左辺の } \boldsymbol{x}(t+T) \text{ に代入} \\ \boldsymbol{y}(t) = \boldsymbol{C}\boldsymbol{x}(t) + \boldsymbol{D}\boldsymbol{u}(t) & \leftarrow \text{右辺を計算して左辺の } \boldsymbol{y}(t) \text{ に代入} \end{cases} \tag{2.6}$$

を計算して $\boldsymbol{x}(t+T)$ と $\boldsymbol{y}(t)$ が求まる。以上より，時間間隔 T ごとに，$\boldsymbol{y}(0)$, $\boldsymbol{y}(T)$, $\boldsymbol{y}(2T)$, $\boldsymbol{y}(3T)$, $\boldsymbol{y}(4T)$, $\cdots$ を順々に計算できる。したがって，マイコンによって時間間隔 T ごとに式 (2.6) を計算し続ければ，制御器の出力 $\boldsymbol{y}(t)$ を計算 (シミュレーション) できるのである。時間間隔 T ごとのタイミングで計算させる機能は，マイコンのタイマー割込みやリアルタイム OS がもっている。$\boldsymbol{y}(0)$, $\boldsymbol{y}(T)$, $\boldsymbol{y}(2T)$, $\cdots$ を**時系列**(じけいれつ) (時系列データ，時系列信号) という。

2.2.1 PID 制御器のオイラー法によるプログラム化

PID 制御器 $K(s) = k_p + \dfrac{k_i}{s} + k_d s$ をオイラー法でプログラム化しよう。制御器の出力を $u(t)$，入力を偏差 $e(t)$ とすると，次式のように表せる†。

$$u(t) = \underbrace{k_p e(t)}_{u_p(t)} + \underbrace{k_i \int_0^t e(t)\,dt}_{u_i(t)} + \underbrace{k_d \dot{e}(t)}_{u_d(t)} \tag{2.7}$$

第 1 項目の比例項 $u_p(t) = k_p e(t)$ は掛け算だけなので，そのままプログラム化できる。

第 3 項目の微分項 $u_d(t)$ はオイラー法による微分の近似式 (2.4) の $\boldsymbol{x}(t)$ を $e(t)$ に置き換えて

$$u_d(t) = k_d \dot{e}(t) = k_d \frac{e(t+T) - e(t)}{T} \tag{2.8}$$

とすれば引き算と掛け算と割り算だけになる。しかし，右辺の $e(t+T)$ は時刻 t よりも T だけ未来の値なので，時刻 t ではまだ利用できない。そこで，右辺の t を $t-T$ に置き換えた次式でプログラム化する。

† 前書『高校数学でマスターする制御工学』の 4.3.4 項を参照。

$$\text{微分項}\quad u_d(t) = k_d \frac{e(t) - e(t-T)}{T} \tag{2.9}$$

式 (2.8) の微分を**前進差分**，式 (2.9) の微分を**後進差分**という。

第 2 項目 (式 (2.7)) の積分項 $u_i(t)$ は，式 (2.5) の $\boldsymbol{x}(t)$ を $u_i(t)$ に置き換える。

$$u_i(t+T) = u_i(t) + T\dot{u}_i(t)$$

これに $u_i(t) = k_i \int_0^t e(t)\,dt$ の両辺を時間微分した $\dot{u}_i(t) = k_i e(t)$ を代入する。

$$u_i(t+T) = u_i(t) + Tk_i e(t)$$

$$\therefore \quad u_i(t) = u_i(t-T) + Tk_i e(t-T) \ \leftarrow t = t-T \text{ を代入}$$

右辺第 2 項の $e(t-T)$ は T 秒過去の偏差であるが，代わりに最新の偏差 $e(t)$ を使うほうが望ましい。なぜなら例えば，自転車を運転（制御）するとき，目先の道だけでなく，少し先のカーブを見て予測するほうがハンドルをうまく切れるからである。したがって，積分項は次式でプログラム化する。

$$\text{積分項}\quad u_i(t) = u_i(t-T) + Tk_i e(t) \tag{2.10}$$

2.2.2 伝達関数のオイラー法によるプログラム化

伝達関数は，状態表現 (p.7) に変換して，式 (2.6) のオイラー法で表せば，プログラム化できる。制御器 ($u(s) = K(s)e(s)$) の入力は偏差 $e(t)$，出力は制御入力 $u(t)$ である。入力を $u(t)$ から $e(t)$ に，出力を $y(t)$ から $u(t)$ に置き換えて，$\boldsymbol{x}(t)$ などを $\boldsymbol{x_k}(t)$ のように下付き文字 k をつけ，式 (2.6) に代入すると次式が得られ，プログラムで書くことができる。

$$\begin{cases} \dot{\boldsymbol{x}}_{\boldsymbol{k}}(t) = \boldsymbol{A_k x_k}(t) + \boldsymbol{B_k} e(t) \\ \boldsymbol{x_k}(t+T) = \boldsymbol{x_k}(t) + T\dot{\boldsymbol{x}}_{\boldsymbol{k}}(t) \\ u(t) = \boldsymbol{C_k x_k}(t) + D_k e(t) \end{cases} \tag{2.11}$$

例題 2.1　つぎの制御器 $K(s)$ をサンプル時間 $T = 0.001\,\mathrm{s}$ で式 (2.11) の差分方程式で表そう。

(1)　$\dfrac{10}{s+2}$

(2)　$\dfrac{3s^2 - 2s + 10}{s^2 + 4s + 5}$

【解答】　(1)　p.9 の式 (1.29), (1.30) に代入して状態表現を求める。

$$\begin{cases} \dot{x}(t) = -2x(t) + u(t) \\ y(t) = 10x(t) \end{cases}$$

$T = 0.001$ などを式 (2.11) に代入する。

$$\begin{cases} \dot{x}_k(t) = -2x_k(t) + e(t) \\ x_k(t+T) = x_k(t) + 0.001\dot{x}_k(t) \\ u(t) = 10x_k(t) \end{cases}$$

(2)　p.9 の式 (1.26), (1.27), (1.31), (1.32) に代入して状態表現を求める。

$$\dot{\boldsymbol{x}}(t) = \begin{bmatrix} 0 & 1 \\ -5 & -4 \end{bmatrix} \boldsymbol{x}(t) + \begin{bmatrix} 0 \\ 1 \end{bmatrix} u(t) \leftarrow \text{式 (1.26)}$$

$$\begin{aligned} y(t) &= ([10 \quad -2] - 3[5 \quad 4])\,\boldsymbol{x}(t) + 3u(t) \leftarrow \text{式 (1.27), (1.31), (1.32)} \\ &= [-5 \quad -14]\,\boldsymbol{x}(t) + 3u(t) \end{aligned}$$

$T = 0.001$ などを式 (2.11) に代入する。

$$\dot{\boldsymbol{x}}_{\boldsymbol{k}}(t) = \begin{bmatrix} 0 & 1 \\ -5 & -4 \end{bmatrix} \boldsymbol{x}_{\boldsymbol{k}}(t) + \begin{bmatrix} 0 \\ 1 \end{bmatrix} e(t)$$

$$\boldsymbol{x}_{\boldsymbol{k}}(t+T) = \boldsymbol{x}_{\boldsymbol{k}}(t) + 0.001\dot{\boldsymbol{x}}_{\boldsymbol{k}}(t)$$

$$u(t) = [-5 \quad -14]\,\boldsymbol{x}_{\boldsymbol{k}}(t) + 3e(t)$$

◇

2.3　双一次変換による積分の近似

積分 $x_i(t) = \displaystyle\int_0^t x(t)\,dt$ は図 **2.4**(a) に示すように，関数 $x(t)$ と横軸とに囲まれた面積である (p.116)。p.50 のオイラー法による積分の式 (2.6) の $\boldsymbol{x}(t)$ を $x_i(t)$ に，$\dot{\boldsymbol{x}}(t)$ を $x(t)$ に置き換えた

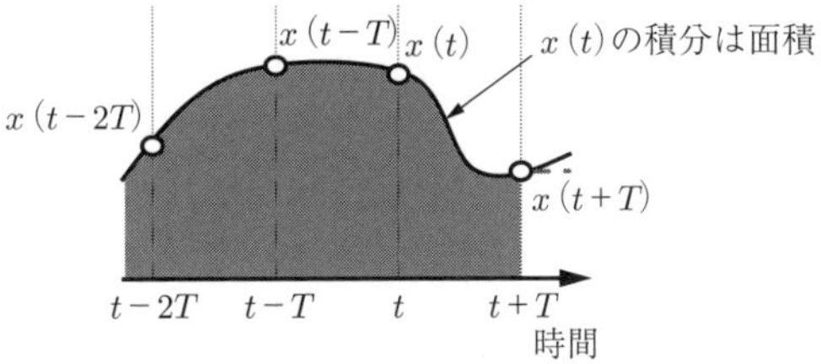

(a) 積分と面積

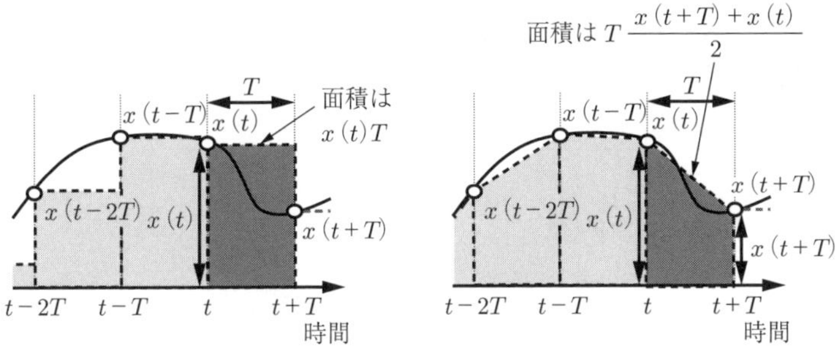

(b) オイラー法による積分　　(c) 双一次変換による積分

図 2.4 オイラー法と双一次変換による積分の近似

$$\text{オイラー法による積分}\quad x_i(t+T) = x_i(t) + Tx(t) \tag{2.12}$$

によって，$x(t)$ を積分するときのグラフを図 (b) に示す。式 (2.12) より，時刻 $t+T$ における $x_i(t+T)$ は，時刻 t における面積 $x_i(t)$ に $Tx(t)$ を加えている。$Tx(t)$ は図 (b) より，底辺 T，高さ $x(t)$ の長方形の面積なので，オイラー法は時間幅 T の間の $x(t)$ を一定値として近似している。そのため，T がゼロに近いほど精度が良くなる。面積の近似によるずれを小さくすることを考えよう。図 (b) の長方形を，図 (c) のように台形に置き換えると面積のずれが小さくなる。このように台形で近似することを**双一次変換**（そういちじ）(台形近似，台形差分法，タスティン変換，Tustin 変換，双一次 z 変換) という。台形の面積は，高さ × (上底＋下底) ÷ 2 なので，図 (c) より $T\dfrac{x(t+T)+x(t)}{2}$ である。式 (2.12) の長方形の面積 $Tx(t)$ をこの台形の面積に置き換えると

$$\text{双一次変換による積分}\quad x_i(t+T) = x_i(t) + T\frac{x(t+T)+x(t)}{2} \tag{2.13}$$

となる。この近似積分はオイラー法よりも精度が良い。

2.4　遅延演算子 z^{-1}

掛けると時間 T だけ未来の信号になる演算子 z を導入する。

$$z\text{の定義}\quad zx(t)=x(t+T)\quad\text{または}\quad z^{-1}x(t)=x(t-T)\tag{2.14}$$

z を**シフト演算子**，z^{-1} を**遅延演算子**という。オイラー法の式 (2.4) は，z を使うと

$$\dot{x}(t)\simeq\frac{x(t+T)-x(t)}{T}=\frac{zx(t)-x(t)}{T}$$
$$\therefore\quad \dot{x}(t)=\frac{z-1}{T}x(t)$$

となる。上式を $x(0)=0$ としてラプラス変換すると $sX(s)=\dfrac{z-1}{T}X(s)$ となるので，オイラー法の s と z はつぎの関係をもつ。

$$\text{オイラー法}\quad s=\frac{z-1}{T}\tag{2.15}$$

双一次変換の式 (2.13) の $x_i(t)$ を $x(t)$ に，$x(t)$ を $\dot{x}(t)$ に置き換えて z を使うと

$$x(t+T)=x(t)+T\frac{\dot{x}(t+T)+\dot{x}(t)}{2}$$
$$zx(t)=x(t)+T\frac{z\dot{x}(t)+\dot{x}(t)}{2}$$
$$(z-1)x(t)=T\frac{z+1}{2}\dot{x}(t)$$
$$\therefore\quad \dot{x}(t)=\left(\frac{2}{T}\right)\frac{z-1}{z+1}x(t)$$

となる。上式を $x(0)=0$ としてラプラス変換して $X(s)$ で割ると，次式を得る。

$$\text{双一次変換}\quad s=\left(\frac{2}{T}\right)\frac{z-1}{z+1}\tag{2.16}$$

伝達関数 $G(s)$ に式 (2.15) や式 (2.16) を代入すると z の関数 $G(z)$ になる。

$G(z)$ をパルス伝達関数という。

例題 2.2 $G(s) = \dfrac{10}{s+5}$ のステップ応答を，サンプル時間 $T = 0.1\,\mathrm{s}$，$y(-T) = u(-T) = 0$ の場合に，オイラー法と双一次変換で求め，真の応答と比較しよう。

【解答】 ① オイラー法　　　$G(s)$ に $s = \dfrac{z-1}{T}$ を代入する。

$$G(z) = \frac{10}{\dfrac{z-1}{T}+5} = \frac{10T}{z+5T-1} = \frac{b}{z+a}$$

a，b を次式で与えた。

$$\begin{cases} a = 5T - 1 = 5 \cdot 0.1 - 1 = -0.5 \\ b = 10T = 10 \cdot 0.1 = 1 \end{cases} \tag{2.17}$$

$u(t)$，$y(t)$ の差分方程式を求める。

$$y(t) = \frac{b}{z+a}u(t) \rightarrow (z+a)\,y(t) = bu(t)$$

$$\underbrace{zy(t)}_{y(t+T)} + ay(t) = bu(t)$$

$$y(t+T) = -ay(t) + bu(t)$$

$$\therefore \quad y(t) = -ay(t-T) + bu(t-T) \tag{2.18}$$

伝達関数 $G(s)$ は，もともと微分方程式 $\dot{y}(t) + 5y(t) = 10u(t)$ から求めたものである。したがって，微分方程式と差分方程式とは互いに変換できる関係にある。ステップ応答はステップ関数 $u(t) = 1$ を入力したときの応答なので，$u(t) = 1$ を代入する。$y(-T) = u(-T) = 0$ を代入して $y(0)$，$y(T)$，$y(2T)$，$\cdots$ を順々に計算する。

$$t = 0 \rightarrow y(0) = 0.5y(-T) + u(-T) = 0.5 \cdot 0 + 0 = 0$$

$$t = T \rightarrow y(T) = 0.5y(0) + u(0) = 0.5 \cdot 0 + 1 = 1$$

$$t = 2T \rightarrow y(2T) = 0.5y(T) + u(T) = 0.5 \cdot 1 + 1 = 1.5$$

$$t = 3T \rightarrow y(3T) = 0.5y(2T) + u(2T) = 0.5 \cdot 1.5 + 1 = 1.75$$

$$\vdots$$

② 双一次変換　　　$G(s)$ に $s = \left(\dfrac{2}{T}\right)\dfrac{z-1}{z+1}$ を代入する。

$$G(z)=\frac{10}{\left(\dfrac{2}{T}\right)\dfrac{z-1}{z+1}+5}=\frac{10T(z+1)}{2(z-1)+5T(z+1)}$$

$$=\frac{10T(z+1)}{(2+5T)z+5T-2}=\frac{\dfrac{10T}{2+5T}(z+1)}{z+\dfrac{5T-2}{2+5T}}=\frac{b(z+1)}{z+a}$$

a, b を次式で与えた。

$$a=\frac{5T-2}{2+5T}=-0.6,\qquad b=\frac{10T}{2+5T}=0.4 \tag{2.19}$$

$u(t)$, $y(t)$ の差分方程式を求める。

$$y(t)=\frac{b(z+1)}{z+a}u(t)\rightarrow(z+a)y(t)=b(z+1)u(t)$$

$$\underbrace{zy(t)}_{y(t+T)}+ay(t)=b(\underbrace{zu(t)}_{u(t+T)}+u(t))$$

$$y(t+T)=-ay(t)+b(u(t+T)+u(t))$$

$$\therefore\quad y(t)=-ay(t-T)+b(u(t)+u(t-T)) \tag{2.20}$$

ステップ応答なので $u(t)=1$ である。$y(-T)=u(-T)=0$ を代入して $y(0)$, $y(T)$, $y(2T)$, $\cdots$ を順々に計算する。

$$y(0)=0.6y(-T)+0.4(u(0)+u(-T))=0.6\cdot 0+0.4\cdot(1+0)=0.4$$

$$y(T)=0.6y(0)+0.4(u(T)+u(0))=0.6\cdot 0.4+0.4\cdot(1+1)=1.04$$

$$y(2T)=0.6y(T)+0.4(u(2T)+u(T))$$
$$=0.6\cdot 1.04+0.4\cdot(1+1)=1.424$$

$$y(3T)=0.6y(2T)+0.4(u(3T)+u(2T))$$
$$=0.6\cdot 1.424+0.4\cdot(1+1)$$
$$=1.6544$$

$$\vdots$$

③ 真の応答　　真の応答は $y(t)=2\left(1-e^{-5t}\right)$ である†。

オイラー法，双一次変換と真の応答を**図 2.5** に示す。双一次変換のほうが真の応答に近いことがわかる。 ◇

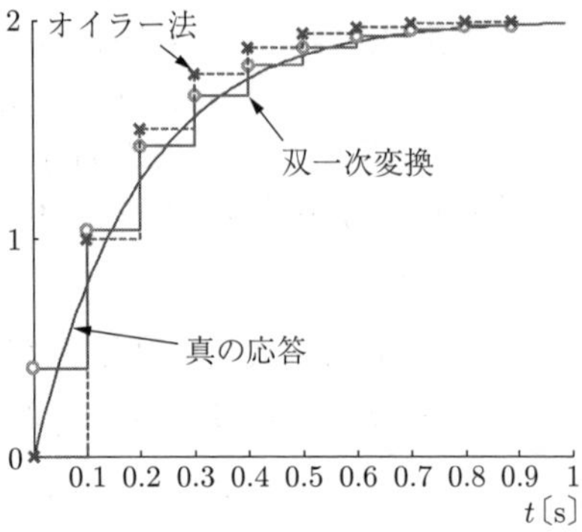

図 2.5　例題 2.2 のオイラー法，双一次変換と真の応答

† 前書『高校数学でマスターする制御工学』の 2.3.5 項 (1) を参照。

例題 2.3　つぎのパルス伝達関数 $G(z)$ から差分方程式を求めよう。

$$G(z) = \frac{b_0 + b_1 z^{-1} + b_2 z^{-2} + \cdots + b_m z^{-m}}{1 + a_1 z^{-1} + a_2 z^{-2} + \cdots + a_n z^{-n}} \tag{2.21}$$

【解答】

$$\begin{aligned} y(t) &= G(z)\,u(t) \\ &= \frac{b_0 + b_1 z^{-1} + b_2 z^{-2} + \cdots + b_m z^{-m}}{1 + a_1 z^{-1} + a_2 z^{-2} + \cdots + a_n z^{-n}} u(t) \end{aligned}$$

分母を払う。

$$\begin{aligned} &\left(1 + a_1 z^{-1} + a_2 z^{-2} + \cdots + a_n z^{-n}\right) y(t) \\ &\quad = \left(b_0 + b_1 z^{-1} + b_2 z^{-2} + \cdots + b_m z^{-m}\right) u(t) \end{aligned}$$

$z^{-1} y(t) = y(t-T)$ (式 (2.14)) の関係を代入する。

$$\begin{aligned} &y(t) + a_1 y(t-T) + a_2 y(t-2T) + \cdots + a_n y(t-nT) \\ &\quad = b_0 u(t) + b_1 u(t-T) + b_2 u(t-2T) + \cdots + b_m u(t-mT) \end{aligned}$$

$$\begin{aligned} \therefore\quad y(t) &= b_0 u(t) + b_1 u(t-T) + b_2 u(t-2T) + \cdots + b_m u(t-mT) \\ &\quad - a_1 y(t-T) - a_2 y(t-2T) - \cdots - a_n y(t-nT) \end{aligned} \tag{2.22}$$

この差分方程式の右辺を計算すれば T だけ未来の y が求まる。　◇

（1） $G(z)$ の極と安定判別　$G(s)$ の極と同じように，パルス伝達関数 $G(z)$ の分母多項式 $= 0$ の z の解を**極**（きょく）という。また，分子多項式 $= 0$ の z の解を**零点**（れいてん）（「ぜろてん」とも読む）という。式 (2.14) より，$x(t-T) = z^{-1}x(t)$ なので z^{-1} は時間 T だけ遅らせる演算子である。その働きは，むだ時間要素とまったく同じである†。$x(t-T) = z^{-1}x(t)$ をラプラス変換すると $e^{-Ts}X(s) = z^{-1}X(s)$ となるので

$$z \text{ と } s \text{ の関係}\quad z^{-1} = e^{-Ts} \tag{2.23}$$

が成り立つ。両辺の逆数の絶対値をとり，s は複素数なので $s = \sigma + j\omega$ と表して代入する。

† 前書『高校数学でマスターする制御工学』の 3.2.7 項を参照。

$$|z| = \left|e^{Ts}\right| = \left|e^{T(\sigma+j\omega)}\right| = \left|e^{T\sigma}e^{jT\omega}\right| \leftarrow e^{ab} = e^a e^b$$
$$= e^{T\sigma}\left|e^{jT\omega}\right| \leftarrow e^a > 0 \text{ より } |e^a| = e^a$$

ここでオイラーの公式を用いる†1。

$$= e^{T\sigma}\left|\cos(T\omega) + j\sin(T\omega)\right|$$
$$= e^{T\sigma}\sqrt{\cos^2(T\omega) + \sin^2(T\omega)} \leftarrow |a + jb| = \sqrt{a^2 + b^2}$$
$$\therefore \quad |z| = e^{T\sigma} \leftarrow \cos^2(T\omega) + \sin^2(T\omega) = 1 \tag{2.24}$$

すべての極 s の実部が $\mathrm{Re}[s] = \sigma < 0$ のときに限り安定となる†2。$\sigma < 0$ のとき，サンプル時間 $T > 0$ より $T\sigma < 0$ となり，自然対数の底 $e \simeq 2.72 > 1$ なので，$e^{T\sigma} < 1$ である。ゆえに式 (2.24) より

すべての極 z の大きさが $|z| < 1$ のときに限り安定となる。

例題 2.4　$G(z) = \dfrac{0.02}{(1 - 0.8z^{-1})(1 - 0.9z^{-1})}$ の安定性を調べよう。

【解答】　$G(z)$ の分子分母に z^2 を掛けると $G(z) = \dfrac{0.02z^2}{(z - 0.8)(z - 0.9)}$ となる。極は $G(z)$ の分母多項式 $= 0$ の z の解なので

$$(z - 0.8)(z - 0.9) = 0 \qquad \therefore \quad z = 0.8,\ 0.9 \tag{2.25}$$

である。極 $z = 0.8,\ 0.9$ はともに $|z| < 1$ を満足するので安定である。　◇

例題 2.5　$G(z) = \dfrac{1}{z - a}$ の初期値応答を計算しよう。

【解答】　$G(z) = \dfrac{1}{z - a}$ の極は $z - a = 0$ の解 a である。差分方程式を求める。

$$y(t) = G(z)u(t) = \frac{1}{z - a}u(t)$$
$$(z - a)y(t) = u(t) \leftarrow \text{分母を払った}$$
$$zy(t) - ay(t) = u(t)$$

†1　前書『高校数学でマスターする制御工学』の 5.1.6 項を参照。
†2　前書『高校数学でマスターする制御工学』の 2.3.6 項 (2) を参照。

$$\therefore \quad y(t+T) = ay(t) + u(t) \leftarrow zy(t) = y(t+T)$$

初期値応答は $u(t) = 0$ のときの $y(t)$ である (p.15)。$u(t) = 0$ と $t = (n-1)T$ を代入すると，つぎの公比 a の等比級数になる。

$$y(nT) = ay((n-1)T) \tag{2.26}$$

この式の両辺を 1 サンプル過去にずらした $y((n-1)T) = ay((n-2)T)$ を式 (2.26) 右辺に代入する。

$$y(nT) = a^2 y((n-2)T)$$

式 (2.26) の両辺を 2 サンプル過去にずらして代入する。

$$y(nT) = a^3 y((n-3)T)$$

これを繰り返すと次式を得る。

$$y(nT) = a^n y(0) \tag{2.27}$$

これより，$|a| > 1$ のとき発散し，$|a| < 1$ のときゼロに収束することがわかる。$y(0) = 1$ で，$a = 1.2$ のときと $a = 0.5$ のときの $y(kT)$ を**図 2.6** に示す。$|a| = 1.2 > 1$ のときに不安定，$|a| = 0.5 < 1$ のときに安定である。 ◇

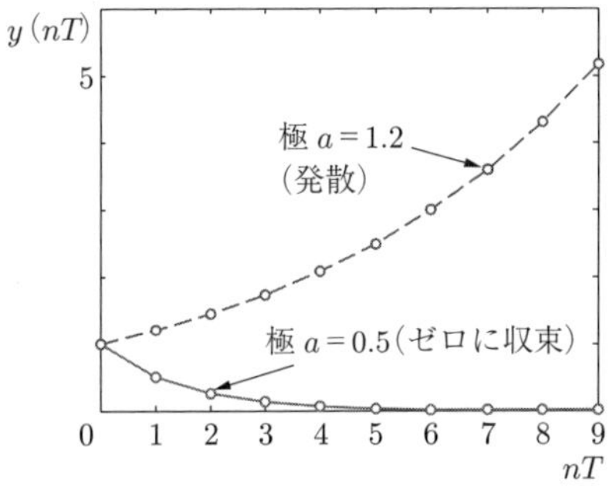

図 2.6 極 a が 1.2 および 0.5 のときの $y(kT)$

(**2**) **$G(z)$ の定常ゲイン** 伝達関数の定常（ていじょう）ゲインとはステップ応答の最終値である。ゆえに $G(s)$ の定常ゲインは最終値の定理† を用いると

$$\begin{aligned} \lim_{t \to \infty} y(t) &= \lim_{s \to 0} sY(s) \leftarrow \text{最終値の定理} \\ &= \lim_{s \to 0} sG(s)\frac{1}{s} \leftarrow \text{ステップ関数のラプラス変換は } \frac{1}{s} \\ &= \lim_{s \to 0} G(s) \end{aligned}$$

$$\therefore \quad \lim_{t \to \infty} y(t) = G(0) \leftarrow s = 0 \text{ を代入} \tag{2.28}$$

† 前書『高校数学でマスターする制御工学』の 2.3.6 項 (4) を参照。

である。式 (2.23) より，$z = e^{Ts}$ なので，$s = 0$ を代入すると $z = e^{T \cdot 0} = 1$ となる。ゆえに

> $G(s)$ の定常ゲインは $s = 0$ を代入した $G(0)$ であり，パルス伝達関数 $G(z)$ の定常ゲインは，$z = 1$ を代入した $G(1)$ である。

例題 2.6　$G(z) = \dfrac{0.02}{(1-0.8z^{-1})(1-0.9z^{-1})}$ の定常ゲインを求めよう。

【解答】　$z = 1$ を代入すると定常ゲインは $G(1) = \dfrac{0.02}{(1-0.8 \cdot 1^{-1})(1-0.9 \cdot 1^{-1})}$ $= \dfrac{0.02}{(1-0.8)(1-0.9)} = \dfrac{0.02}{0.2 \cdot 0.1} = \dfrac{0.02}{0.02} = 1$ である。◇

(3)　むだ時間要素のパルス伝達関数と差分方程式　むだ時間要素 e^{-Ls} は，式 (2.23) より $z = e^{Ts}$ なので $L = nT$ のとき

$$e^{-Ls} = e^{-(nT)s} = \left(e^{Ts}\right)^{-n} = z^{-n}$$

$$\therefore \quad e^{-Ls} = z^{-n} \tag{2.29}$$

である。これより z^{-n} がむだ時間要素のパルス伝達関数である。e^{-Ls} の入出力が $u(t)$，$y(t)$ のとき

$$y(t) = z^{-n}u(t) = u(t - nT) \tag{2.30}$$

となる。これがむだ時間要素の差分方程式である。e^{-Ls} とは違い，n が整数のときに z^{-n} は z の多項式となり，極を求めることができる。むだ時間要素の極は $z^n = 0$ を解いて $0(n$ 重解) である。

2.5　z 変換で離散化した状態方程式と伝達関数

図 2.5 に示したように，オイラー法と双一次変換の応答は，真の応答からずれてしまう。そこで，**図 2.7** に示すように，$t = 0,\ T,\ 2T,\ \cdots$ のタイミング（サンプル時点）では変換前後で一致するような変換を導こう。この変換を，***z* 変換**という。マイコンの D–A 変換器にサンプル時点の値の電圧をセットする

と，時間 T の間その電圧を保持する。これを**ゼロ次ホールド**（0次ホールド，零次ホールド）という。このため，真の応答 $u(t)$ を変換すると，図 2.7 のように階段状の波形になる。$u(t)$ から階段状の波形をつくる処理を**サンプルホールド**という。

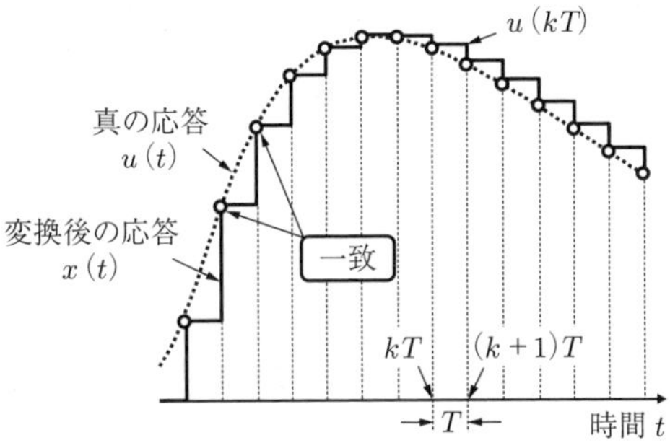

図 2.7　ゼロ次ホールドを通過前後の信号

これから z 変換後の状態方程式と，パルス伝達関数を求める。変換前の状態方程式を，$\dot{\boldsymbol{x}}(t) = \boldsymbol{A}\boldsymbol{x}(t) + \boldsymbol{B}\boldsymbol{u}(t)$，$\boldsymbol{y}(t) = \boldsymbol{C}\boldsymbol{x}(t) + \boldsymbol{D}\boldsymbol{u}(t)$ とする。$\boldsymbol{u}(t)$ がサンプルホールドされて $kT \leqq t < (k+1)T$ の間に一定値 $\boldsymbol{u}(kT)$ のとき，p.15 の式 (1.53) に $t = (k+1)T$，$t_0 = kT$ を代入する。

$$\begin{aligned}\boldsymbol{x}((k+1)T) &= e^{\boldsymbol{A}((k+1)T-kT)}\boldsymbol{x}(kT) + \int_{kT}^{(k+1)T} e^{\boldsymbol{A}((k+1)T-\tau)}\boldsymbol{B}\boldsymbol{u}(\tau)\,d\tau \\ &= e^{\boldsymbol{A}T}\boldsymbol{x}(kT) + \int_{kT}^{(k+1)T} e^{\boldsymbol{A}((k+1)T-\tau)}\boldsymbol{B}\boldsymbol{u}(\tau)\,d\tau\end{aligned}$$

図 2.7 に示すように $kT \sim (k+1)T$ の間，u は一定値 $u(kT)$ である。したがって，右辺第 2 項の $\boldsymbol{B}\boldsymbol{u}(kT)$ は一定値なので，積分の外に出せる。

$$\boldsymbol{x}((k+1)T) = e^{\boldsymbol{A}T}\boldsymbol{x}(kT) + \underline{\int_{kT}^{(k+1)T} e^{\boldsymbol{A}((k+1)T-\tau)}d\tau} \cdot \boldsymbol{B}\boldsymbol{u}(kT)$$

下線部の積分に $\tau_1 = (k+1)T - \tau$ の置換積分を行う。この式に積分区間の $\tau = kT$，$\tau = (k+1)T$ を代入して τ_1 の積分区間を求める。

$$\begin{aligned}&\tau = kT \text{ を代入} \quad \to \tau_1 = (k+1)T - kT, \quad \therefore \quad \tau_1 = T \\ &\tau = (k+1)T \text{ を代入} \to \tau_1 = (k+1)T - (k+1)T, \therefore \quad \tau_1 = 0\end{aligned}$$

これより積分区間は $\tau_1 = T \sim 0$ である。

$$\text{下線部} = \int_T^0 e^{\boldsymbol{A}((k+1)T-((k+1)T-\tau_1))} \cdot \frac{d\tau}{d\tau_1}d\tau_1$$

$$= \int_T^0 e^{\boldsymbol{A}\tau_1} \cdot (-1)\, d\tau_1$$

$$= \int_0^T e^{\boldsymbol{A}\tau_1} d\tau_1 \leftarrow \int_a^b f(t)\, dt = -\int_b^a f(t)\, dt \text{ より} \qquad (2.31)$$

$\boldsymbol{A}^{-1}$ が存在するときは p.15 の式 (1.58) より，つぎのように変形できる。

$$\text{下線部} = \left[e^{\boldsymbol{A}\tau_1}\boldsymbol{A}^{-1}\right]_0^T$$

$$= \left(e^{\boldsymbol{A}T} - \boldsymbol{I}\right)\boldsymbol{A}^{-1} \leftarrow e^{\boldsymbol{A}\cdot 0} = \boldsymbol{I} \text{ (p.15 の式 (1.56))}$$

出力方程式に $t = kT$ を代入すると

z 変換の状態方程式を得る。これは差分方程式である。

$$\begin{cases} \boldsymbol{x}((k+1)T) = \boldsymbol{A_d}\boldsymbol{x}(kT) + \boldsymbol{B_d}\boldsymbol{u}(kT) \\ \boldsymbol{y}(kT) = \boldsymbol{C_d}\boldsymbol{x}(kT) + \boldsymbol{D_d}\boldsymbol{u}(kT) \end{cases} \qquad (2.32)$$

$$\boldsymbol{A_d} = e^{\boldsymbol{A}T},\ \boldsymbol{B_d} = \left(e^{\boldsymbol{A}T} - \boldsymbol{I}\right)\boldsymbol{A}^{-1}\boldsymbol{B},\ \boldsymbol{C_d} = \boldsymbol{C},\ \boldsymbol{D_d} = \boldsymbol{D} \qquad (2.33)$$

$\boldsymbol{A}^{-1}$が存在しないときは式 (2.31) より　$\boldsymbol{B_d} = \int_0^T e^{\boldsymbol{A}\tau} d\tau \boldsymbol{B}$　(2.34)

この z 変換により，サンプル時点の値 $\boldsymbol{y}(T)$，$\boldsymbol{y}(2T)$，$\boldsymbol{y}(3T)$，$\cdots$ と $\boldsymbol{x}(T)$，$\boldsymbol{x}(2T)$，$\boldsymbol{x}(3T)$，$\cdots$ が変換前後で完全に一致する。

つぎにパルス伝達関数 $\boldsymbol{G_d}(z)$ を求める。式 (2.14) より，$\boldsymbol{x}((k+1)T) = z\boldsymbol{x}(kT)$ である。これを式 (2.32) に代入する。

$$z\boldsymbol{x}(kT) = \boldsymbol{A_d}\boldsymbol{x}(kT) + \boldsymbol{B_d}\boldsymbol{u}(kT)$$

$$z\boldsymbol{I}\boldsymbol{x}(kT) - \boldsymbol{A_d}\boldsymbol{x}(kT) = \boldsymbol{B_d}\boldsymbol{u}(kT) \leftarrow \boldsymbol{x} = \boldsymbol{I}\boldsymbol{x} \text{ より}$$

$$(z\boldsymbol{I} - \boldsymbol{A_d})\boldsymbol{x}(kT) = \boldsymbol{B_d}\boldsymbol{u}(kT)$$

両辺に左から $(z\boldsymbol{I} - \boldsymbol{A_d})^{-1}$ を掛ける。

$$\therefore \quad \boldsymbol{x}(kT) = (z\boldsymbol{I} - \boldsymbol{A_d})^{-1}\boldsymbol{B_d}\boldsymbol{u}(kT)$$

出力方程式 $\boldsymbol{y}(kT) = \boldsymbol{C_d}\boldsymbol{x}(kT) + \boldsymbol{D_d}\boldsymbol{u}(kT)$ に代入する。

$$\boldsymbol{y}(kT) = \boldsymbol{C_d}(z\boldsymbol{I} - \boldsymbol{A_d})^{-1}\boldsymbol{B_d}\boldsymbol{u}(kT) + \boldsymbol{D_d}\boldsymbol{u}(kT)$$

$$\therefore \quad \boldsymbol{y}(kT) = \boldsymbol{G_d}(z)\,\boldsymbol{u}(kT)$$
$$\boldsymbol{G_d}(z) = \boldsymbol{C_d}(z\boldsymbol{I} - \boldsymbol{A_d})^{-1}\boldsymbol{B_d} + \boldsymbol{D_d} \tag{2.35}$$

$\boldsymbol{G_d}(z)$ は z 変換によるパルス伝達関数である。

例題 2.7 $G(s) = \dfrac{b}{s+a}$ を z 変換して，パルス伝達関数 $G_d(z)$ と差分方程式を求めよう。ただし $a \neq 0$ とする。

【解答】 p.9 の式 (1.28)〜(1.30) より

$$A = -a,\ B = 1,\ C = b,\ D = 0 \tag{2.36}$$

である。式 (2.33) に代入する。

$$\begin{cases} A_d = e^{AT} = e^{-aT} \\ B_d = \left(e^{AT} - 1\right)A^{-1}B = \left(e^{-aT} - 1\right)(-a)^{-1} \cdot 1 = \dfrac{1 - e^{-aT}}{a} \\ C_d = C = b \\ D_d = D = 0 \end{cases} \tag{2.37}$$

式 (2.35) に代入してパルス伝達関数 $G_d(z)$ を求める。

$$G_d(z) = C_d(z - A_d)^{-1}B_d + D_d = b(z - A_d)^{-1} \cdot B_d + 0$$
$$\therefore \quad G_d(z) = \frac{bB_d}{z - A_d}$$

差分方程式を求める。

$$y(t) = G_d(z)\,u(t) = \frac{bB_d}{z - A_d}u(t)$$
$$(z - A_d)\,y(t) = bB_d u(t) \leftarrow \text{分母を払った}$$
$$zy(t) - A_d y(t) = bB_d u(t)$$
$$y(t + T) = A_d y(t) + bB_d u(t)$$

式 (2.37) を代入して差分方程式を得る。

$$y(t + T) = e^{-aT}y(t) + \frac{b}{a}\left(1 - e^{-aT}\right)u(t)$$

◇

2.6 オイラー法と双一次変換で離散化した状態方程式と伝達関数

オイラー法で状態方程式 $(\boldsymbol{A},\ \boldsymbol{B},\ \boldsymbol{C},\ \boldsymbol{D})$ を離散化した状態方程式 (2.32) の $(\boldsymbol{A_d},\ \boldsymbol{B_d},\ \boldsymbol{C_d},\ \boldsymbol{D_d})$ は，つぎのようになる。

$$\text{オイラー法} \quad \begin{cases} \boldsymbol{A_d} = \boldsymbol{I} + T\boldsymbol{A}, & \boldsymbol{B_d} = T\boldsymbol{B} \\ \boldsymbol{C_d} = \boldsymbol{C}, & \boldsymbol{D_d} = \boldsymbol{D} \end{cases} \tag{2.38}$$

例題 2.8　式 (2.38) を導こう。

【解答】　状態方程式 $\dot{\boldsymbol{x}} = \boldsymbol{A}\boldsymbol{x} + \boldsymbol{B}\boldsymbol{u}$ をラプラス変換した $s\boldsymbol{x} = \boldsymbol{A}\boldsymbol{x} + \boldsymbol{B}\boldsymbol{u}$ に，オイラー法の式 $s = \dfrac{z-1}{T}$ (式 (2.15)) を代入する。

$$\frac{z-1}{T}\boldsymbol{x} = \boldsymbol{A}\boldsymbol{x} + \boldsymbol{B}\boldsymbol{u}$$
$$(z-1)\,\boldsymbol{x} = T\boldsymbol{A}\boldsymbol{x} + T\boldsymbol{B}\boldsymbol{u}$$
$$z\boldsymbol{x} - \underbrace{\boldsymbol{I}\boldsymbol{x}}_{\text{右辺に移項}} = T\boldsymbol{A}\boldsymbol{x} + T\boldsymbol{B}\boldsymbol{u} \leftarrow \boldsymbol{x} = \boldsymbol{I}\boldsymbol{x}$$
$$z\boldsymbol{x} = \underbrace{(\boldsymbol{I} + T\boldsymbol{A})}_{\boldsymbol{A_d}}\boldsymbol{x} + \underbrace{T\boldsymbol{B}}_{\boldsymbol{B_d}}\boldsymbol{u}$$

これより導けた。　◇

双一次変換で状態方程式 $(\boldsymbol{A},\ \boldsymbol{B},\ \boldsymbol{C},\ \boldsymbol{D})$ を離散化した状態方程式 $(\boldsymbol{A_d},\ \boldsymbol{B_d},\ \boldsymbol{C_d},\ \boldsymbol{D_d})$ は，状態 $\boldsymbol{x}$ を $(\boldsymbol{I} - \alpha\boldsymbol{A})\,\boldsymbol{x} - \alpha\boldsymbol{B}\boldsymbol{u}$ に置き換えると，次式で与えられる (p.153)。

$\alpha = \dfrac{T}{2}$, $\boldsymbol{A_1} = (\boldsymbol{I} - \alpha\boldsymbol{A})^{-1}$ とおく。

$$\text{双一次変換} \quad \begin{cases} \boldsymbol{A_d} = (\boldsymbol{I} + \alpha\boldsymbol{A})\,\boldsymbol{A_1}, & \boldsymbol{B_d} = 2\alpha\boldsymbol{A_1}\boldsymbol{B} \\ \boldsymbol{C_d} = \boldsymbol{C}\boldsymbol{A_1}, & \boldsymbol{D_d} = \alpha\boldsymbol{C}\boldsymbol{A_1}\boldsymbol{B} + \boldsymbol{D} \end{cases} \tag{2.39}$$

オイラー法と双一次変換によるパルス伝達関数は，式 (2.38)，(2.39) を式

(2.35) に代入すれば求まる。

2.7　サンプリング定理

すべての波形は正弦波の和でつくることができる†。ディジタル制御は**図 2.8**(a) に示すようにサンプル時間 T ごとに値を更新するため，波形が階段状になる。そのため，正弦波の周波数が高くなるほど，波形がいびつになる。では，どの周波数の正弦波までつくることができるのだろうか。正弦波にはプラスの山とマイナスの谷があるので，図 (b) のように正弦波 1 周期に 2 サンプルすればぎりぎりプラスとマイナスをつくることができる。これが限界である。このときの正弦波の周期 $2T$ を周波数にすると $f_n = \dfrac{1}{2T}$ である。サンプル周波数 f_s は $f_s = \dfrac{1}{T}$ である。つまり

発生できる正弦波の限界の周波数は

$$\text{ナイキスト周波数}\quad f_n = \frac{1}{2} f_s \,\text{〔Hz〕} \tag{2.40}$$

までである。これを**サンプリング定理**という。

$2\pi f_n$〔rad/s〕を**ナイキスト角周波数**という。ナイキスト周波数を超える正

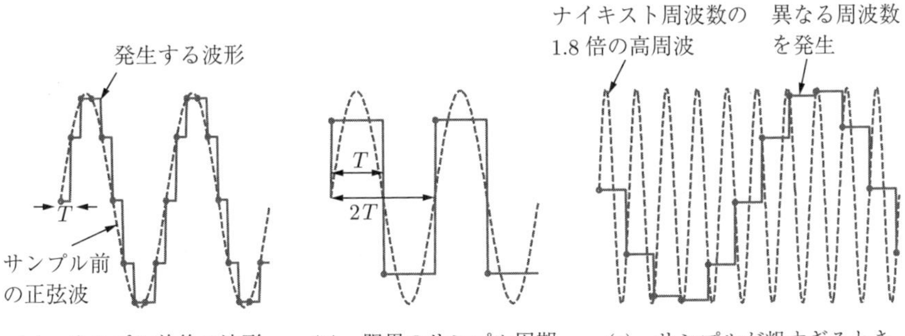

(a)　サンプル前後の波形　(b)　限界のサンプル周期　(c)　サンプルが粗すぎるとき

図 **2.8**　サンプル周期と発生できる正弦波

† 前書『高校数学でマスターする制御工学』の 2.3.8 項 (2) を参照。

弦波 (破線) を発生しようとすると図 (c) のようにまったく異なる周波数の正弦波 (実線) を発生してしまう。発生するのとは逆に図 (c) の高周波 (破線) を計測しようとすると，まったく異なる周波数 (実線) を計測してしまう。このまったく異なる低周波の正弦波を，**エイリアス成分**（エイリアシング，折返し雑音，ゴースト）という。例えば，データ圧縮するために低すぎる周波数でサンプルした音楽の高音がエイリアス成分の低音になって聞こえることがある。また，動画の車輪のスポークがゆっくり回転しているように見えたり，逆回転しているように見えるのもエイリアス成分である。これを避けるために，サンプルする前にナイキスト周波数以上の成分をあらかじめフィルタで除去しておくことが多い。

2.8 オイラー法と双一次変換の周波数特性のずれ

例題 2.9 オイラー法は周波数がゼロのときに周波数特性（伝達関数のゲインと位相）がずれないことを示そう。

【解答】 式 (2.23) を $s=0$ 回りでテイラー展開すると z と s の関係は次式で与えられる[†1]。

$$z = e^{sT} = 1 + sT + \frac{(sT)^2}{2} + \frac{(sT)^3}{3\cdot 2} + \cdots + \frac{(sT)^i}{i!} + \cdots \tag{2.41}$$

右辺の二次以上の項を無視 (一次近似) すると，$z \simeq 1 + sT$ になる。この近似は $s=0$ のときに無視した項がすべてゼロになり，$z = e^{Ts}$ と一致する。伝達関数に $s = j\omega$(ω は角周波数) を代入すると，その周波数特性 (ゲインと位相) がわかる[†2]。ゆえに，$s=0$ ならば $\omega=0$ なので，この近似は $\omega=0$ のときにずれない。近似 $z = 1 + sT$ を s について解くと $s = \dfrac{z-1}{T}$ となり，式 (2.15) のオイラー法が得られる。ゆえに，オイラー法は周波数がゼロのときに周波数特性がずれない。 ◇

[†1] 前書『高校数学でマスターする制御工学』の 5.1.5 項 (1) を参照。
[†2] 前書『高校数学でマスターする制御工学』の 2.3.8 項 (3) を参照。

例題 2.10 双一次変換もオイラー法と同様に周波数がゼロのときに周波数特性（伝達関数のゲインと位相）がずれないことを示そう。

【解答】 式 (2.23) より，$z = e^{sT} = e^{sT/2}e^{sT/2} = \dfrac{e^{sT/2}}{e^{-sT/2}}$ である。$a = \dfrac{T}{2}$ とおいて分子分母をそれぞれテイラー展開する。

$$z = \frac{e^{as}}{e^{-as}} = \frac{1 + as + \dfrac{(as)^2}{2} + \dfrac{(as)^3}{6} + \cdots + \dfrac{(as)^i}{i!} + \cdots}{1 - as + \dfrac{(-as)^2}{2} + \dfrac{(-as)^3}{6} + \cdots + \dfrac{(-as)^i}{i!} + \cdots} \tag{2.42}$$

上式の分子・分母を一次までで近似する。

$$z = \frac{1+as}{1-as}$$

上式も $s = 0$ のときに $z = e^{sT}$ と一致する。$s = j\omega$ より，この近似は $\omega = 0$ のときにずれない。as について解くと，$as = \dfrac{z-1}{z+1}$ を得る。これより $s = \left(\dfrac{1}{a}\right)\dfrac{z-1}{z+1}$ が得られ，$a = \dfrac{T}{2}$ を代入すると

$$s = \left(\frac{2}{T}\right)\frac{z-1}{z+1}$$

となり，双一次変換の式 (2.16) を得る。ゆえに，双一次変換もオイラー法と同様に周波数がゼロのときに周波数特性がずれない。 ◇

2.9 ある周波数でずれない双一次変換のプリワーピング

ゼロ以外のある周波数でも周波数特性がずれないようにすることをプリワーピングという。双一次変換を定数倍した

$$\text{プリワーピング}\quad s = k\left(\frac{z-1}{z+1}\right),\ k = \frac{\omega_p}{\tan(\omega_p T/2)} \tag{2.43}$$

で変換すると，角周波数 ω_p で周波数特性がずれない。

例題 2.11　式 (2.43) で変換すると，角周波数 ω_p で周波数特性がずれないことを証明しよう。

【解答】　$s = k\left(\dfrac{z-1}{z+1}\right)$ で変換したとき，角周波数 ω_p で周波数特性がずれないようにする k を考える。分子・分母を $z^{1/2}$ で割ると，$s = k\left(\dfrac{z^{1/2} - z^{-1/2}}{z^{1/2} + z^{-1/2}}\right)$ となる。これに $z = e^{Ts}$ (式 (2.23)) を代入し，さらに $s = j\omega_p$ を代入する。

$$
\begin{aligned}
j\omega_p &= k\left(\frac{e^{j\omega_p T/2} - e^{-j\omega_p T/2}}{e^{j\omega_p T/2} + e^{-j\omega_p T/2}}\right) \\
&= k\left(\frac{2j\sin(\omega_p T/2)}{2\cos(\omega_p T/2)}\right) \ \leftarrow \text{オイラーの公式 } e^{j\theta} = \cos\theta + j\sin\theta \text{ より} \\
&= jk\tan(\omega_p T/2) \ \leftarrow \tan\theta = \frac{\sin\theta}{\cos\theta} \text{ より} \qquad (2.44)
\end{aligned}
$$

この式の左辺と右辺が一致するのは $k = \dfrac{\omega_p}{\tan(\omega_p T\ /2)}$ のときである。ゆえにこのとき，つまり角周波数 ω_p のときに周波数特性がずれない。k の値に関係なく $\omega_p = 0$ でも式 (2.44) が成り立つので，プリワーピングをしてもしなくても $\omega = 0$ で周波数特性がずれない。◇

例題 2.12　オイラー法の場合は，式 (2.43) と同様の修正を行っても $\omega_p = 0$ だけでしか周波数特性のずれをなくせないことを示そう。

【解答】　$s = k(z-1)$ で変換したとき，ω_p でずれないようにする k を考える。これに $z = e^{Ts}$ (式 (2.23)) を代入し，さらに $s = j\omega_p$ を代入する。

$$
\begin{aligned}
j\omega_p &= k\left(e^{j\omega_p T} - 1\right) \\
&= k\left((\cos(\omega_p T) - 1) + j\sin(\omega_p T)\right) \ \leftarrow \text{オイラーの公式より}
\end{aligned}
$$

左辺は実部がゼロである。等式が成り立つためには，右辺の実部もゼロにならなければならない。しかし，実部がゼロになるのは，$\cos(\omega_p T) = 1$ のときだけである。その解 $\omega_p T = 0,\ 2\pi,\ 4\pi,\ \cdots$〔rad/s〕は，$\omega_p = 0$ または，ナイキスト角周波数 $2\pi\left(\dfrac{1}{2T}\right) = \dfrac{\pi}{T}$〔rad/s〕(p.65) の 2，4，$\cdots$ 倍の角周波数である。ナイキスト角周波数を超える周波数成分を発生できないので $\omega_p = 0$ のみが解である。ゆえに，オイラー法は $\omega_p = 0$ だけでしか周波数特性のずれをなくせない。◇

2.10 ある周波数でずれないオイラー法のプリワープ処理

周波数特性がある周波数 ω_p でずれないようにオイラー法を次式のように修正する。

$$s = \frac{az - b}{T} \tag{2.45}$$

$z = e^{Ts}$ (式 (2.23)) と $s = j\omega_p$ を代入する。

$$\begin{aligned} j\omega_p &= \frac{ae^{jT\omega_p} - b}{T} \\ &= \frac{a\left(\cos\left(T\omega_p\right) + j\sin\left(T\omega_p\right)\right) - b}{T} \leftarrow \text{オイラーの公式} \end{aligned}$$

$$jT\omega_p = \left(a\cos\left(T\omega_p\right) - b\right) + ja\sin\left(T\omega_p\right)$$

$$\therefore \quad \begin{cases} \text{実部} \quad 0 = a\cos\left(T\omega_p\right) - b \\ \text{虚部} \quad T\omega_p = a\sin\left(T\omega_p\right) \rightarrow a = \dfrac{T\omega_p}{\sin\left(T\omega_p\right)} \end{cases} \tag{2.46}$$

式 (2.46) の実部の式より

$$b = a\cos\left(T\omega_p\right) = \frac{T\omega_p}{\sin\left(T\omega_p\right)}\cos\left(T\omega_p\right) = \frac{T\omega_p}{\tan\left(T\omega_p\right)}$$

$$\therefore \quad \begin{cases} a = \dfrac{T\omega_p}{\sin\left(T\omega_p\right)} \\ b = \dfrac{T\omega_p}{\tan\left(T\omega_p\right)} \end{cases} \tag{2.47}$$

を得る。この a, b を用いれば，角周波数 ω_p において $s = \dfrac{az - b}{T}$ が成り立ち，周波数特性がずれない。

定常ゲイン (p.60) を求めるために $s = \dfrac{az - b}{T}$ に $s = 0$ と $z = 1$ を代入すると

$$0 = \frac{a - b}{T} \quad \therefore \quad a = b \tag{2.48}$$

となる。式 (2.47) はこれを満足しないため，$\omega = 0$ における周波数特性がずれてしまう。制御器の積分器 $\dfrac{1}{s}$ は $\omega = 0$ でゲインが ∞ となり，定常偏差をゼロにする働きがある[†]。しかし式 (2.47) で積分器を変換すると，この働きが失われる。

2.11　一般化双一次変換

一般化双一次変換はつぎの式 (2.49) で s を z に変換する。z を s に変換する逆変換の式 (2.50) は，式 (2.49) を z について解くと得られる。

$$\text{一般化双一次変換} \qquad s = \frac{\alpha z + \delta}{\gamma z + \beta} \tag{2.49}$$

$$\text{一般化双一次変換の逆変換} \qquad z = \frac{-\beta s + \delta}{\gamma s - \alpha} \tag{2.50}$$

オイラー法や双一次変換 (台形近似) は，つぎのように一般化双一次変換で表せる。

$$\text{オイラー法} \quad (\alpha,\ \beta,\ \gamma,\ \delta) = (1,\ T,\ 0,\ -1) \tag{2.51}$$

$$\text{双一次変換} \quad (\alpha,\ \beta,\ \gamma,\ \delta) = \left(1,\ \frac{T}{2},\ \frac{T}{2},\ -1\right) \tag{2.52}$$

式 (2.49), (2.50) に $(\alpha,\ \beta,\ \gamma,\ \delta) = (\beta T\,(a-r),\ \beta,\ \beta T,\ \beta\,(a+r))$ を代入すると，一般化双一次変換はつぎのように表せる。

$$s = a + r\frac{1 - Tz}{1 + Tz} \tag{2.53}$$

$$a = \frac{1}{2}\left(\frac{\delta}{\beta} + \frac{\alpha}{\gamma}\right),\ r = \frac{1}{2}\left(\frac{\delta}{\beta} - \frac{\alpha}{\gamma}\right),\ T = \frac{\gamma}{\beta} \tag{2.54}$$

これを z について解くと，つぎの逆変換を得る。

$$z = \bar{a} + \bar{r}\frac{1 - \bar{T}s}{1 + \bar{T}s} \leftarrow \bar{a}\ \text{はエー・バーと読む} \tag{2.55}$$

$$\bar{a} = -\frac{\beta}{\alpha}a,\ \bar{r} = -\frac{\beta}{\alpha}r,\ \bar{T} = -\frac{\beta}{\alpha}T \tag{2.56}$$

式 (2.55) より，s を虚軸に沿って $-\infty j$ から ∞j まで動かしたときの z 平面上の軌跡が，**図 2.9** に示すように，半径 $\bar{r}$，中心 $\bar{a}$ の円になり，その円内は $\overline{T} > 0$

† 前書『高校数学でマスターする制御工学』の 4.3.2 項を参照。

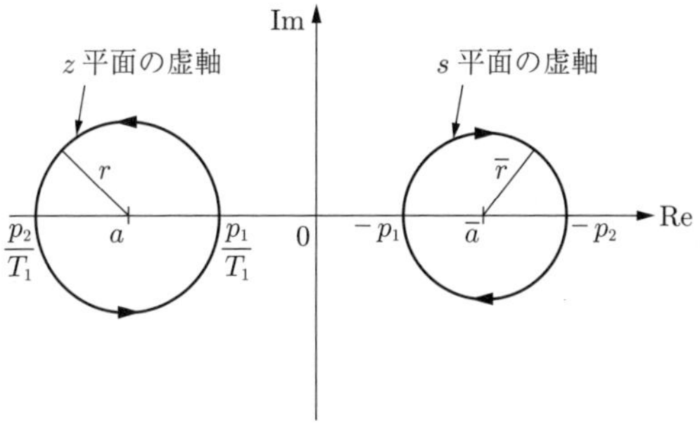

図 **2.9** 一般化双一次変換による虚軸の移動

ならば s 平面の右半平面，$\overline{T} < 0$ ならば左半平面である (p.154)。式 (2.53) で逆の変換をすると，z 平面の虚軸が s 平面の中心 a，半径 r の円周上に移動し，z 平面の左半平面または右半平面が s 平面の円内に移動する。

また，式 (2.49), (2.50) に $(\alpha,\ \beta,\ \gamma,\ \delta) = \left(\alpha,\ T_1\alpha,\ \dfrac{T_1}{p_2}\alpha,\ p_1\alpha\right)$ を代入すると，一般化双一次変換はつぎのように表せる。

$$s = \frac{1}{T_1}\frac{z + p_1}{z/p_2 + 1} \tag{2.57}$$

$$z = \frac{-T_1 s + p_1}{T_1 s/p_2 - 1} \tag{2.58}$$

この $(\alpha,\ \beta,\ \gamma,\ \delta)$ を式 (2.54), (2.56) に代入すると

$$a = \frac{p_1 + p_2}{2T_1},\ r = -\frac{p_2 - p_1}{2T_1},\ T = \frac{1}{p_2} \tag{2.59}$$

$$\bar{a} = -\frac{p_1 + p_2}{2},\ \bar{r} = \frac{p_2 - p_1}{2},\ \bar{T} = -\frac{T_1}{p_2} \tag{2.60}$$

となることから，図 2.9 に示すように $\dfrac{p_1}{T}$，$\dfrac{p_2}{T}$ と $-p_1$，$-p_2$ は円と横軸との交点である。

2.11.1 オイラー法の安定性

$s = \dfrac{z-1}{T}$ を z について解くと $z = Ts + 1$ になる。これより，s を虚軸に沿って $-\infty j$ から ∞j まで動かしたときの z 平面上の軌跡は，$1 - \infty j$ から $1 + 0j$ を通って $1 + \infty j$ に向かう。ゆえに，図 **2.10** のように s 平面の虚軸を右に 1 ず

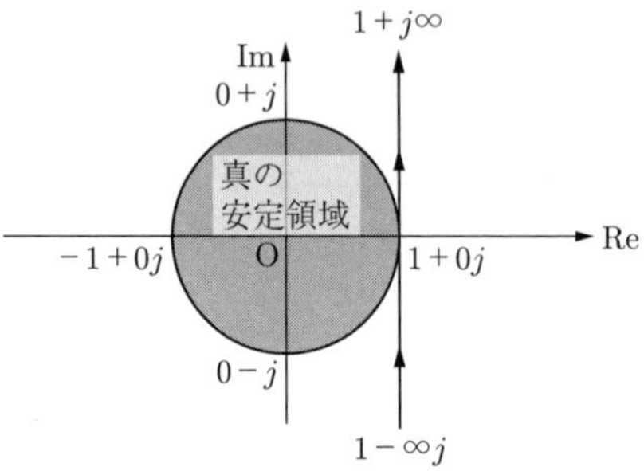

図 2.10　z 平面上のオイラー法の軌跡と安定領域

らした軌跡になる。安定な極は実部が負なので s 平面の左半平面（虚軸より左側）が安定領域である。その安定領域内の極がオイラー法によって，z 平面上の虚軸を右に 1 ずらした軌跡よりも左側に移動する。しかし，真の安定条件はすべての極 z の大きさが $|z| < 1$ (p.58) である。$|z| < 1$ は z 平面上では中心 0, 半径 1 の単位円内であり，これが真の安定領域である (p.154)。したがって，s 領域で閉ループ伝達関数の極をすべて左半平面に配置しても，オイラー法によって単位円外に移動すると，不安定になってしまう。そのため，オイラー法で離散化したパルス伝達関数の極が不安定化していないか安定判別 (p.58) すべきである。

2.11.2　双一次変換の安定性

双一次変換 $s = \left(\frac{2}{T}\right)\frac{z-1}{z+1}$ は，一般化双一次変換の $(\alpha,\ \beta,\ \gamma,\ \delta) = \left(1,\ \frac{T}{2},\ \frac{T}{2},\ -1\right)$ とした場合である (p.70 の式 (2.52))。これらを式 (2.56) に代入する。

$$
\begin{aligned}
\bar{a} &= -\frac{\beta}{\alpha}a = -\frac{\beta}{\alpha}\left(\frac{1}{2}\left(\frac{\delta}{\beta}+\frac{\alpha}{\gamma}\right)\right) \leftarrow \text{式 (2.54) を代入}\\
&= -\frac{1}{2}\left(\frac{\delta}{\alpha}+\frac{\beta}{\gamma}\right) = -\frac{1}{2}\left(\frac{-1}{1}+\frac{T/2}{T/2}\right) = -\frac{1}{2}(-1+1)\\
\therefore\quad \bar{a} &= 0\\
\bar{r} &= -\frac{\beta}{\alpha}r = -\frac{\beta}{\alpha}\left(\frac{1}{2}\left(\frac{\delta}{\beta}-\frac{\alpha}{\gamma}\right)\right) \leftarrow \text{式 (2.54) を代入}\\
&= \frac{1}{2}\left(-\frac{\delta}{\alpha}+\frac{\beta}{\gamma}\right) = \frac{1}{2}\left(-\frac{-1}{1}+\frac{T/2}{T/2}\right) = \frac{2}{2}\\
\therefore\quad \bar{r} &= 1
\end{aligned}
$$

これは中心 $\bar{a} = 0$, 半径 $\bar{r} = 1$ の単位円である。ゆえに双一次変換すると，s 平面の虚軸が，z 平面の単位円の円周上に移動する。円内が s 平面の右半平面なのか左半平面なのかをチェックしよう。$s = \dfrac{2}{T}\left(\dfrac{z-1}{z+1}\right)$ に $z=0$ を代入すると $s = \dfrac{2}{T}\left(\dfrac{0-1}{0+1}\right) = -\dfrac{2}{T}$ となる。ゆえに z 平面の原点は s 平面の $-\dfrac{2}{T}$ である。よって，双一次変換すると s 平面の安定領域である左半平面が，z 平面の単位円内に移動する。この領域は，図 2.10 に示す真の安定領域と一致するので，双一次変換しても安定性は不変である。

しかし，サンプル時間 T が大きいとき，**図 2.11** のようにサンプル時間 T ごとに発振してしまうことを例題 2.13 で示す。

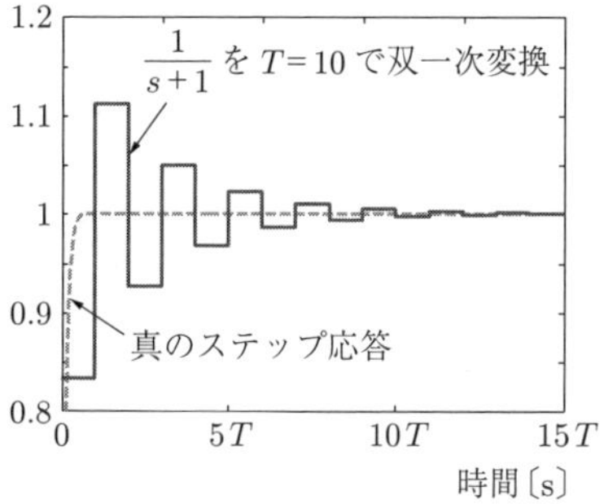

図 2.11 双一次変換による高周波振動

例題 2.13 伝達関数を部分分数展開すると $\dfrac{1}{s+\alpha_i}$ の和で表せる†。$\dfrac{1}{s+1}$ をサンプル時間 T で双一次変換すると

$$\frac{1}{s+1} = \frac{1}{\dfrac{2}{T}\left(\dfrac{z-1}{z+1}\right)+1} \leftarrow s = \frac{2}{T}\left(\frac{z-1}{z+1}\right) \text{ を代入}$$

$$= \frac{z+1}{(2/T)(z-1)+(z+1)} \leftarrow \text{分子分母} \times (z+1)$$

となる。これより T が十分大きいとき分母を $(z+1)$ に近似できる。したがって T が大きくなると極がプラスからマイナスに変化し，$T=\infty$ の極限では分母が $(z+1)$ となる。$\dfrac{1}{z+1}$ のステップ応答を 4 サンプル求めよう。

【解答】 ステップ応答の入力は 1 である。$x(t) = \dfrac{1}{z+1}1$ の差分方程式は

$$(z+1)x(t) = 1 \;\rightarrow\; zx(t) + x(t) = 1 \;\therefore\; x(t+T) = 1 - x(t)$$

となる。$x(0)=0$ としてシミュレーションすると

$$x(T) = 1 - x(0) = 1 - 0 = 1$$

† 前書『高校数学でマスターする制御工学』の索引「部分分数展開」を参照。

$$x(2T) = 1 - x(1) = 1 - 1 = 0$$

$$x(3T) = 1 - x(2) = 1 - 0 = 1$$

$$x(4T) = 1 - x(3) = 1 - 1 = 0$$

となり，$x(t)$ はサンプル時間 T ごとに 0 と 1 とを繰り返して発振し続ける。$\dfrac{1}{z+1}$ の極は -1 である。極の大きさが 1 よりも小さければ図 2.11 のように減衰する。図 2.11 は $\dfrac{1}{s+1}$ を $T = 10$ で双一次変換したときのステップ応答で，極は -0.667 である。 ◇

2.11.3　z 変換の安定性

z 変換は，サンプル時点で変換前後の応答が一致する (p.60)。したがって，安定な応答は安定のままである。ゆえに z 変換しても安定性は不変である。

2.11.4　一般化双一次変換による最適制御系と H^∞ 制御系の指定領域への極配置

一般化双一次変換を用いると，つぎの手順により，最適制御系と H^∞ 制御系の極を指定した領域 (図 2.9 の左の円内) に配置できる。

① $T_1 = 1$ とし，p_1，p_2 (図 2.9 の左の円の横軸との交点) を設定する。

② 制御対象 $G(s)$ を式 (2.57) で一般化双一次変換して $G(z)$ を求める。これにより，s 平面の右半平面が z 平面の右半平面の半径 $\bar{r}$, 中心 $\bar{a}$ の円内 (図 2.9 の右の円内) に移動する (例題 2.14)。

③ 最適制御や H^∞ 制御で $G(z)$ に対する制御器 $K(z)$ を設計する。$K(z)$ によってフィードバック系の閉ループ伝達関数の極はすべて z 平面の左半平面に配置される。

④ $K(z)$ を式 (2.58) で逆変換して $K(s)$ を求める。これによって，z 平面の左半平面が s 平面の左半平面上の半径 r, 中心 a の円内 (図 2.9 の左の円内) に移動する。そのため，フィードバック系の閉ループ伝達関数の極はすべて s 平面の円内に配置される。

例題 2.14 手順②を証明しよう。

【解答】 図 2.9 より $p_2 < p_1 < 0$ である。手順①より $T_1 = 1$ である。これらと式 (2.60) の $\bar{T} = -\dfrac{T_1}{p_2}$ より $\bar{T} > 0$ である。これと 4.3.2 項 (p.154) の結果より証明される。 ◇

2.12 MATLAB による離散化

伝達関数 $G(s)$ を離散化してパルス伝達関数 $G(z)$ を得る MATLAB コマンドを理解しよう (MATLAB で必要な Toolbox は p.ii)。

まず，つぎのコマンドで伝達関数 $G(s)$ とサンプル時間 T を設定する。

プログラム 2-1 ($G(s)$ とサンプル周期 T の設定)

```
1  s=tf('s');                      %;// ラプラス変換の s を定義
2  Gs= (4*s+5)/(s^2+2*s+3),        %;// 伝達関数 G(s) を設定
3  T = 0.1;                        %;// サンプル時間 T[s] を設定
```

%よりも後ろはコメントであり，コマンドとは関係ない文を書ける。Mat@Scilab† の場合は%;//と書かなければならない。1 行目でラプラス変換の s を定義する。2 行目で伝達関数 Gs を $\dfrac{4s+5}{s^2+2s+3}$ にする。s^2 は s^2 である。3 行目でサンプル時間 T を 0.1 s にする。2 行目のように文末がコンマ (,) のときは値 (Gs) を表示し，3 行目のようにセミコロン (;) のときは値 (T) を表示しない。このプログラムは MATLAB のコマンドウィンドウに 1 行ずつ書き写してエンターを打てば実行できるが，Mat@Scilab を用いるか，それに付属の program.m を含むフォルダに設定すれば，`program(21)` とタイプしてエンターするだけで実行できる。引き数の 21 はプログラム番号の 2-1 からハイフン (-) を除いた数字である。本書で示す MATLAB のプログラムはすべて `program()` のカッコ内にプログラム番号のハイフンを除いた数字を入力すれば実行できるので，すべて

† 前書『高校数学でマスターする制御工学』の 6.1 節を参照。

試してほしい。

プログラム 2-1 を実行後につぎのプログラムを実行すれば，$G(s)$ をさまざまな手法で離散化した $G(z)$ が得られる。

プログラム **2-2** (さまざまな離散化手法)

```
1  Gz = c2d(Gs,T),                 %;// z 変換
2  Gz = c2d(Gs,T,'tustin'),        %;// 双一次変換（台形近似）
3  %;// 角周波数 wp[rad/s] でプリワープする双一次変換
4  wp=10;  Gz = c2d(Gs,T,'prewarp',wp),
5  Gs=ss(Gs);           %;// Gs を状態表現にする
6  Gz = bilin(Gs,1,'FwdRec',T); %;// オイラー法（前進差分）
7  %;// 一般化双一次変換 (s = (a*z+d)/(c*z+b))
8  a=1; b=2; c=3; d=4; Gz = bilin(Gs,1,'G_Bili',[a,b,c,d]);
9  %;// 一般化双一次変換 (s = 1/T1*(z+p1) /(z/p2+1), T1=1)
10 p1=-0.1;  p2=-1;    Gz = bilin(Gs,1,'Sft_jw',[p2, p1]);
```

1 行目は z 変換，2 行目は双一次変換 (台形近似)，4 行目は角周波数 wp〔rad/s〕でプリワープする双一次変換，6 行目はオイラー法，8 行目は $s=\dfrac{az+d}{cz+b}$ の一般化双一次変換 (式 (2.49))，10 行目は $T_1=1$ とした $s=\dfrac{1}{T_1}\dfrac{z+p_1}{z/p_2+1}$ の一般化双一次変換 (式 (2.57)) である。Mat@Scilab の場合はコマンド `bilin()` の代わりに `mtlb_bilin()` を用いる。

$G(z)$ から $G(s)$ を得る逆変換は，`c2d()` を `d2c()` に書き換え，`bilin()` の第 2 引き数の 1 を `-1` に書き換える。

$G(z)=\dfrac{b(z)}{a(z)}$ の分子・分母多項式 $b(z)$，$a(z)$ の係数を得るコマンドを示す。

プログラム **2-3** ($G(z)$ の分子分母多項式の係数)

```
[b,a]=tfdata(Gz,'v'), %;// 離散化して分子分母の係数 b,a を計算
```

`b` は分子，`a` は分母の z の多項式の係数を高次から並べたベクトルで，その要素数が 3 のとき $G(z)$ は

$$\mathtt{Gz}=\frac{\mathtt{b(1)}z^2+\mathtt{b(2)}z+\mathtt{b(3)}}{\mathtt{a(1)}z^2+\mathtt{a(2)}z+\mathtt{a(3)}}$$

である。

ステップ応答を計算してグラフを描くコマンドを示す。

プログラム 2-4 (ステップ応答の描画)

```
1 y= filter(b,a,ones(100,1)); %;// 入力1で差分方程式を計算
2 plot(y)                     %;// y のグラフを描く
```

ones(n,m) はサイズが n×m で要素がすべて 1 の行列である。ones(100,1) は行数 100 で要素がすべて 1 のベクトルであり，フィルタに入力するステップ関数の時系列データである。2 行目の plot(y) は y のグラフを描画する。

3 現場の制御技術を「わかる」

ここでは，授業ではあまり習わないが，現場でよく使う制御技術を理解しよう。

3.1 アンチワインドアップ

3.1.1 入力飽和とワインドアップ

自動車を一定速で運転するとき，制御入力はアクセルを踏み込む角度である。その角度には限界があり，限界を超えて踏み込むことはできない。また，モータに限界を超えた電流を流すと正常に動作しなくなったり，壊れたりしてしまう。このように，実際の制御対象には入力できる最大または最小の値がある。これを**入力飽和**という。制御器が計算した制御入力 u を横軸，実際の u を縦軸にとると，図 **3.1** のように最大値と最小値で頭打ちになる。この特性をもつ要素を**飽和要素**という。PI 制御は制御入力 u を

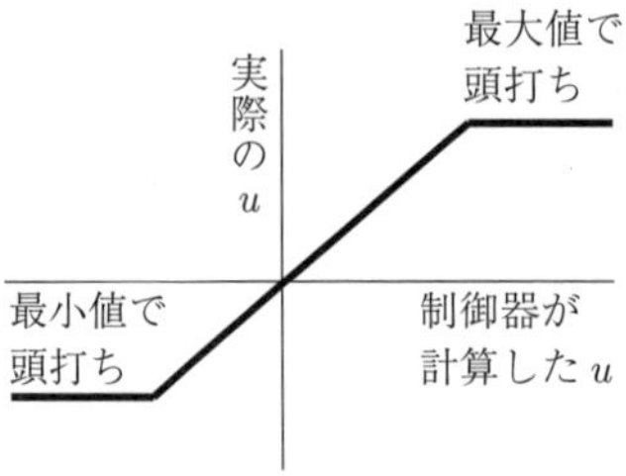

図 3.1 入力飽和の特性

$$u = k_p e + k_i \int e \, dt \leftarrow e \text{ は偏差，} k_p, k_i \text{ は PI ゲインという定数} \quad (3.1)$$

によって計算する†。このように制御器が積分器を含む場合，入力飽和がないときに図 **3.2**(a) のように良好に制御できていても，入力飽和があると図 (b) のように大きなオーバーシュート（出力が目標値を行き過ぎる量）を生じてし

† 前書『高校数学でマスターする制御工学』の 4.3.2 項を参照。

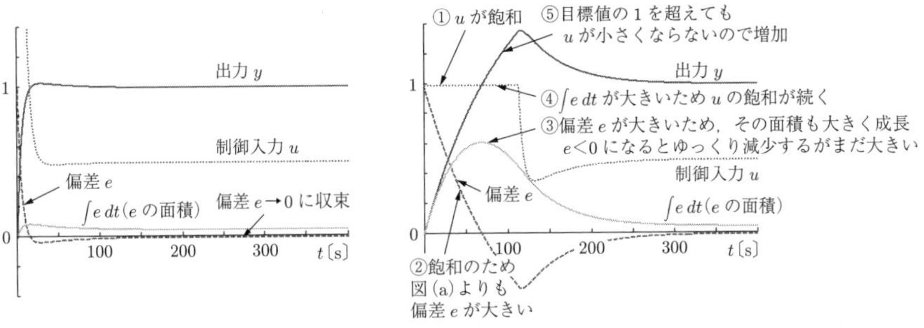

(a)　入力飽和なし　　　(b)　入力飽和あり，対策なし

図 3.2　入力飽和の影響

まうことがある。この現象を**ワインドアップ**という。これが起こる理由を図中の①～⑤の順に説明する。

① 制御入力 u が飽和するため，図 (a) よりも制御開始時の u が小さくなる。

② そのため，図 (a) よりも偏差 e が大きくなる。

③ そのため, e の面積 (p.116) である $\int e\,dt$ も過度に成長してしまう。$e<0$ になると $\int e\,dt$ はゆっくり減少するがまだ大きい。

④ $\int e\,dt$ が大きいため，式 (3.1) の u が大きくなり u の飽和が続く。

⑤ 目標値を超えても入力飽和により u が一定のまま減らないため，加速の勢いがついた y が増加して，大きなオーバーシュートが発生する。

図 (a) に比べ，図 (b) の $\int e\,dt$ がはるかに大きくなってしまっている。これを避ける方法を**アンチワインドアップ**といい，PID 制御に対してつぎの二つがよく用いられる。

(1) 飽和中に積分を停止する。

(2) 自動整合制御を使用する。

p.50 の式 (2.7) より，PID 制御器を

$$u(t)=u_p(t)+u_i(t)+u_d(t) \tag{3.2}$$

$$u_p(t)=k_pe(t),\ u_i(t)=k_i\int e(t)\ dt,\ u_d(t)=k_d\dot{e}(t)$$

と表し，積分項 $u_i(t)$ と微分項 $u_d(t)$ をオイラー法で差分方程式にすると式 (2.9), (2.10) より

$$u_i(t) = u_i(t-T) + Tk_i e(t) \tag{3.3}$$

$$u_d(t) = k_d \frac{e(t) - e(t-T)}{T} \tag{3.4}$$

となる。$u_p(t)$，$u_i(t)$，$u_d(t)$ のうち，1 サンプル前の信号を用いるのは，$u_i(t)$ と $u_d(t)$ であり，それぞれ 1 サンプル前の $u_i(t-T)$ と $e(t-T)$ を用いる。$e(t-T)$ は真の値であるが，$u_i(t-T)$ は飽和されるので本当に G に入力する値のほうが小さくなる。そのため，本当の入力よりも大きな $u_i(t-T)$ で計算することになり，積分項 $u_i(t)$ が過度に成長してしまうのである。また，積分器 $\dfrac{1}{s}$ だけでなく擬似積分器 $\dfrac{1}{s+\delta}$ も同じ理由で飽和の影響を受けてしまう。そのため，s の分母多項式をもつ伝達関数で表される制御器は飽和の影響を受ける。状態方程式は伝達関数に変換できるので，状態方程式で表される制御器も飽和の影響を受ける。

3.1.2 PID 制御のアンチワインドアップ

(1) 飽和中に積分を停止する方法

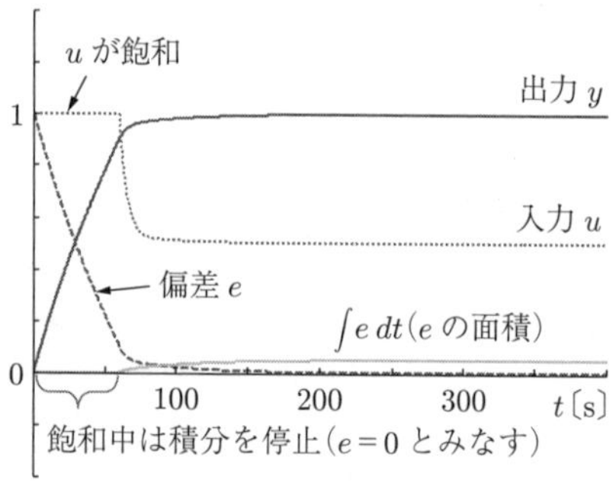

図 **3.3**　積分を停止するアンチワインドアップ

飽和中に積分を停止する方法は，u が飽和したときに積分器への入力の偏差 e をゼロに置き換える。積分値は e の面積 (p.116) なので $e=0$ であれば $\int e\,dt$ は変化せず，飽和前の値が保持される。そのため，飽和中に $\int e\,dt$ が過度に成長することを回避できる。

図 **3.3** にこの方法を用いたときの制御結果を示す。図より，飽和中は $\int e\,dt$ が変化せず，$\int e\,dt$ の過度の成長が回避されている。この方法の MATLAB コマンドを示す。

プログラム 3-1 (積分を停止するアンチワインドアップ)

```
1  uiold = ui;        %;// 1 サンプル前の積分項 ui の値を uiold に代入
2  e1 = e;            %;// 1 サンプル前の偏差 e の値を e1 に代入
3  e = r-y;           %;// 現在の偏差 e（目標値 r と出力 y の差）を計算
4  ui = ui + T*ki*e;  %;// 積分項 ui の計算 (式 (2.10))
5  ud = kd*(e-e1)/T;  %;// 微分項 ud の計算 (式 (2.9))
6  u=kp*e + ui + ud;  %;// 制御入力 u の計算 (式 (2.7))
7  %;// 飽和中は積分を停止する処理
8  if abs(u)>umax, %;// 飽和したら (|u|が飽和値よりも大きいとき)
9      ui = uiold; %;// 積分を停止（前回の積分値を保持, e=0 と同じ）
10 end                %;// if の処理はここまで
```

T はサンプル時間であり，4 行目の積分項の計算は p.51 の式 (2.10)，5 行目の微分項は式 (2.9) である。6 行目の PID 制御の u の計算は式 (2.7) である。8 行目の if 文で飽和したかどうかをチェックして，9 行目で飽和時は積分値を 1 サンプル前の値に保持することで，$e = 0$ を積分したのと同じ状態にして，積分を停止している。abs(u) は，u の絶対値 |u| である。マイコンに実装するときは，C 言語などに書き直せばよい。

(2) **自動整合制御**　自動整合制御は，**図 3.4** に示すように，PID 制御器の積分器の入力 e から，飽和要素の入出力の差 v を a 倍した av を引く。飽和していないときは $v = 0$ である。

偏差 e が一定値で u が飽和したとき，自動整合制御のゲイン a を次式で与えると，u_i が飽和要素の出力 u_m に一致する (p.156)。

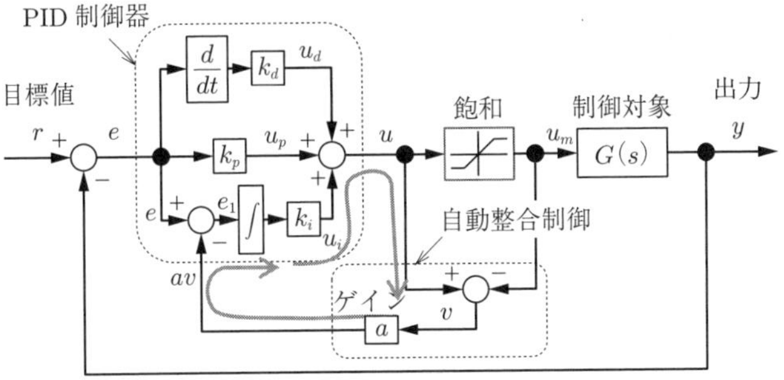

図 3.4　自動整合制御のブロック線図

$$a = \frac{1}{k_p} \tag{3.5}$$

図 3.5(a) にこの方法を用いたときの制御結果を示す。少しオーバーシュートを生じているが，これは飽和時のフィードバック機構の効きが弱いためである。効きを強めるために，ゲイン a を 15%アップしたときの制御結果を図 3.5(b) に示す。a を調整することでオーバーシュートがなくなり，良好な制御結果が得られている。積分を停止する方法には調整できるパラメータがないので，性能をさらに高めることができない。それに対して，自動整合制御では a を調整できるので性能を高められる可能性があることがメリットである。この方法の MATLAB コマンドは，積分を停止する方法の 9 行目をつぎのように変更する。

プログラム 3-2 (自動整合制御)

```
9    ui = ui- T*ki*a*(u-sign(u)*umax); %;// 自動整合制御
```

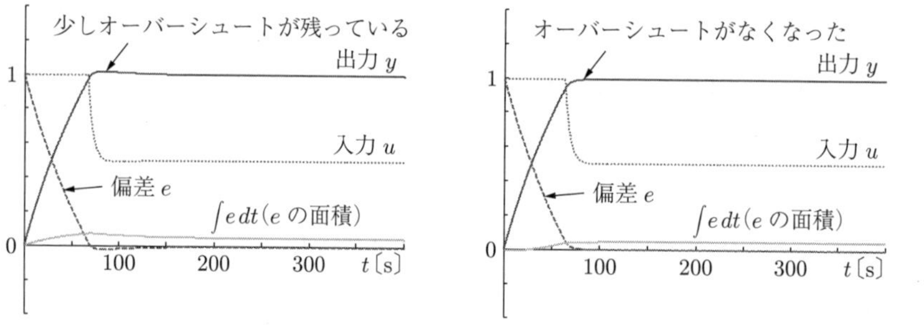

(a)　ゲイン $a=1/k_p$　　(b)　ゲイン a を15%アップして効きを強めた

図 3.5　自動整合制御によるアンチワインドアップ

飽和時に，飽和要素の入出力の差 (`u-sign(u)*umax`) を a 倍して積分器の入力から引いている。符号関数 `sign(u)` は次式で定義される。

$$\mathtt{sign(u)} = \begin{cases} 1 & ,(u > 0 \text{ のとき}) \\ 0 & ,(u = 0 \text{ のとき}) \\ -1 & ,(u < 0 \text{ のとき}) \end{cases} \tag{3.6}$$

3.1.3 制御器がパルス伝達関数 $\boldsymbol{K}(z)$ のときのアンチワインドアップ

制御器がパルス伝達関数

$$K(z) = \frac{K_n(z)}{K_d(z)} = \frac{b_0 + b_1 z^{-1} + b_2 z^{-2} + \cdots}{1 + a_1 z^{-1} + a_2 z^{-2} + \cdots} \tag{3.7}$$

のときのアンチワインドアップの一つを図 **3.6** に示す。この方法は $u(t) = K(z)e(t)$ を差分方程式で表し，$u(t-T)$，$u(t-2T), \cdots$ を飽和後の値に設定する。その手順をこれから示す。$u(t) = K(z)e(t)$ に式 (3.7) を代入する。

$$u(t) = \frac{K_n(z)}{K_d(z)} e(t)$$

$$K_d(z)u(t) = K_n(z)e(t) \ \leftarrow \text{分母を払った}$$

$$\left(1 + a_1 z^{-1} + a_2 z^{-2} + \cdots\right) u(t) = \left(b_0 + b_1 z^{-1} + b_2 z^{-2} + \cdots\right) e(t)$$

$$u(t) + \underbrace{a_1 z^{-1} u(t) + a_2 z^{-2} u(t) + \cdots}_{\text{右辺に移項する}} = b_0 e(t) + b_1 z^{-1} e(t) + \cdots$$

$$u(t) = -\left(a_1 z^{-1} u(t) + a_2 z^{-2} u(t) + \cdots\right) + b_0 e(t) + b_1 z^{-1} e(t) + \cdots$$

遅延演算子 $z^{-1}u(t) = u(t-T)$ の関係を代入してつぎの差分方程式を得る。

$$\therefore \quad u(t) = -\underline{\left(a_1 u(t-T) + a_2 u(t-2T) + \cdots\right)} + b_0 e(t) + b_1 e(t-T) + \cdots \tag{3.8}$$

この式の下線部の $u(t-T)$，$u(t-2T), \cdots$ のうち，飽和されたものを飽和後の値（u_{max} または $-u_{max}$）に置き換える。これにより，制御器と制御対象への入力の値が同じになるので，ワインドアップ現象が抑制される。

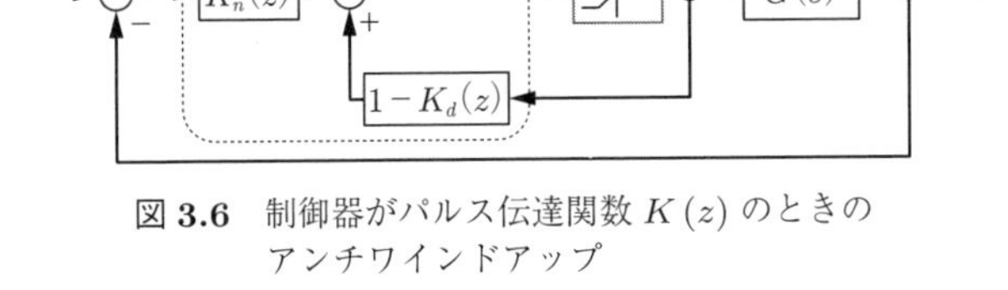

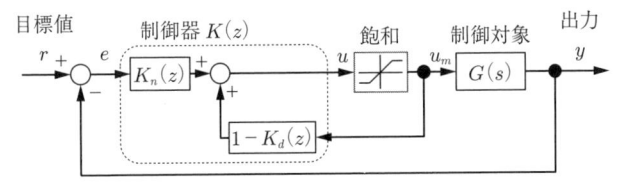

図 **3.6**　制御器がパルス伝達関数 $K(z)$ のときのアンチワインドアップ

3.1.4 制御器が状態方程式のときのアンチワインドアップ

制御器が状態方程式

$$\begin{cases} \dot{\boldsymbol{x}} = \boldsymbol{A}\boldsymbol{x} + \boldsymbol{B}\boldsymbol{e} & (3.9) \\ \boldsymbol{u} = \boldsymbol{C}\boldsymbol{x} + \boldsymbol{D}\boldsymbol{e} & (3.10) \end{cases}$$

のとき，$\boldsymbol{x}$ を積分しているためワインドアップを起こす可能性がある。これに対して，つぎの PID 制御器の積分項に対する対策が応用できる。

(1) 飽和中に積分を停止する方法

(2) 自動整合制御を使用する方法

（1） 飽和中に積分を停止する方法　　飽和中に積分を停止する方法は，飽和中の偏差 $\boldsymbol{e}$ をゼロとみなして積分する。つまり飽和中は，ディジタル制御の状態方程式 $\boldsymbol{x}((k+1)T) = \boldsymbol{A_d}\boldsymbol{x}(kT) + \boldsymbol{B_d}\boldsymbol{e}(kT)$ (p.62 の式 (2.32)) に，$\boldsymbol{e}(kT) = \boldsymbol{O}$ を代入して

$$\boldsymbol{x}((k+1)T) = \boldsymbol{A_d}\boldsymbol{x}(kT) \tag{3.11}$$

とする。なお，$\boldsymbol{A_d}$ が不安定なときは飽和中に $\boldsymbol{x}$ が発散するので，この方法は使えない。

（2） 自動整合制御　　自動整合制御は，**図 3.7** に示すように，状態表現の制御器の入力 $\boldsymbol{e}$ から飽和要素の入出力の差 $\boldsymbol{v}$ を $\boldsymbol{a}$ 倍した $\boldsymbol{av}$ を引く。つまり

$$\boldsymbol{e} \to \boldsymbol{e} - \boldsymbol{av} \text{ に置き換える} \tag{3.12}$$

ことを行う。$\boldsymbol{y}$，$\boldsymbol{u}$ の要素数がそれぞれ l，m のとき $\boldsymbol{a}$ のサイズは $l \times m$ であ

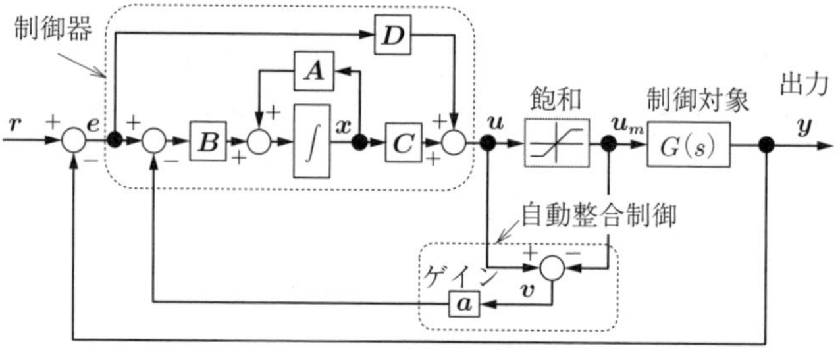

図 3.7　自動整合制御を導入した状態表現のブロック線図

る。飽和していないときは $\boldsymbol{v} = \boldsymbol{O}$ である。

例題 3.1　PI 制御器 $u = \left(k_p + \dfrac{k_i}{s}\right)e$ の状態表現 (A, B, C, D) と，式 (3.5) の $a = \dfrac{1}{k_p}$ との関係を調べよう。

【解答】　PI 制御器 $u = \left(k_p + \dfrac{k_i}{s}\right)e$ を状態表現にすると

$$\begin{cases} \dot{x} = Ax + Be = 0 \cdot x + 1 \cdot e \\ y = Cx + De = k_i \cdot x + k_p e \end{cases} \tag{3.13}$$

となる (p.9 の式 (1.28)〜(1.32))。これより $D = k_p$ なので $a = \dfrac{1}{k_p}$ は

$$a = \frac{1}{D} \tag{3.14}$$

と等価である。　◇

（3）　LQG サーボのシミュレーション　　DC モータを LQG サーボでディジタル制御したときのシミュレーション結果を**図 3.8** に示す (詳細は p.181)。点線は入力飽和なしの結果であり，0.1 s 以内に目標値 20 rad/s に到達し，定常偏差はゼロになる。入力を 5 V で飽和した結果が一点鎖線であり，オーバーシュートが大きくなるワインドアップ現象が発生している。破線と実線は状態表現のアンチワインドアップをしたときの結果である。破線は飽和中に積分を停止させる方法で，実線は自動整合制御であり，どちらもオーバーシュートが抑制される。

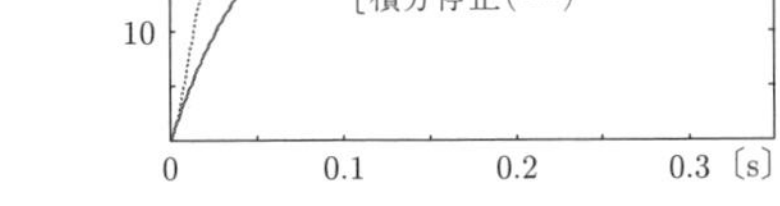

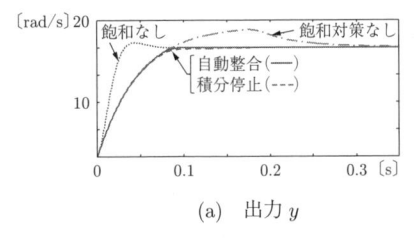

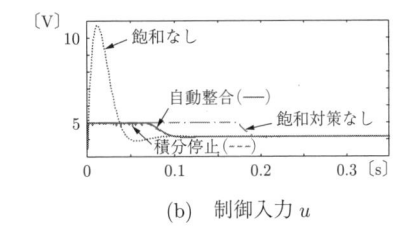

(a)　出力 y

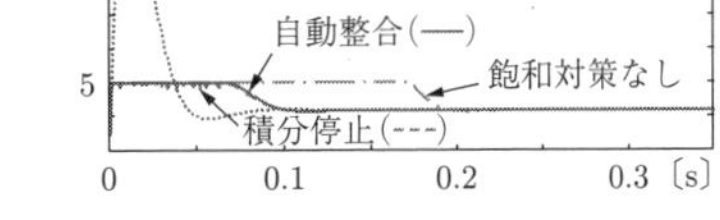

(b)　制御入力 u

図 **3.8**　LQG サーボのシミュレーション結果

3.2　不 感 帯 対 策

水道の蛇口をギュッと閉めたあとで，ほんの少しだけ回して開いても水は出ない。もっと回していくと水が出るようになる。この特性を**不感帯**といい，図**3.9**(a) に示すように不感帯への入力 u の大きさが小さいときは，出力 u_o が 0 のままで反応しない。ロボットなどの機械は，多かれ少なかれ摩擦をもつが，摩擦も不感帯の特性をもつ。もしも自転車のハンドルが大きな不感帯特性をもつとどうなるか想像してみよう。少しハンドルを切っても曲がらず，もっと切ると突然曲がりだす。驚いて逆に切ってもなかなか反応せず，もっと切ると急にまた逆に曲がりだす。うまく対応しないと，左右にフラフラしてしまうだろう。ロボットでも同じように，大きな不感帯特性をもつと，急に動いては止ま

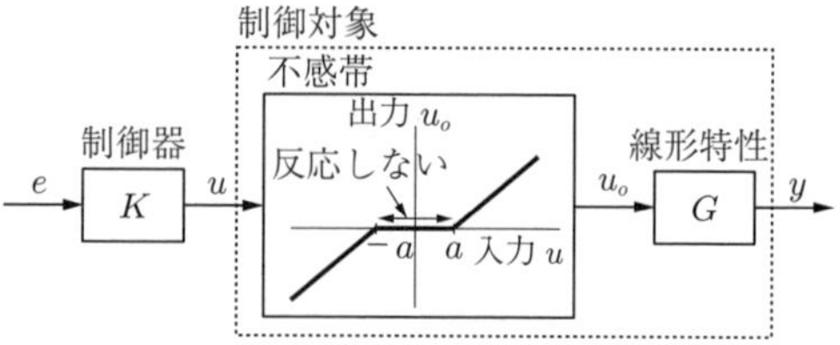

(a)　不感帯をもつ制御対象と制御器 K

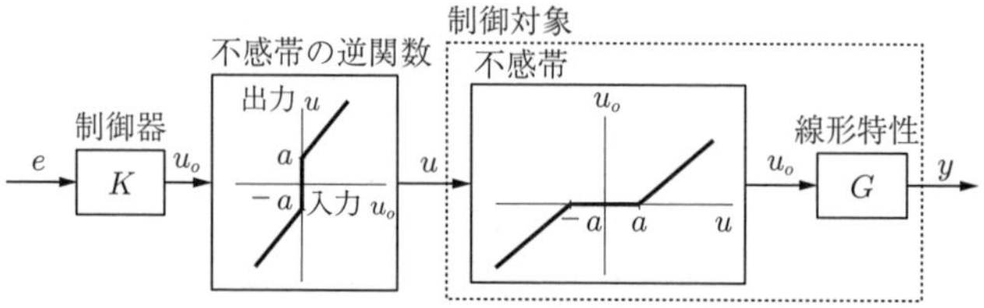

(b)　制御器 K に不感帯の逆関数を追加

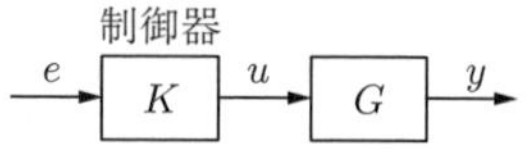

(c)　不感帯をもたない制御対象 G と制御器 K

図 **3.9**　不感帯の特性と対策

り，また急に動いては止まるを繰り返すことがある。

不感帯に対する対策の一つを紹介する。図 3.9(a) の不感帯の特性を数式で表す。

$$u_o(t) = \begin{cases} u(t) - a & ,(a \leqq u(t) \text{ のとき}) \\ 0 & ,(-a < u(t) < a \text{ のとき}) \\ u(t) + a & ,(u(t) \leqq -a \text{ のとき}) \end{cases} \tag{3.15}$$

制御器 K の出力は $u(t)$ であり，不感帯の出力 $u_o(t)$ が制御対象 G への入力である。式 (3.15) とは逆に $u_o(t)$ を入力すると，$u(t)$ を出力する関数を不感帯の**逆関数**といい，次式で与えられる。

$$u(t) = \begin{cases} u_o(t) + a & ,(0 \leqq u(t) \text{ のとき}) \\ u_o(t) - a & ,(u(t) < 0 \text{ のとき}) \end{cases} \tag{3.16}$$

この逆関数によって不感帯の特性を相殺する制御系を図 3.9(b) に示す。不感帯の逆関数を挿入することによって，制御系は不感帯が存在しない図 3.9(c) の特性と同じになる。

3.3　ロボットの非線形補償

人のように回転する関節をもつロボットの多くは，制御量を関節角 $\boldsymbol{\theta}$，制御入力を関節トルク $\boldsymbol{\tau}$ とすると，機械力学によるとつぎのモデルで表せる。

$$\boldsymbol{\tau} = \underbrace{\boldsymbol{M}(\boldsymbol{\theta})\ddot{\boldsymbol{\theta}}}_{\text{慣性力}} + \underbrace{\boldsymbol{C}(\boldsymbol{\theta},\dot{\boldsymbol{\theta}})\dot{\boldsymbol{\theta}}}_{\text{摩擦力・遠心力など}} + \underbrace{\boldsymbol{G}(\boldsymbol{\theta})}_{\text{重力}} \tag{3.17}$$

$\boldsymbol{M}(\boldsymbol{\theta})$, $\boldsymbol{C}(\boldsymbol{\theta},\dot{\boldsymbol{\theta}})$, $\boldsymbol{G}(\boldsymbol{\theta})$ は $\boldsymbol{\theta}$ などの関数である。多くの場合，この式は変数同士の積や cos, sin 関数を含む。そのため非線形となり，状態方程式や伝達関数を求めることができない†。そこで，計算トルク法では制御器 $\boldsymbol{K}$ の出力 $\boldsymbol{u}$ を用いて，ロボットへの制御入力 $\boldsymbol{\tau}$ を次式で計算する。

† 前書『高校数学でマスターする制御工学』の索引「線形」を参照。

$$\boldsymbol{\tau} = \boldsymbol{M}(\boldsymbol{\theta})\,\boldsymbol{u} + \boldsymbol{C}(\boldsymbol{\theta},\dot{\boldsymbol{\theta}})\dot{\boldsymbol{\theta}} + \boldsymbol{G}(\boldsymbol{\theta}) \tag{3.18}$$

これと式 (3.17) の右辺はともに $\boldsymbol{\tau}$ なので

$$\boldsymbol{M}(\boldsymbol{\theta})\,\boldsymbol{u} + \boldsymbol{C}(\boldsymbol{\theta},\dot{\boldsymbol{\theta}})\dot{\boldsymbol{\theta}} + \boldsymbol{G}(\boldsymbol{\theta}) = \boldsymbol{M}(\boldsymbol{\theta})\,\ddot{\boldsymbol{\theta}} + \boldsymbol{C}(\boldsymbol{\theta},\dot{\boldsymbol{\theta}})\dot{\boldsymbol{\theta}} + \boldsymbol{G}(\boldsymbol{\theta})$$

$$\boldsymbol{M}(\boldsymbol{\theta})\,\boldsymbol{u} = \boldsymbol{M}(\boldsymbol{\theta})\,\ddot{\boldsymbol{\theta}}$$

$$\therefore \quad \boldsymbol{u} = \ddot{\boldsymbol{\theta}} \leftarrow \boldsymbol{M}^{-1}(\boldsymbol{\theta})\ \text{が存在するとき} \tag{3.19}$$

が成り立つ。ゆえに，ラプラス変換すると

$$\boldsymbol{\theta} = \frac{\boldsymbol{I}}{s^2}\boldsymbol{u} \tag{3.20}$$

となるので，$\boldsymbol{u}$ から制御量 $\boldsymbol{\theta}$ までの伝達関数はシンプルな $\dfrac{\boldsymbol{I}}{s^2}$ に線形化される (この線形化を**厳密な線形化**という)。この $\dfrac{\boldsymbol{I}}{s^2}$ に対して LQG などで制御器 $\boldsymbol{K}(s)$ を設計し，$\boldsymbol{u} = \boldsymbol{K}(s)(\boldsymbol{r} - \boldsymbol{\theta})$ で計算した $\boldsymbol{u}$ を式 (3.18) に代入して制御入力 $\boldsymbol{\tau}$ を計算するのである。計算トルク法の欠点は，$\boldsymbol{M}(\boldsymbol{\theta})$，$\boldsymbol{C}(\boldsymbol{\theta},\dot{\boldsymbol{\theta}})$, $\boldsymbol{G}(\boldsymbol{\theta})$ が正確でなければならない点である。

例題 3.2　**図 3.10**(a) の 1 軸ロボットの運動方程式を導き，式 (3.18) を求めよう。

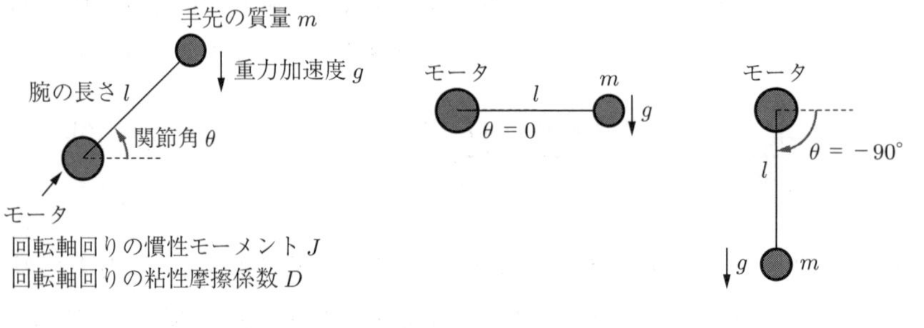

(a)　1 軸ロボット　　(b)　腕が水平のとき　　(c)　腕が鉛直のとき

図 3.10　1 軸ロボット

【解答】 図3.10(a) より，慣性力は $J\ddot{\theta}$，摩擦力などは $D\dot{\theta}$，重力によるトルクは $mgl\cos\theta$ なので機械力学より

$$\tau = J\ddot{\theta} + D\dot{\theta} + mgl\cos\theta \tag{3.21}$$

が成り立つ。右辺の $mgl\cos\theta$ のために，関節角 θ に依存して重力の影響が変わる。例えば，図 (b), (c) に示すように，ロボットの腕が水平なときは関節を回そうとする力が働き，鉛直なときは力が働かない。

式 (3.17) と比較すると

$$\boldsymbol{M}(\boldsymbol{\theta}) = J,\ \boldsymbol{C}(\boldsymbol{\theta}, \dot{\boldsymbol{\theta}}) = D,\ \boldsymbol{G}(\boldsymbol{\theta}) = mgl\cos\theta \tag{3.22}$$

である。これらを式 (3.18) に代入する。

$$\tau = Ju + D\dot{\theta} + mgl\cos\theta \tag{3.23}$$

制御中にこの式でロボットのトルク τ を計算すれば 1 軸ロボットの伝達関数を $\dfrac{1}{s^2}$ とみなして制御できる。この計算をするためには，J, D, m, l の正確な値が必要である。 ◇

3.4 リミットサイクルを用いた PID ゲインの調整

リミットサイクルを利用してゲイン余裕と位相余裕の両方を指定する PID ゲインのチューニング（調整）方法と，ゲイン余裕をリミットサイクルで実測する方法を理解しよう。

PID 制御器 $K(s)$ を

$$K(s) = k_p\left(1 + \frac{k_i}{s}\right)(1 + k_d s) \tag{3.24}$$

と表す。制御対象 $G(s)$ は安定で，**図 3.11** に示すようにゲイン，位相ともに単調に減少し，後述のリミットサイクルが発散しないことを仮定する。図の ω_π と $\omega_{k\pi}$ は，それぞれ $\angle G(j\omega_\pi)$ と $\angle G(j\omega_{k\pi})K(j\omega_{k\pi})$ が $-180°$ になる角周波数である。ω_{k1} は $|G(j\omega_{k1})K(j\omega_{k1})| = 1$ になる角周波数であり，制御帯域 (p.45) とほぼ一致する。$G(s)K(s)$ の望ましいゲイン余裕，位相余裕を，それぞれ G_m，ϕ_m とする†。つぎの手順で $K(s)$ を設計する。

† 前書『高校数学でマスターする制御工学』の 2.3.9 項 (3) を参照。

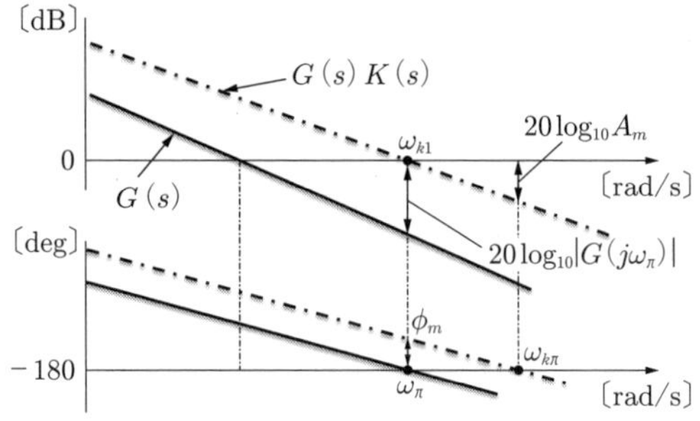

図 3.11　$G(s)$ と $G(s)K(s)$ のボード線図の一例

(1)　リミットサイクルによる制御帯域の限界の把握

(2)　位相余裕の ϕ_m への指定

(3)　ゲイン余裕の把握

(4)　ゲイン余裕が G_m 以上になるまで制御帯域を低下

手順 (2)〜(4) は，ゲイン余裕が G_m 以上になるまで繰り返す。以下，各手順を順に説明する。

(1)　リミットサイクルによる制御帯域の限界の把握　**図 3.12** に示すように，リレー要素によるオン・オフ操作によって制御対象 $G(s)$ の出力 y が正の場合は入力 u を負の一定値にし，y が負の場合は u を正の一定値にする。これにより，**図 3.13** のように，u と y の符号が逆のリミットサイクルが発生する。符号が逆なので，$G(s)$ のゲインが単調に減少する高域遮断特性のとき，u と y の基本波の位相差はほぼ $-180°$ となる。図 3.11 より，このときの角周波数は ω_π である。PID 制御器 $K(s)$ の要素のうち，位相を進めるのは微分を含む $(1+k_d s)$ だけであり，**図 3.14** に示すように最大で 90° 進めることができる。制御帯域 ω_{k1} では，$G(s)K(s)$ のゲインがほぼ 1 (0 dB) になる。このときの位相と $-180°$ との差が位相余裕である。仮定より，$G(s)$ の位相は単調に減少する。ゆえに，最大で 90° 進ませる PID 制御器によって位相

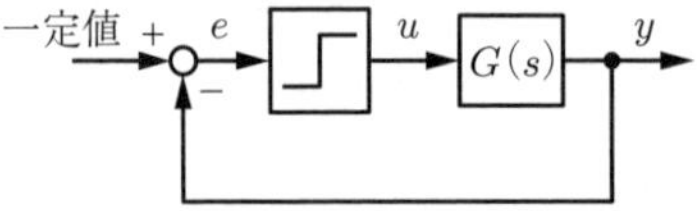

図 3.12　リミットサイクルを発生するシステム

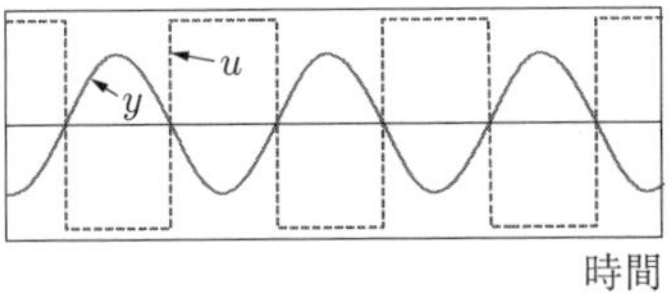

図 **3.13**　リミットサイクルの波形

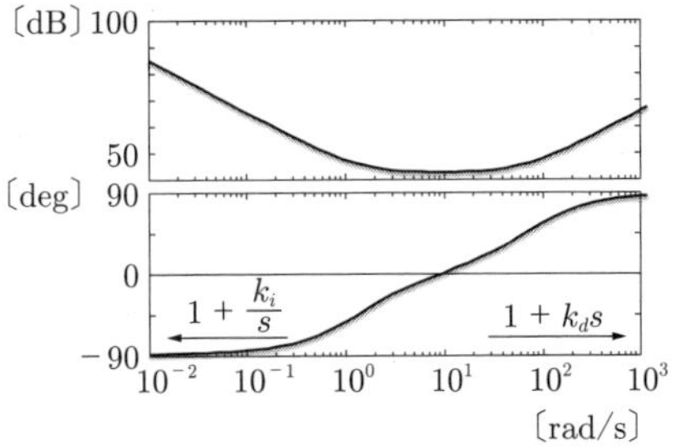

図 **3.14**　PID 制御器 $K(s)$ のボード線図の一例

余裕を十分確保できる限界の周波数は，$G(s)$ が $-180°$ となる ω_π 付近である。したがって制御帯域 ω_{k1} を

$$\omega_{k1} = \omega_\pi \tag{3.25}$$

に設定する。

(2)　位相余裕の $\boldsymbol{\phi_m}$ への指定　　位相余裕を ϕ_m に指定する $K(s)$ を設計する。

まず k_i を設計する。$K(s)$ の $\left(1+\dfrac{k_i}{s}\right)$ は，図 3.14 に示すように低域のゲインを上げて定常偏差を小さくする役割をもつが，低域の位相を $-90°$ まで遅らせてしまう。その折れ点角周波数は k_i〔rad/s〕である。制御帯域 ω_{k1} において，位相を遅らせないために k_i を十分小さく，例えばつぎのように 0.1 倍以下に設定する。

$$k_i = 0.09\omega_{k1} \tag{3.26}$$

つぎに k_d を設計する。$K(s)$ の $(1+k_d s)$ は，制御帯域付近の位相を進めて，位相余裕を拡大させる役割をもつ。位相余裕が ϕ_m〔°〕のとき，図 3.11 の位相余裕の定義より次式が成り立つ。

$$\phi_m = -\left(-180 - \frac{360}{2\pi}\angle G(j\omega_{k1})\,K(j\omega_{k1})\right) \tag{3.27}$$

これを k_d について解くと次式を得る。この式で k_d を設定する。

$$k_d = \frac{1}{\omega_{k1}}\tan\left((\phi_m - 180)\frac{2\pi}{360} - \angle G(j\omega_{k1})\left(1+\frac{k_i}{j\omega_{k1}}\right)\right) \tag{3.28}$$

つぎに k_p を設計する。制御帯域 ω_{k1} において $G(s)K(s)$ のゲインは1である。よって次式を得る。

$$1 = \left| G(j\omega_{k1}) k_p \left(1 + \frac{k_i}{j\omega_{k1}}\right)(1 + k_d j\omega_{k1}) \right| \tag{3.29}$$

これを k_p について解くと次式を得る。この式で k_p を設定する。

$$k_p = \frac{1}{\left| G(j\omega_{k1}) \left(1 + \frac{k_i}{j\omega_{k1}}\right)(1 + k_d j\omega_{k1}) \right|} \tag{3.30}$$

（3） ゲイン余裕の把握　設計した $G(s)K(s)$ のゲイン余裕を把握する。図 3.12 の $G(s)$ を $G(s)K(s)$ に置き換えてリミットサイクルを発生させ，位相が $-180°$ となる角周波数 $\omega_{k\pi}$ とゲイン $|G(j\omega_{k\pi})K(j\omega_{k\pi})|$ を測定する。図 3.11 に示すゲイン余裕の定義から，ゲイン余裕は

$$-20\log_{10}|G(j\omega_{k\pi})K(j\omega_{k\pi})| \text{〔dB〕} \tag{3.31}$$

である。したがって，リミットサイクルによってゲイン余裕を直接，実測できる。実測したゲイン余裕が G_m 以上であれば設計完了である。

（4） ゲイン余裕が G_m 以上になるまで制御帯域を低下　ゲイン余裕が G_m よりも小さいときは，制御帯域 ω_{k1} を下げる。制御帯域 ω_{k1} が下がると，仮定より $G(s)$ の位相が単調減少なので，$\angle G(j\omega_{k1})$ が進む。その分，$K(s)$ の $(1 + k_d s)$ によって進めなければならない位相を小さくできる。図 3.14 より，$(1 + k_d s)$ が進める位相が小さいほど，$(1 + k_d s)$ のゲインが増加する勾配も小さくなる。その分，$G(s)K(s)$ の ω_{k1} 付近のゲインが減少する勾配が大きくなるため，図 3.11 よりゲイン余裕を広げることができる。

ω_{k1} を下げるために，**図 3.15** に示すように $G(s)$ にむだ時間 e^{-Ls} を加えてリミットサイクルを発生させ，位相が $-180°$ となる角周波数 ω_{k1} とそのときのゲイン $|G(j\omega_{k1})e^{-jL\omega_{k1}}|$ を測定する。$e^{-jL\omega_{k1}}$ の位相遅れの分だけ，$G(j\omega_{k1})$ の位相は $-180°$ より

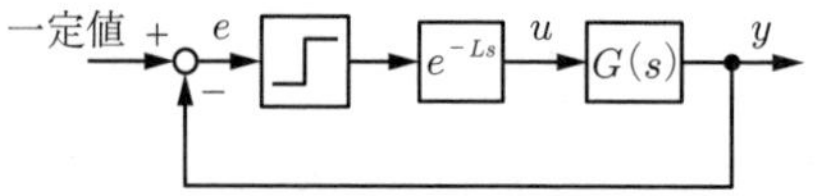

図 3.15　e^{-Ls} を追加してリミットサイクルを発生するシステム

も進む。仮定より，$\angle G(j\omega_{k1})$ は単調減少なので ω_{k1} は小さくなる。L は既知なので $e^{-jL\omega_{k1}}$ を計算して除算すれば $G(j\omega_{k1})$ を求めることができる。式 (3.26), (3.28), (3.30) より，PID ゲインを再設計する。

ゲイン余裕が G_m 以上になっていなければ，L をさらに大きくし，ゲイン余裕が G_m 以上になるまで，以上の手順を繰り返す。

3.5 フィルタによるノイズ対策

3.5.1 フィルタとは

マスクは空気を吸うときにホコリや花粉を取り除いて，空気をきれいにする。自動車やエアコンに使われるエアフィルタも同じで，ホコリなど不要なものを取り除いて空気をきれいにする。エアフィルタなどのフィルタは，必要なものだけを通し，不要なものを取り除く働きをする。

色ガラスは光学フィルタであり，つぎのように必要な色だけを通し，不要な色を通さない (図 **3.16**(a), (b))。

- 赤いガラスは，低周波の赤 (405〜480 THz(テラヘルツ)) だけを通す LPF (low pass filter; ローパスフィルタ) である。
- 緑のガラスは，中間の周波数の緑 (530〜600 THz) だけを通す BPF (band pass filter; バンドパスフィルタ) である。
- 青いガラスは，高周波の青 (620〜665 THz) だけを通す HPF (high pass filter; ハイパスフィルタ) である。
- 紫のガラスは，赤と青を通し，中間の緑を通さない BEF (band elimination filter; バンドエリミネーションフィルタ) である。

つまり，光学フィルタは，必要な周波数の色だけを通し，不要な周波数の色を通さない働きをする。電気回路のフィルタは，必要な周波数の電気信号だけを通し，不要な周波数の電気（ノイズ，雑音）を通さない働きをする。つまり光と電気の違いだけである。LPF などのほかにつぎのフィルタがある (図 3.16(c), (d))。

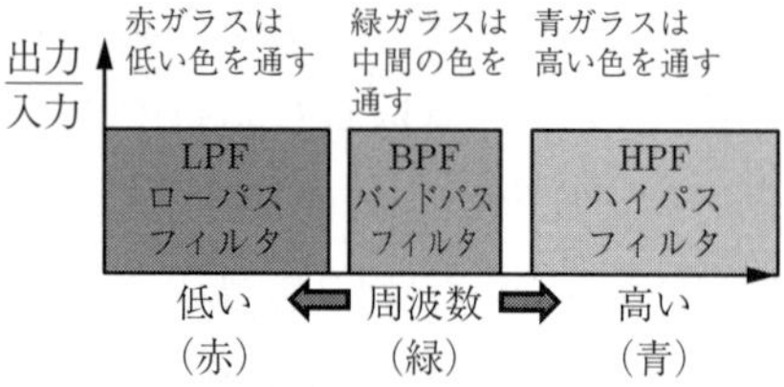

(a)　LPF, BPF, HPF

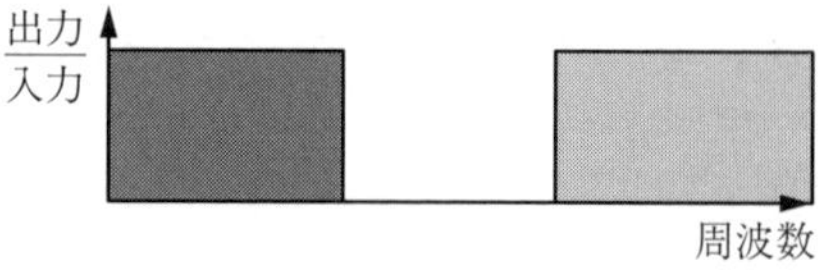

(b)　BEF（バンドエリミネーションフィルタ）

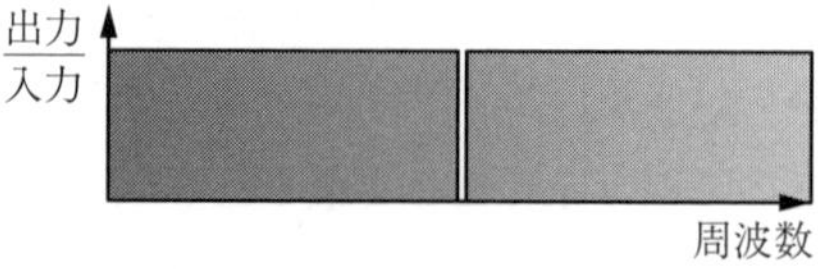

(c)　ノッチフィルタ

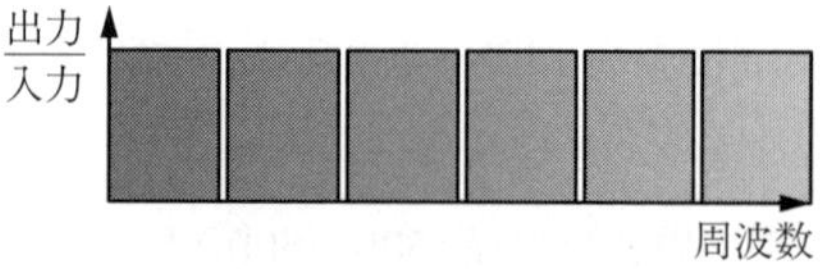

(d)　くし型フィルタ

図 3.16　フィルタの周波数特性

・ノッチフィルタ ･･･ BEF の一種で，除去する周波数の範囲が非常に狭く，ある周波数だけを鋭く除去する

・くし型フィルタ ･･･ ある周波数 ω とその整数倍の周波数 (調波（ちょうは）成分) を鋭く除去する

電気回路のフィルタは，音などをセンサで電気信号に変換して，必要な周波数の電気信号だけを通し，不要な周波数 (ノイズ) を除去する。例えば，携帯電話で通話するとき，人の声以外の音はノイズである。人の声の周波数は，100～900 Hz なので，BPF によって声以外の周波数の音を除去し，声だけを聴きやすくして

いる。また，スピーカのボリュームを大きくするとブーンという低い音が鳴ることがある。これを**ハム音**といい，電源コンセントの 50 Hz または 60 Hz の音である。ノッチフィルタにより，その周波数の音だけを除去すればハム音をなくすことができる。**図 3.17** にフィルタによるノイズ除去の例を示す。まずノイズを含む入力信号 v_1 を LPF に通すと，高周波ノイズを除去して v_2 を出力する。つぎに v_2 をノッチフィルタに通すと，ハム音ノイズを除去して v_3 を出力する。つぎに v_3 を HPF に通すと，ほぼ一定値の低周波ノイズを除去して v_4 を出力する。v_4 はきれいな正弦波になっている。

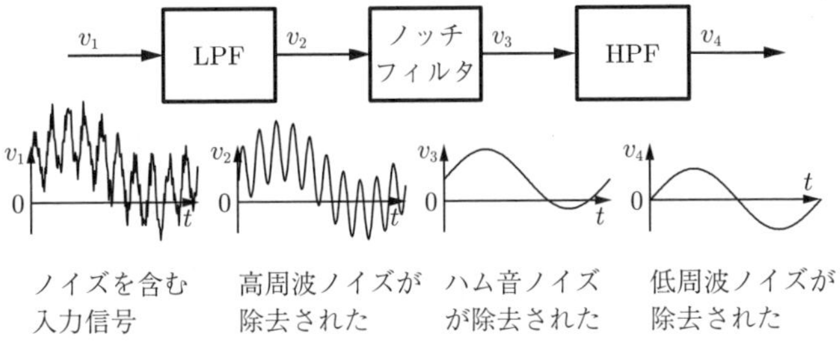

図 **3.17**　フィルタによるノイズ除去の例

3.5.2　LPF

一次遅れ系 $\dfrac{K}{Ts+1}$ と二次遅れ系 $\dfrac{K\omega_n^2}{s^2+2\zeta\omega_n s+\omega_n^2}$ など，分子が定数で分母が s の多項式の伝達関数は，**図 3.18** に示すように，高周波でゲインが低下する LPF である。図 3.18 に示すフィルタの用語を説明する。

・カットオフ周波数 f_c ⋯ 入力がほぼそのまま出力される通過帯域と，入力が減衰・除去される除去帯域 (遮断帯域，減衰帯域) との境目の周波数である。ノイズの周波数が除去帯域に存在するように f_c を選ぶ。

・次数 ⋯ 分母多項式の s の最高次数が高いほど除去帯域のゲイン (入出力の振幅比, 減衰比, ロールオフ) が急勾配になる。n 次の LPF のゲインは周波数が 10 倍高くなると，$\dfrac{1}{10^n}$ 倍に減衰する。

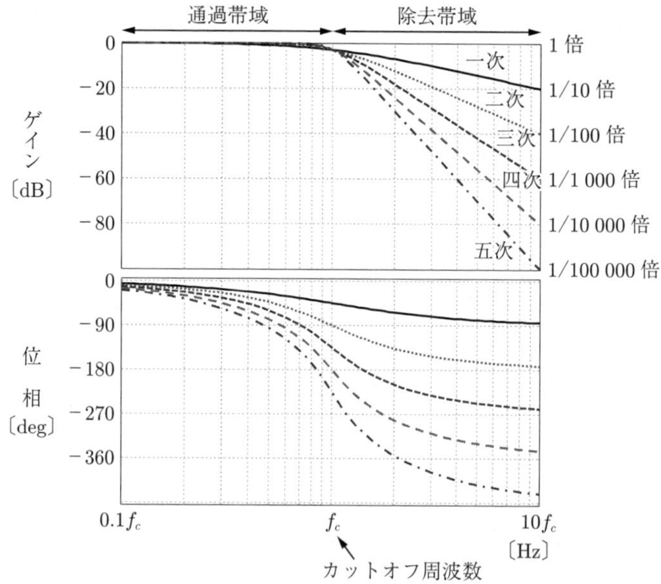

図 **3.18**　LPF の周波数特性と次数

例題 3.3　カットオフ角周波数 ω_c におけるゲインが $\dfrac{1}{\sqrt{2}}$ $(\simeq -3\,\text{dB})$ になることを一次 LPF が $F(s) = \dfrac{1}{\omega_c^{-1}s+1}$ の場合に示そう。

【解答】　$s = j\omega$ を代入する[†]。

$$F(j\omega) = \frac{1}{\omega_c^{-1}(j\omega)+1}$$

$\omega = \omega_c$ を代入する。

$$F(j\omega_c) = \frac{1}{\omega_c^{-1}(j\omega_c)+1} = \frac{1}{j+1} = \frac{1}{j+1}\left(\frac{-j+1}{-j+1}\right) = \frac{-j+1}{1^2+1^2}$$

$$\therefore\quad F(j\omega_c) = \frac{1}{2} - \frac{1}{2}j$$

$$|F(j\omega_c)| = \sqrt{\left(\frac{1}{2}\right)^2 + \left(\frac{1}{2}\right)^2} = \sqrt{\frac{2}{4}} = \frac{1}{\sqrt{2}}$$

† 前書『高校数学でマスターする制御工学』の 2.3.8 項 (3) を参照。

デシベルにすると $20\log_{10}\dfrac{1}{\sqrt{2}} = -3.01\,\mathrm{dB}$ である。 ◇

LPF の s の係数の選び方には，おもにつぎの三つがある。

・バターワースフィルタ

・ベッセルフィルタ

・チェビシェフフィルタ

（1） バターワースフィルタ　　バターワースフィルタは，図 **3.19** に示すように通過帯域のゲインが最も平坦になるように設計したフィルタである。信号の振幅を変えたくないときに用いる。二次 LPF のバターワースフィルタは $\zeta = 1/\sqrt{2}$ である。この ζ はゲインが単調減少となる限界の値であり，$\zeta < 1/\sqrt{2}$ にするとゲインがリップル(さざ波のようなでこぼこ) をもつ。

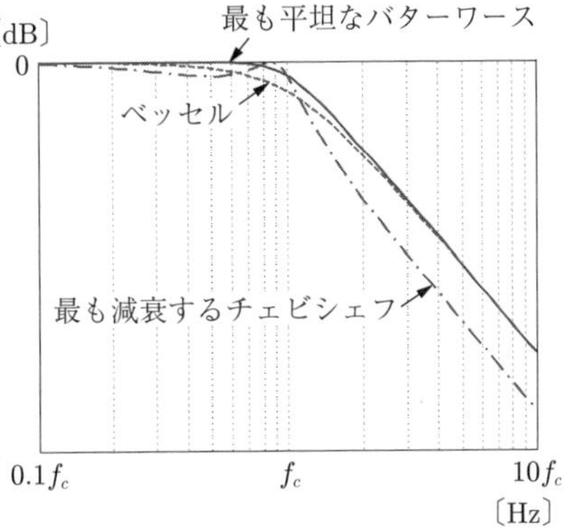

図 **3.19** 各種フィルタのゲイン特性

（2） ベッセルフィルタ　　ベッセルフィルタは，図 **3.20**(a) に示すように通過帯域の位相の傾きが最も平坦になるように設計したフィルタである。図 (b) に示すようにベッセルフィルタは，パルスの波形の崩れが最も小さい。信

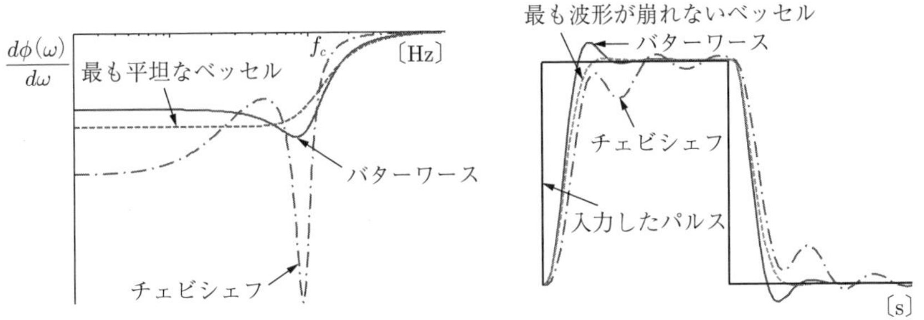

(a) 位相の傾き(グループ遅延)　　(b) パルスを入力したときの応答波形

図 **3.20** 各種フィルタのパルス応答と位相の傾き

号の波形を変えたくないとき (例えばパルス伝送) に用いる。角周波数 ω の出力信号が入力信号よりも時間 T_d だけ遅れているとき，入出力間の位相差 $\phi(\omega)$ は $\phi(\omega) = -\omega T_d$ である。よって，$T_d = -\dfrac{\phi(\omega)}{\omega}$ が一定値であれば，どの周波数成分でも同じ時間 T_d だけ遅れるので，波形のタイミングが T_d ずれるだけで波形自体は崩れない。$T_d = -\dfrac{\phi(\omega)}{\omega}$ が一定値のとき，$\phi(\omega)$ と ω とが比例するので，$\dfrac{d\phi(\omega)}{d\omega}$ も一定値になる。設計条件は，通過帯域の $\dfrac{d\phi(\omega)}{d\omega}$ が最も平坦になることである。位相の傾き $\dfrac{d\phi(\omega)}{d\omega}$ を**グループ遅延**という。

(3)　チェビシェフフィルタ　　チェビシェフフィルタは，図 3.19 に示すように通過帯域のゲインにリップルをもたせる代わりに，除去帯域のゲインが最も小さくなるように設計したフィルタである。ノイズをより強く減衰したいときに用いる。設計条件は，通過帯域のリップルの大きさを与えたときに最も除去帯域のゲインが小さくなることである。

三次 LPF のゲイン線図を**図 3.21** に示す。三次 LPF は，二次 LPF と一次 LPF それぞれの積であるが，ボード線図ではそれぞれの和になる†。二次 LPF は，その減衰比 ζ を小さくしてゲインにピークをもたせる。一次 LPF は，f_c よりも小さいカットオフ周波数をもたせる。それぞれのボード線図の和は，図 3.21

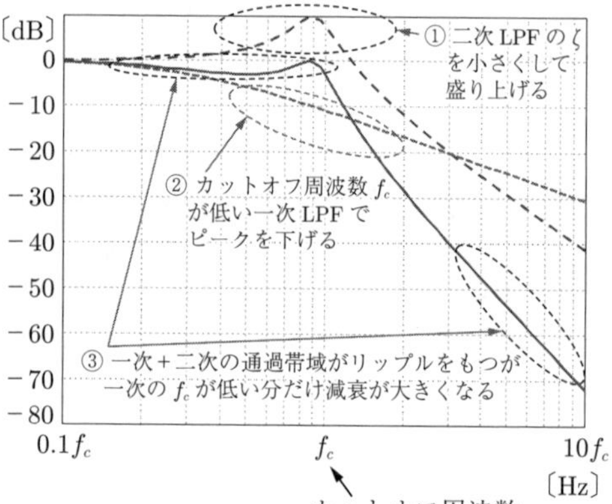

図 3.21　三次チェビシェフフィルタのゲイン線図

† 前書『高校数学でマスターする制御工学』の 2.3.8 項 (4) を参照。

の実線となり，通過帯域においてリップルが発生するが，一次 LPF は f_c よりも低い周波数から減衰し始めるので，除去帯域のゲインをより強く下げられる。

3.5.3 HPF

図 3.22 に LPF から HPF への変換手順を示す。カットオフ角周波数を ω_c とし，図 3.22(a) の LPF の横軸を $x = \dfrac{\omega}{\omega_c}$ に置き換えると，図 (b) のように横軸の ω_c が 1 になる。ボード線図の横軸は対数なので図 (c) に示すように $x = 1$ のときに $\log_{10} x = 0$ となり，これより右側はプラス，左側はマイナスである。HPF は LPF とは周波数に関して反対の特性なので，ボード線図は図 (a) の ω_c を中心に左右が逆の図 (d) になる。つまり，LPF と HPF とは図 (c) の 0 を中心に左右が逆なので，横軸の符号が逆の

$$\log_{10} x \rightarrow -\log_{10} x$$

の関係にある。$\log_{10} x^a = a \log_{10} x$ の公式より

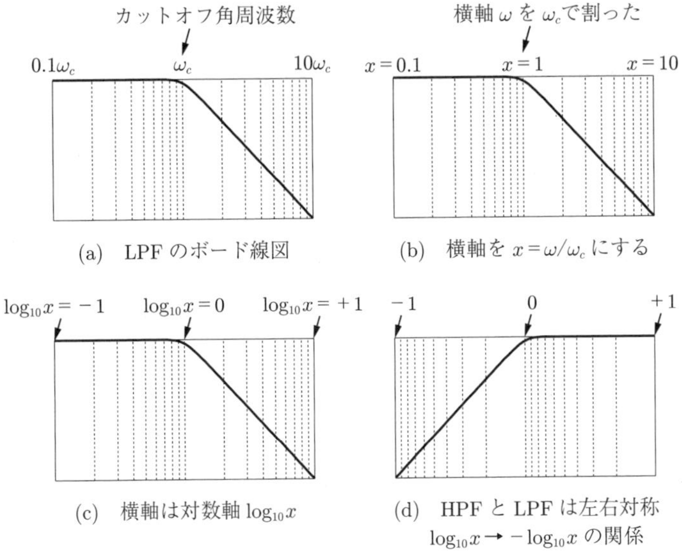

図 **3.22** LPF から HPF への変換手順

$$-\log_{10} x = -1 \cdot \log_{10} x = \log_{10} x^{-1}$$

となり，LPF の x が，HPF では x^{-1} になる。よって $x = \dfrac{\omega}{\omega_c}$ と $s = j\omega$ の関係から，LPF を HPF に変換するには

$$\left(\frac{s}{\omega_c}\right) \to \left(\frac{s}{\omega_c}\right)^{-1} \tag{3.32}$$

に置き換えればよい。

例題 3.4　二次 LPF $\dfrac{\omega_c^2}{s^2 + 2\zeta\omega_c s + \omega_c^2}$ を HPF に変換しよう。

【解答】　分子・分母を ω_c^2 で割る。

$$\frac{\omega_c^2/\omega_c^2}{s^2/\omega_c^2 + 2\zeta\omega_c s/\omega_c^2 + \omega_c^2/\omega_c^2} = \frac{1}{(s/\omega_c)^2 + 2\zeta\,(s/\omega_c) + 1}$$

(s/ω_c) を $(s/\omega_c)^{-1}$ に置き換える。

$$\frac{1}{(s/\omega_c)^{-2} + 2\zeta\,(s/\omega_c)^{-1} + 1}$$

$$= \frac{s^2}{\omega_c^2 + 2\zeta\omega_c s + s^2} \leftarrow \text{分子分母} \times s^2$$

これが二次 HPF である。分子が ω_c^2 から s^2 に置き換わっている。　◇

3.5.4 MATLAB でフィルタを設計しよう

次数 N でカットオフ角周波数 wc，w1，w2〔rad/s〕の図 **3.23** に示すバターワースフィルタを設計するプログラム例を示す（必要な Toolbox は p.ii）。

プログラム 3-3（アナログフィルタの設計）

```
N=3;  %;// 次数
wc=1; %;//[rad/s]，カットオフ周波数は fc=wc/(2*pi)[Hz]
[b,a]=butter(N,wc,'s');                    %;// LPF を設計
[b,a]=butter(N,wc,'high','s');             %;// HPF を設計
w1=wc/10; w2=10*wc;             %;// BPF と BEF のカットオフ周波数 w1，w2
[b,a]=butter(N,[w1,w2],'s');               %;// BPF を設計
[b,a]=butter(N,[w1,w2],'stop','s'); %;// BEF を設計
bode(tf(b,a));                             %;// ボード線図を描く
```

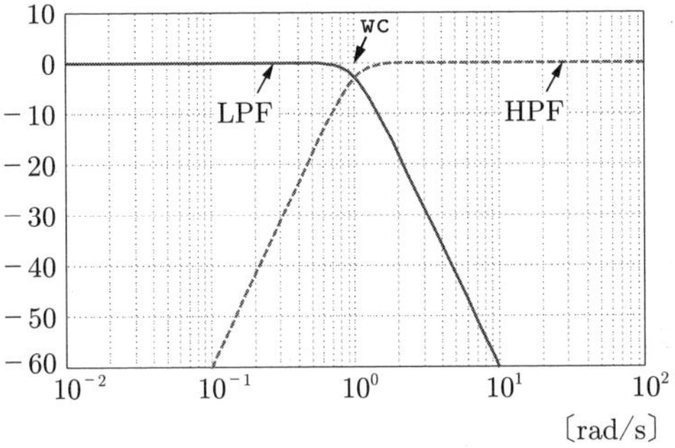

(a)　LPF と HPF

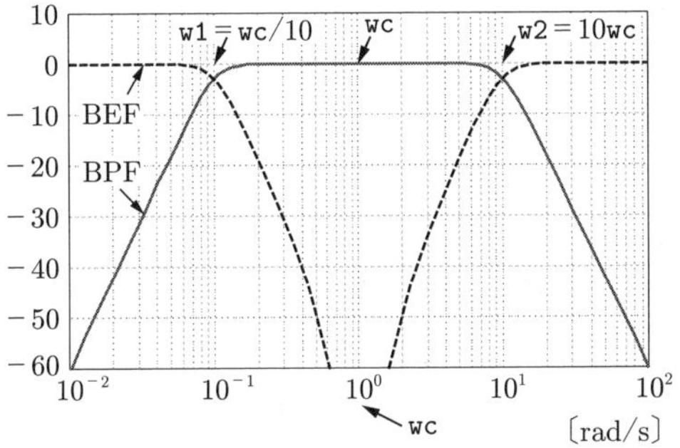

(b)　BPF と BEF

図 3.23　各種バターワースフィルタとカットオフ角周波数 wc，w1，w2 の関係

b,a はベクトルで，その要素数が 3 のときフィルタの伝達関数 $G(s)$ は

$$G(s) = \frac{\mathtt{b(1)}s^2 + \mathtt{b(2)}s + \mathtt{b(3)}}{\mathtt{a(1)}s^2 + \mathtt{a(2)}s + \mathtt{a(3)}}$$

である。b は分子，a は分母の s の多項式の係数を高次から並べたベクトルである。図 3.23 に各種バターワースフィルタとカットオフ角周波数 wc，w1，w2 の関係を示す。LPF と HPF のカットオフ角周波数 wc は，図 (a) に示すように通過帯域と除去帯域の境目でゲインは約 -3 dB である (例題 3.3)。BPF と BEF の wc は図 (b) に示すように，二つのカットオフ角周波数 w1 と w2 の真ん中の角周波数である。ただし対数軸で真ん中なので，$\mathtt{w1} = \mathtt{wc}/2$，$\mathtt{w2} = \mathtt{wc} \times 2$ のように，ある定数を w1 は割り，w2 は掛ける。

コマンドの [b,a]= を，[z,p,k]= に書き換えると，z の要素数が 2，p が 3 のとき $G(s)$ は

$$G(s) = \mathtt{k}\frac{(s-\mathtt{z(1)})(s-\mathtt{z(2)})}{(s-\mathtt{p(1)})(s-\mathtt{p(2)})(s-\mathtt{p(3)})}$$

で表される。p は極，z は零点を要素とするベクトルで，k は定数である。また，[b,a]= を，[A,B,C,D]= に書き換えると状態空間表現が得られ，$G(s)$ は p.5 の式 (1.12) より

$$G(s) = \mathtt{C}(s\boldsymbol{I} - \mathtt{A})^{-1}\mathtt{B} + \mathtt{D}$$

で求まる。$\boldsymbol{I}$ は A と同じサイズの単位行列である。

ベッセルフィルタは butter() の代わりに，besself() に書き換え，引き数の 's' を略す。

チェビシェフフィルタは，通過帯域にリップル R_p〔dB〕を許す代わりに，通過帯域から除去帯域へのゲイン勾配が最も急峻になるように設計するフィルタである。通過帯域のゲインは $-R_p$～0 dB の間で脈動する。butter() の代わりに，cheby1() に書き換え，引き数 N と wc の間に R_p を入れる。例えば [b,a]=cheby1(N,Rp,wc,'s'); と書く。$R_p = 0.5$ dB 程度が目安である。

第 2 種チェビシェフフィルタは，除去帯域のゲインの低下が $-R_s$〔dB〕まで で下げ止まる代わりに，通過帯域から除去帯域へのゲイン勾配が最も急峻になるように設計するフィルタである。バターワースフィルタとチェビシェフフィルタの除去帯域のゲインは低下し続けることが異なる。butter() の代わりに，cheby2() に書き換え，引き数 N と wc の間に R_s を入れる。例えば [b,a]=cheby2(N,Rs,wc,'s'); と書く。$R_s = 20$ dB 程度が目安である。

楕円フィルタは，チェビシェフフィルタと第 2 種チェビシェフフィルタの両方の特性をもつ。butter() の代わりに，ellip() に書き換え，引き数 N と wc の間に R_p，R_s を入れる。例えば [b,a]=ellip(N,Rp,Rs,wc,'s'); と書く。

フィルタを離散化したディジタルフィルタを設計するときは，引き数の「,'s'」の部分を削除し，カットオフ角周波数 wc の代わりに，wc を p.65 のナイキス

ト角周波数 $\omega_n = \frac{1}{2}\left(\frac{2\pi}{T}\right) = \frac{\pi}{T}$ 〔rad/s〕で割った値 $\alpha = \mathtt{wc}/(\pi/T)$ を引き数としてセットする。α を**正規化周波数**といい，ω_n よりも高い周波数を扱えないため 0〜1 の範囲でなければならない (p.65)。変形するとサンプル周期は $T = \alpha\frac{\pi}{\mathtt{wc}}$ 〔s〕である。離散化する前の元のフィルタを**アナログフィルタ**という。ディジタルフィルタのコマンド例を示す。

プログラム 3-4 (ディジタルフィルタの設計)

```
1  T = 0.01;                                     %;// サンプル時間 T[s]
2  N=3;                                          %;// 次数
3  wc=1;          %;//[rad/s], カットオフ周波数は fc=wc/(2*pi)[Hz]
4  [b,a]=butter(N,wc/(pi/T));                    %;// LPF を設計
5  [b,a]=butter(N,wc/(pi/T),'high');             %;// HPF を設計
6  w1=wc/10;      %;//[rad/s], BPF と BEF の低い方のカットオフ角周波数 w1
7  w2=10*wc;      %;//[rad/s], BPF と BEF の高い方のカットオフ角周波数 w2
8  [b,a]=butter(N,[w1,w2]/(pi/T));               %;// BPF を設計
9  [b,a]=butter(N,[w1,w2]/(pi/T),'stop');        %;// BEF を設計
10 bode(tf(b,a,T));                              %;// ボード線図を描く
```

4 行目の pi は π である。MATLAB にはディジタルベッセルフィルタはないが，Mat@Scilab では引き数の 's' の代わりに 'z' と書けばディジタルフィルタが得られる。しかし，ディジタル化すると位相が少し変わるため，ベッセルフィルタの位相の傾きが最大平坦から少しずれる。

3.5.5 メディアンフィルタ

メディアンフィルタ（中央値フィルタ）は，画像処理においてノイズを除去するフィルタの一つだが，計測制御系のインパルス性ノイズに対して良好に働く。インパルス性ノイズは一瞬非常に大きな値になるインパルス波形のノイズで，**スパイクノイズ**，**サージ**とも呼ばれ，雷が落ちたときや，スイッチを開閉したときに起こる。

ディジタル画像はピクセル（画素）というある明るさと色をもつ小さな点が縦横にぎっしり並んでできている。劣化したディジタル画像には，周りのピクセルに比べて極端に明るさが違うノイズのピクセルをいくつか生じることがある。

3	5	8
3	300	7
0	3	5

(a) ピクセルの明るさ

⇨

3	5	8
3	5	7
0	3	5

(b) メディアンフィルタ通過後

図 **3.24**　ごま塩ノイズとメディアンフィルタ

このノイズは，ごはんにごま塩を振ったときの黒ごまに似ていることから，**ごま塩ノイズ**という。ノイズのピクセルとその周りの明るさを数値にしたものを図 **3.24**(a) に示す。周りは 0〜8 の範囲なのに，中心のピクセルは 300 という極端な明るさである。メディアンフィルタはつぎの処理を行う。まず，中心とその周りの明るさを並べ

$$3,\ 5,\ 8,\ 3,\ 300,\ 7,\ 0,\ 3,\ 5$$

つぎに昇順または降順にソートする。

$$0,\ 3,\ 3,\ 3,\ \underbrace{\mathbf{5}}_{\text{中央}},\ 5,\ 7,\ 8,\ 300$$

そして，中央の値の 5 を明るさとして選択すると，図 (b) のようにノイズが消える。ほかのピクセルもすべて同じ処理をする。

計測制御では，サンプルしたデータが $x(t)$，$x(t-T)$，$x(t-2T), \cdots$ のとき，$x(t)$ から $x(t-2T)$ までの三つのデータ

$$x(t),\ x(t-T),\ x(t-2T)$$

をソートし，中央の値をフィルタの出力として選択する。この処理をサンプルごとに行い続ける。三つから五つ，七つなどに増やすとフィルタの効果が強くなるが，ローパスフィルタのように波形が少し鈍(なま)ってしまう。メディアンフィルタの MATLAB コマンドは時系列データを x とし，ソートするデータ数を 3，フィルタの出力を y とするとつぎのとおりである。

```
y = medfilt1(x,3);
```

3.6 システム同定

制御対象の入力と出力を計測して，それらを基に制御対象の伝達関数モデルや状態空間モデルを構築することを**システム同定**という。ここではシステム同定を理解しよう。

3.6.1 ステップ応答による同定

図 3.25 に示すように，制御入力 $u(t)$ をある値 u_0 からほかの値 u_1 に変更したときの出力 $y(t)$ を**ステップ応答**という。$u_0 = 0$, $u_1 = 1$ のとき，$u(t)$ はステップ関数であり，このときの応答をステップ応答と呼ぶこともある。ステップ応答を見れば，むだ時間をもつ一次遅れ系または二次遅れ系

$$G(s) = \frac{K}{Ts+1}e^{-Ls} \quad \text{または} \quad G(s) = \frac{K\omega_n^2}{s^2+2\zeta\omega_n s+\omega_n^2}e^{-Ls}$$

のおおよその伝達関数がわかる。$u(t)$ をどのように選んでも $y(t)$ がその可動範囲の限界の端に達してしまうとき，$y(t)$ は発散する途中に限界の端に達した

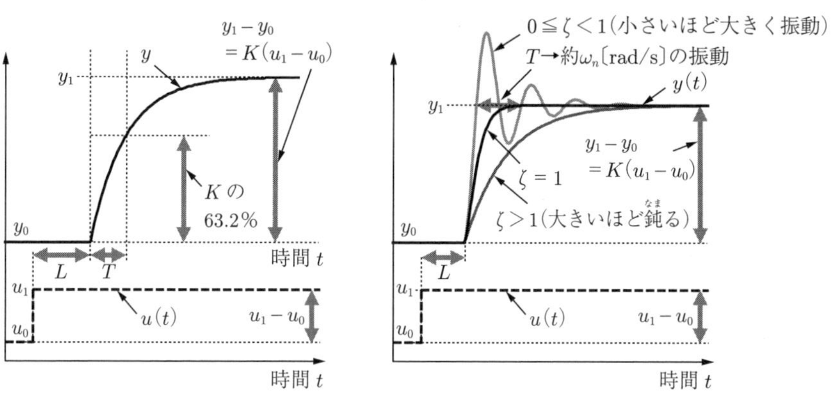

(a) $G(s) = \dfrac{K}{Ts+1}e^{-Ls}$　　(b) $G(s) = \dfrac{K\omega_n^2}{s^2+2\zeta\omega_n s+\omega_n^2}e^{-Ls}$

図 3.25　ステップ応答による同定方法

のであり，$G(s)$ は安定ではない。図 (a) に示す $G(s)=\dfrac{K}{Ts+1}e^{-Ls}$ の同定手順を説明する。

・むだ時間 L〔s〕$\cdots u(t)$ が変化する時間と $y(t)$ が変化し始める時間との時間差が L である。

・定常ゲイン $K\cdots y(t)$ の初期値を y_0，最終値を y_1 とすると $K=\dfrac{y_1-y_0}{u_1-u_0}$ である。

・時定数 T〔s〕$\cdots y(t)$ が変化し始めてから，$y(t)$ の最終値の 63.2%の大きさに達するまでの時間である。

図 (b) に示す $G(s)=\dfrac{K\omega_n^2}{s^2+2\zeta\omega_n s+\omega_n^2}e^{-Ls}$ の同定手順を説明する。

・むだ時間 L と定常ゲイン K は，図 (a) と同じである。

・減衰比 $\zeta\cdots y(t)$ が振動すれば $0\leqq\zeta<1$，しなければ $1\leqq\zeta$ である。

・固有角周波数 ω_n〔rad/s〕$\cdots y(t)$ の振動の周期 T を読み取り，それを角周波数にした $2\pi\dfrac{1}{T}$〔rad/s〕が ω_n のおおよその値である†。

ζ と ω_n はあまり正確にはわからないため，つぎの MATLAB コマンドでステップ応答が似た波形になるように ζ と ω_n を調整するとよい。

プログラム 3-5 (二次遅れ系のステップ応答)

```
1  s=tf('s');   %;// s を定義
2  u0=0; u1=1;  %;// u0, u1 を設定
3  K = 1;       %;// K を設定
4  zeta = 0.2;  %;// ζ を設定
5  wn = 10;     %;// ωn を設定
6  T1 = 4;      %;// 横軸の範囲は変化し始めてから T1[s] まで
7  %;// ステップ応答を描画
8  step((K*wn^2)/(s^2+2*zeta*wn*s+wn^2)*(u1-u0),T1);
```

8 行目の `wn^2`，`s^2` は ω_n^2，s^2 である。

$u(t)$ の大きさによっては，$u(t)$ や $y(t)$ の可動範囲を超えてしまったり，$y(t)$ がノイズに埋もれてしまうことがある。また，$u(t)$ の大きさに依存して K が変わる特性をもつ場合，制御中におもに使用される $u(t)$ の値を同定入力として

† 前書『高校数学でマスターする制御工学』の 3.2.5 項 (4) を参照。

選ぶべきである。

3.6.2 周波数応答法

制御対象に正弦波を入力して十分時間が経つと出力の振幅が一定になる。このときのゲイン (入出力の振幅比) と，入出力の位相差 (位相) とを**周波数応答**という。さまざまな周波数の周波数応答を取得してゲインと位相を求めることを**周波数応答法**という。ゲインと位相差をボード線図で表すことが多い。周波数応答法には，おもにつぎの二つの方法がある。

(1) ある周波数の正弦波を入力してゲインと位相差を求めることを，さまざまな周波数で行う方法[†1]

(2) さまざまな周波数を含む信号を入力したときの応答をフーリエ変換して，さまざまな周波数のゲインと位相差とを一気に求める方法

(2) を説明する。$y(t)$ のラプラス変換 $Y(s)$ に $s = j\omega$ を代入した $Y(j\omega)$ を $y(t)$ の**フーリエ変換**といい，さまざまな周波数を含む信号から，それぞれの周波数の正弦波の振幅と位相を求めることができる[†2]。これを利用して，入力と出力のさまざまな周波数における振幅と位相を求め，それらからゲインと位相差を求めるのである。

Mat@Scilab に付属の uy2kp.m を用いた例を示す。

プログラム **3-6** ($u(t)$, $y(t)$ からゲイン K と位相差 ϕ を求める)

```
s=tf('s');                      %;// s を定義
T = 0.01;                       %;// u(t),y(t) のサンプル時間 T[s]
t = 0:T:5-T;                    %;// t=0, T, 2T,…,  5[s] の配列
%;// u を作成 (sin の和), 1/20 が小さいほど低周波
u = idinput(length(t),'sine',[0 1/20]);
G = 9/(s^2+2*s+16),             %;// 制御対象 G(s) を定義
y=lsim(G,[u;u],[0:T:10-T]);  %;// u の 2 周期分で y を計算
%;// 2 周期分のうち, 後半の 1 周期分を y にする。
y = y(1+length(t):length(y));
%;//y=y+0.1*max(y)*rand(max(size(y)),1);%;// y にノイズを加える
figure(1); plot(t,[u y]);    %;// u と y の波形を描画
```

†1　前書『高校数学でマスターする制御工学』の 2.3.8 項と 6.2.3 項を参照。
†2　前書『高校数学でマスターする制御工学』の 2.3.8 項 (3) を参照。

```
12 legend('u(t)','y(t)');xlabel('t[s]');grid; %;// 凡例と x 軸ラベル
13 [K,phi,w] = uy2kp(u,y,T);%;// u,y からゲイン K, 位相差 phi をフーリエ変換で求める
14 [Kt,phit,wt] = bode(G);  %;// 真の K, phi を求める。
15 Kt = squeeze(Kt);        %;// 三次元配列を一次元配列にする
16 phit = squeeze(phit);    %;// 三次元配列を一次元配列にする
17 %;// ボード線図を描く
18 figure(2);               %;// ウィンドウを作成
19 subplot(211);            %;// ウィンドウの上半分の領域を指定
20 semilogx(wt,20*log10(Kt),'g-'); %;// 片対数グラフで真のゲインを dB で描画
21 a=axis; hold, %;// 横軸と縦軸の範囲を a に代入。重ね書きモードにする
22 semilogx(w,20*log10(K),'x'); %;// 片対数グラフでゲインを dB で重ね書き
23 hold, axis(a),%;// 重ね書きモード終了。横軸と縦軸の範囲を a にする
24 grid;          %;// グリッド線追加
25 ylabel('Gain [dB]');     %;// y 軸ラベルを書く
26 legend('G(s) のボード線図','u(t), y(t) から求めた値'); %;// 凡例
27 subplot(212); %;// 下の図を指定
28 semilogx(wt,phit,'g-'), hold,       %;// 片対数グラフで真の位相差を描画
29 semilogx(w,phi*180/pi,'x');hold,grid;%;// 片対数グラフで位相差を描画
30 xlabel(' 角周波数 [rad/s]'); ylabel('Phase [deg]'); %;// 軸ラベル
```

3 行目の `t = 0:T:5-T` では，始まりが `0` で，刻み幅が `T` で終わりが `5-T` の配列（行ベクトル）$[0\ \ T\ \ 2T \cdots 5-T]$ をつくり，サンプル時点の時間のデータ `t` に代入する。5 行目の `idinput()` では，`u` の長さの整数分の 1 の周期の正弦波の和を求める。7 行目の `lsim()` でシミュレーションして出力 `y` を作成する。引き数の `[u;u]` は入力の時系列データ（列ベクトル）`u` を二つ縦に並べた列ベクトルであり，`u` を 2 周期分セットする。`[0:T:10-T]` は 2 周期分の時間データ $[0\ \ T\ \ 2T \cdots 5-T \cdots 10-T]$ をつくる。ここでは出力 $y(t)$ を 7 行目の `lsim()` でシミュレーションして作成しているが，これを実験で求めた $y(t)$ に置き換えれば，実験で用いた制御対象のゲインと位相差を求めることができる。13 行目の `[K,phi,w] = uy2kp(u,y,T)` では，サンプル時間 `T` の入出力データ `u,y` を用いて，周波数 `w` におけるゲイン `K` と位相差 `phi` を求める。また，10 行目のコメントを外すと，出力に高周波ノイズが加わった場合のシミュレーションを行える。ノイズによって同定結果がそれほど劣化しないことを確かめてほしい。

3.6.3 最小二乗法

b_1, b_2 を変数とするつぎの連立方程式を考えよう。

$$\begin{cases} y_1 = b_1 u_{11} + b_2 u_{21} \\ y_2 = b_1 u_{12} + b_2 u_{22} \end{cases} \tag{3.33}$$

これを解くために，まず行列の形にする (p.118)。

$$\underbrace{\begin{bmatrix} y_1 \\ y_2 \end{bmatrix}}_{\boldsymbol{y}\text{とおく}} = \underbrace{\begin{bmatrix} u_{11} & u_{21} \\ u_{12} & u_{22} \end{bmatrix}}_{\boldsymbol{\Omega}\text{とおく}} \underbrace{\begin{bmatrix} b_1 \\ b_2 \end{bmatrix}}_{\boldsymbol{\theta}\text{とおく}} \tag{3.34}$$

$\boldsymbol{y}$, $\boldsymbol{\Omega}$, $\boldsymbol{\theta}$ のサイズはつぎのとおりである。

$$\underbrace{\boldsymbol{y}}_{2\times1} = \underbrace{\boldsymbol{\Omega}}_{2\times2} \underbrace{\boldsymbol{\theta}}_{2\times1} \tag{3.35}$$

$\boldsymbol{\Omega}$ は正方行列なので逆行列 $\boldsymbol{\Omega}^{-1}$ を計算できる (逆行列は p.124)。ゆえに両辺に $\boldsymbol{\Omega}^{-1}$ をかければ次式で解 $\boldsymbol{\theta} = \begin{bmatrix} b1 \\ b2 \end{bmatrix}$ が求まる†。

$$\boldsymbol{\theta} = \boldsymbol{\Omega}^{-1}\boldsymbol{y}$$

ではつぎに式が多数ある場合を考える。

$$\begin{cases} y_1 = b_1 u_{11} + b_2 u_{21} \\ y_2 = b_1 u_{12} + b_2 u_{22} \\ y_3 = b_1 u_{13} + b_2 u_{23} \\ \qquad \vdots \\ y_n = b_1 u_{1n} + b_2 u_{2n} \end{cases}$$

同じように行列の形にする。

† 同一の方程式を連立すると，連立方程式の解が複数存在してしまう。このようなときは $\boldsymbol{\Omega}$ の行列式が 0 になる (p.124)。

$$\underbrace{\begin{bmatrix} y_1 \\ y_2 \\ y_3 \\ \vdots \\ y_n \end{bmatrix}}_{\boldsymbol{y}\text{とおく}} = \underbrace{\begin{bmatrix} u_{11} & u_{21} \\ u_{12} & u_{22} \\ u_{13} & u_{23} \\ \vdots & \vdots \\ u_{1n} & u_{2n} \end{bmatrix}}_{\boldsymbol{\Omega}\text{とおく}} \underbrace{\begin{bmatrix} b_1 \\ b_2 \\ \vdots \\ b_m \end{bmatrix}}_{\boldsymbol{\theta}\text{とおく}} \tag{3.36}$$

$\boldsymbol{\Omega}$ のサイズが縦長の $n \times 2$ となってしまい，逆行列を計算できない。この場合は，両辺に左から $\boldsymbol{\Omega}$ の転置 $\boldsymbol{\Omega}^{\mathrm{T}}$ を掛ける (転置は p.126)。

$$\underbrace{\boldsymbol{\Omega}^{\mathrm{T}}\boldsymbol{y}}_{2\times1} = \underbrace{\boldsymbol{\Omega}^{\mathrm{T}}\boldsymbol{\Omega}}_{2\times2}\underbrace{\boldsymbol{\theta}}_{2\times1} \quad \leftarrow \text{行列の掛け算は p.121 の式 (4.16)} \tag{3.37}$$

この式の各ベクトルと行列のサイズが式 (3.35) と同じになる。したがって，両辺に $\left(\boldsymbol{\Omega}^{\mathrm{T}}\boldsymbol{\Omega}\right)^{-1}$ を掛けると次式で解が求まる。

$$\text{最小二乗法} \quad \boldsymbol{\theta} = \left(\boldsymbol{\Omega}^{\mathrm{T}}\boldsymbol{\Omega}\right)^{-1}\boldsymbol{\Omega}^{\mathrm{T}}\boldsymbol{y} \tag{3.38}$$

この求め方を**最小二乗法**という。$\boldsymbol{\Omega}^{\mathrm{T}}\boldsymbol{\Omega}$ が逆行列をもてば，$\boldsymbol{\theta}$ を計算できる。$\left(\boldsymbol{\Omega}^{\mathrm{T}}\boldsymbol{\Omega}\right)^{-1}\boldsymbol{\Omega}^{\mathrm{T}}$ を $\boldsymbol{\Omega}$ の**擬似逆行列**という。式 (3.37) を**正規方程式**といい，式 (3.36) の左辺と右辺の差 $\boldsymbol{y} - \boldsymbol{\Omega}\boldsymbol{\theta}$ を**式誤差**という。

2 個の変数だけでなく，m 個の変数 b_1，b_2，$\cdots$，b_m の連立方程式

$$\begin{cases} y_1 = b_1u_{11} + b_2u_{21} + \cdots + b_mu_{m1} \\ y_2 = b_1u_{12} + b_2u_{22} + \cdots + b_mu_{m2} \\ y_3 = b_1u_{13} + b_2u_{23} + \cdots + b_mu_{m3} \\ \qquad \vdots \\ y_i = b_1u_{1i} + b_2u_{2i} + \cdots + b_mu_{mi} \\ \qquad \vdots \\ y_n = b_1u_{1n} + b_2u_{2n} + \cdots + b_mu_{mn} \end{cases} \tag{3.39}$$

の場合に拡張すると，式 (3.36) が次式に置き換わるだけで同じ議論が成り立ち，式 (3.38) で $\boldsymbol{\theta}$ が求まる。

$$\underbrace{\begin{bmatrix} y_1 \\ y_2 \\ y_3 \\ \vdots \\ y_n \end{bmatrix}}_{\boldsymbol{y}\text{とおく}} = \underbrace{\begin{bmatrix} u_{11} & u_{21} & \cdots & u_{m1} \\ u_{12} & u_{22} & \cdots & u_{m2} \\ u_{13} & u_{23} & \cdots & u_{m3} \\ \vdots & \vdots & \cdots & \vdots \\ u_{1n} & u_{2n} & \cdots & u_{mn} \end{bmatrix}}_{\boldsymbol{\Omega}\text{とおく}} \underbrace{\begin{bmatrix} b_1 \\ b_2 \\ \vdots \\ b_m \end{bmatrix}}_{\boldsymbol{\theta}\text{とおく}} \tag{3.40}$$

最小二乗法は，連立方程式 (3.39) の各式の左辺と右辺の差 (**残差**という) の二乗の和を最小にする $\boldsymbol{\theta}$ を求めている (p.160)。

■ **最小二乗法によるパルス伝達関数 $\boldsymbol{G(z)}$ の同定**　パルス伝達関数 $G(z)$ とその差分方程式は次式である (式 (2.21), (2.22))。

$$G(z) = \frac{b_0 + b_1 z^{-1} + b_2 z^{-2} + \cdots + b_m z^{-m}}{1 + a_1 z^{-1} + a_2 z^{-2} + \cdots + a_n z^{-n}}$$

$$y(t) = b_0 u(t) + b_1 u(t-T) + b_2 u(t-2T) + \cdots + b_m u(t-mT)$$
$$- a_1 y(t-T) - a_2 y(t-2T) + \cdots - a_n y(t-nT)$$

これより $t = 0,\ T,\ \cdots,\ iT,\ \cdots$ のときの差分方程式は

$$y(0) = b_0 u(0) + b_1 u(0-T) + \cdots + b_m u(0-mT)$$
$$- a_1 y(0-T) + \cdots - a_n y(0-nT)$$
$$y(T) = b_0 u(T) + b_1 u(T-T) + \cdots + b_m u(T-mT)$$
$$- a_1 y(T-T) + \cdots - a_n y(T-nT)$$
$$\vdots$$
$$y(iT) = b_0 u(iT) + b_1 u((i-1)T) + \cdots + b_m u((i-m)T)$$
$$- a_1 y((i-1)T) + \cdots - a_n y((i-n)T) \tag{3.41}$$
$$\vdots$$

である。式 (3.39) と比べると

$\underline{y_i}$を，$\underline{y\,(iT)}$に

$\underline{b_1 \sim b_m}$を，$\underline{b_0 \sim b_m,\ a_1 \sim a_n}$に

$\underline{u_{1i} \sim u_{mi}}$を，$\underline{u\,(iT) \sim u\,((i-m)\,T),\ -y\,((i-1)\,T) \sim -y\,((i-n)\,T)}$

に置き換えれば同じ式になる。したがって，このように置き換えて最小二乗法を用いれば $\boldsymbol{\theta} = [b_0 \quad \cdots \quad b_m \quad a_1 \quad \cdots \quad a_n]^{\mathrm{T}}$ が求まる。

一般に，出力 $y\,(t)$ には計測ノイズが加わってしまう。さらに，実際の $G\,(z)$ には伝達関数や状態表現では表しきれない特性が含まれてしまう。そのため，実際には $\boldsymbol{y} - \boldsymbol{\Omega\theta} = \boldsymbol{O}$ を満足する $\boldsymbol{\theta}$ は存在しない。最小二乗法の $\boldsymbol{\theta}$ は残差の二乗和 $(\boldsymbol{y} - \boldsymbol{\Omega\theta})^{\mathrm{T}}\,(\boldsymbol{y} - \boldsymbol{\Omega\theta})$ を最小にする (p.160)。しかし，$\boldsymbol{y}$ に含まれるノイズなどが多いと，$G\,(z)$ よりもノイズなどの影響を大きく受けた $\boldsymbol{\theta}$ を同定してしまう。これを避けてうまく同定するためには，つぎのことが有効である。

(1) 計測データ数を十分多く，少なくとも 100 以上取得することで，平均値ゼロのノイズの影響を小さくする。

(2) $u\,(t)$ にさまざまな周波数成分をまんべんなく含ませたり，ある周波数成分を大きくすることで，ノイズのほうが大きな周波数成分を減らす。

(2) を満足する $u\,(t)$ として，乱数，M 系列，$u\,(t)$ の長さの整数分の 1 の周期の正弦波の和などがあり，つぎの MATLAB コマンドで生成できる。

プログラム 3-7 (さまざまな同定入力)

```
1  N = 1000;                 %;// u の数
2  T = 0.001;                %;// サンプル時間 [s]
3  %;// 乱数（3～30[rad/s] の周波数成分をもつ）
4  u = idinput(N,'rgs',[3 30]/(pi/T));
5  %:// M 系列（4 サンプルの間，同じ値を続けて低周波を大きくする）
6  u = idinput(N,'prbs',[0 1/4]);
7  %;// 正弦波の和（1/20 が小さいほど低周波）
8  u = idinput(N,'sine',[0  1/20]);
```

8 行目の引き数 `[0　1/20]` の第 2 要素 `1/20` は，`u` が含む正弦波の周波数の最大値とナイキスト周波数 f_n との比で，1 のときに f_n に一致し，小さいほど低周波になる。

つぎのパルス伝達関数

$$G(z) = \frac{b_0 + b_1 z^{-1} + b_2 z^{-2} + \cdots + b_m z^{-m}}{1 + a_1 z^{-1} + a_2 z^{-2} + \cdots + a_n z^{-n}} z^{-n_d} \tag{3.42}$$

を最小二乗法で同定する MATLAB コマンドの例を示す。

プログラム 3-8 ($u(t)$ と $y(t)$ から最小二乗法で $G(s)$ を求める)

```
1  s = tf('s');                  %;// s を定義
2  N = 1000;                     %;// u の数
3  %:// u は M 系列（10 サンプルの間，同じ値を続けて低周波を大きくする）
4  u = idinput(N,'prbs',[0 1/10]);
5  T = 0.01;                     %;// u(t),y(t) のサンプル時間 T[s]
6  t = (0:N-1)*T;                %;// t=0, T, 2T,…, N T[s] の配列
7  G = 9/(s^2+2*s+16),           %;// 制御対象 G(s) を定義
8  y = lsim(G,u,t);              %;// y をシミュレーションで計算
9  %;//y=y+0.1*max(y)*rand(max(size(y)),1);%;// y にノイズを加える
10 n=2;                          %;// n は G(z) の分母の次数
11 m=1;                          %;// m は G(z) の分子の次数
12 nd=1;                         %;// nd=むだ時間÷ T
13 Gz = arx([y u],[n m+1 nd]);  %;// 最小二乗法で G(z) を同定
14 Gz = tf(Gz.b,Gz.a,T);        %;// G(z) のパルス伝達関数を求める
15 G2= d2c(Gz),          %;// 逆 z 変換して G(s) の伝達関数 G2 を求める
```

G または G2 とタイプしてエンターキーを押すとその伝達関数が表示される (program(38) とタイプした場合は自動で表示される)。制御対象の入出力データ u，y を用いて arx() で同定した G2 が，G とほぼ一致することを確認してほしい。ここでは，出力 y をシミュレーションで作成しているが，これを実験で求めたデータ $y(t)$ に置き換えれば，実際の制御対象の伝達関数を求めることができる。また，9 行目のコメントを外すと，出力に高周波ノイズが加わった場合のシミュレーションを行える。ノイズによってうまく同定できなくなることを確かめてほしい。Mat@Scilab の場合，14 行目を Gz.dt = T; に置き換える。

3.6.4 周波数応答を用いた伝達関数 $G(s)$ の同定

u, y のデータを取得して最小二乗法で $G(z)$ を同定しても，計測ノイズなどによって，$G(z)$ の周波数特性と u，y から求めた周波数特性とが大きくずれ

ることがある。そのときは，周波数応答を用いて $G(s)$ を同定するとよくなることがある。u, y のフーリエ変換を $U(j\omega)$, $Y(j\omega)$ とする。フーリエ変換はラプラス変換に $s = j\omega$ を代入したものなので，$Y(j\omega) = G(j\omega)U(j\omega)$ の関係がある。さまざまな ω におけるこの式を連立一次方程式にして最小二乗法で $G(j\omega)$ を同定するのである。MATLAB コマンドの例を示す。

プログラム 3-9 (周波数応答を用いた $G(s)$ の最小二乗法による同定)

```
1  h=K.*exp(j*phi); %;// G(j w) の周波数応答 h を求める
2  [b2,a2]= invfreqs(h,w,0,2); %;// h を用いて b(0 次),a(2 次) を同定
3  G2 = tf(b2,a2),    %;// 分子分母の係数が b2,a2 の伝達関数 G2 を表示
```

プログラム 3-6 を実行してからこのプログラムを実行する。1 行目では，ゲイン K と位相 phi から周波数応答 $\mathtt{K}e^{j\mathtt{phi}}$ を計算している†。

$$\mathtt{a.*b} = \left[\mathtt{a(1)*b(1)}\ \ \mathtt{a(2)*b(2)}\ \ \mathtt{a(3)*b(3)}\ \ \cdots\right]$$

である。G または G2 とタイプしてエンターキーを押すとその伝達関数が表示される。G の周波数応答 $\mathtt{h} = \dfrac{Y(j\omega)}{U(j\omega)}$ を用いて invfreq() で同定した G2 が，G とほぼ一致することを確認してほしい。また，プログラム 3-6 (p.107) の 10 行目のコメントを外すと，出力に高周波ノイズが加わった場合のシミュレーションを行える。ノイズによって同定結果がそれほど劣化しないことを確かめてほしい。

例題 3.5　つぎの $G(s)$ の $Y(j\omega) = G(j\omega)U(j\omega)$ をさまざまな ω で求め，連立一次方程式にしよう。

$$G(s) = \frac{b_0}{s^2 + a_1 s + a_0} \tag{3.43}$$

【解答】　$h(j\omega) = \dfrac{Y(j\omega)}{U(j\omega)}$ とおく。式 (3.43) より次式を得る。

$$h(j\omega) = \frac{b_0}{\underbrace{(j\omega)^2}_{j^2=-1} + a_1(j\omega) + a_0} = \frac{b_0}{-\omega^2 + ja_1\omega + a_0}$$

† 前書『高校数学でマスターする制御工学』の 2.3.8 項 (3) を参照。

$$\left(-\omega^2 + a_0\right) + ja_1\omega = b_0 h^{-1}(j\omega) \leftarrow \text{分母を払って } h^{-1}(j\omega) \text{ を掛けた}$$

$h^{-1}(j\omega)$ の実部を $x_r(\omega)$, 虚部を $x_i(\omega)$ とおいて代入する。

$$\left(-\omega^2 + a_0\right) + ja_1\omega = b_0\left(x_r(\omega) + jx_i(\omega)\right)$$

実部と虚部に分ける。

$$\begin{aligned} &\text{実部} \quad -\omega^2 + a_0 = b_0 x_r(\omega) \rightarrow -\omega^2 = (-1)\cdot a_0 + 0\cdot a_1 + x_r(\omega)\cdot b_0 \\ &\text{虚部} \quad a_1\omega = b_0 x_i(\omega) \qquad\quad \rightarrow \quad 0 = 0\cdot a_0 + (-\omega)\cdot a_1 + x_i(\omega)\cdot b_0 \end{aligned}$$

ベクトルで表す (p.117 の式 (4.6))。

$$\text{実部} \quad -\omega^2 = \begin{bmatrix} -1 & 0 & x_r(\omega) \end{bmatrix} \begin{bmatrix} a_0 \\ a_1 \\ b_0 \end{bmatrix}, \quad \text{虚部} \quad 0 = \begin{bmatrix} 0 & -\omega & x_i(\omega) \end{bmatrix} \begin{bmatrix} a_0 \\ a_1 \\ b_0 \end{bmatrix}$$

これらは変数 a_0, a_1, b_0 の連立一次方程式である。さまざまな角周波数 ω_1, ω_2, $\cdots$ で計測した $h(j\omega_1)$, $h(j\omega_2)$, $\cdots$ を用いて，連立一次方程式をつくり，行列にすると

$$\underbrace{\begin{bmatrix} -\omega_1^2 \\ 0 \\ -\omega_2^2 \\ 0 \\ \vdots \end{bmatrix}}_{\boldsymbol{y}\text{とおく}} = \underbrace{\begin{bmatrix} -1 & 0 & x_r(\omega_1) \\ 0 & -\omega_1 & x_i(\omega_1) \\ -1 & 0 & x_r(\omega_2) \\ 0 & -\omega_2 & x_i(\omega_2) \\ \vdots & \vdots & \vdots \end{bmatrix}}_{\boldsymbol{\Omega}\text{とおく}} \underbrace{\begin{bmatrix} a_0 \\ a_1 \\ b_0 \end{bmatrix}}_{\boldsymbol{\theta}\text{とおく}} \tag{3.44}$$

になる。$\left(\boldsymbol{\Omega}^{\mathrm{T}}\boldsymbol{\Omega}\right)^{-1}$ が存在するとき，p.110 の最小二乗法の式 (3.38) によって $G(s)$ を同定できる。 ♢

——Part II【ナットク編】——

4 【わかる編】を理論的裏付けして「ナットク」する

ここでは【わかる編】でわかったことを理論的に裏付けてナットクしよう。また，そのために必要となる高校数学とその応用もナットクしよう。

4.1 高校数学とその応用をナットクする

4.1.1 微分と積分

関数 $x(t)$ の微分と積分の定義は，図 **4.1** に示すように

$$\text{微分 } \dot{x}(t) \text{ は } x(t) \text{ の傾き} \tag{4.1}$$

$$\text{積分 } \int_a^b x(t)\ dt \text{ は } x(t) \text{ の面積} \tag{4.2}$$

である。微分 $\dot{x}(t)$ の定義は，図の三角形の底辺 dt と高さ dx との比 $\dfrac{dx}{dt}$ を，$dt \to 0$ にしたときの値である。$\dot{x}$ を $\dfrac{dx(t)}{dt}$ とも書く。積分 $\displaystyle\int_a^b x(t)\ dt$ の定義は，$x = a$ から $x = b$ までの区間について，横軸と $x(t)$ とで囲まれた面積である。面積の符号は，横軸よりも $x(t)$ が上ならプラス，下ならマイナスである。

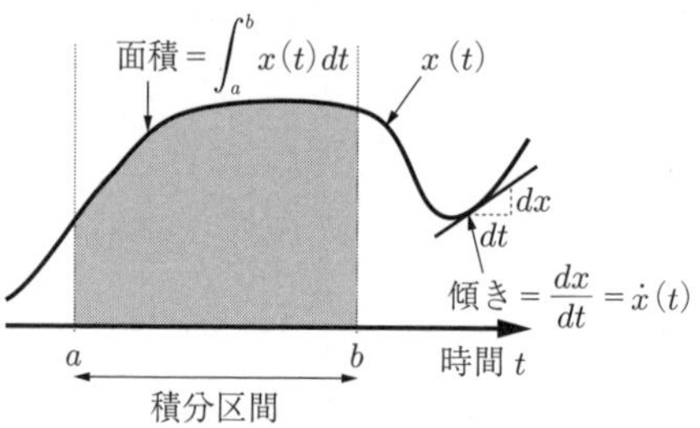

図 **4.1** 微分と積分の定義

■ $\dfrac{d}{d\theta}\cos\theta$ と $\dfrac{d}{d\theta}\sin\theta$ 　オイラーの公式を用いる[†1]。

$$\frac{d}{d\theta}e^{j\theta} = \frac{d}{d\theta}\underbrace{(\cos\theta + j\sin\theta)}_{\text{オイラーの公式}} = \frac{d}{d\theta}\cos\theta + j\frac{d}{d\theta}\sin\theta \tag{4.3}$$

また $\dfrac{d}{dx}e^{ax} = ae^{ax}$ の公式を用いる。

$$\frac{d}{d\theta}e^{j\theta} = je^{j\theta} = j\underbrace{(\cos\theta + j\sin\theta)}_{\text{オイラーの公式}} = \underbrace{-\sin\theta}_{j^2=-1} + j\cos\theta \tag{4.4}$$

式 (4.3), (4.4) の実部同士，虚部同士が等しいので，次の公式を得る。

$$\frac{d}{d\theta}\cos\theta = -\sin\theta, \quad \frac{d}{d\theta}\sin\theta = \cos\theta \tag{4.5}$$

4.1.2 一次方程式とベクトル

一次方程式 $2x + 3y = 4$ を

$$[2 \quad 3]\begin{bmatrix} x \\ y \end{bmatrix} = 4 \tag{4.6}$$

と表そう。この表し方のルールは，この式の左辺の計算結果を $2x + 3y$ にすることだけである。このように数値や変数を横や縦に複数並べたものを**ベクトル**という。縦に並べたベクトルを**列ベクトル**といい，横に並べたベクトルを**行ベクトル**という。このベクトル同士の積を**内積**という。ベクトルの中の数値や変数を**要素**といい，要素の総数を**次数**という。高校ではベクトルを $\vec{a}$ のように矢印で表したが，本書では $\boldsymbol{a}$ のように太字で表す。n 次で横長の行ベクトル $\boldsymbol{a} = [a_1 \quad a_2 \quad \cdots \quad a_n]$ と，b_1, b_2, $\cdots$, b_n を要素としてもつ n 次の列ベクトル $\boldsymbol{b}$ の内積 $\boldsymbol{ab}$ は次式で定義される[†2]。

---

†1 前書『高校数学でマスターする制御工学』の 5.1.6 項を参照。

†2 内積 $\boldsymbol{ab}$ を $\vec{a}\cdot\vec{b}$ と書くこともある。

$$\boldsymbol{ab} = [a_1 \quad a_2 \quad \cdots \quad a_n] \begin{bmatrix} b_1 \\ b_2 \\ \vdots \\ b_n \end{bmatrix}$$
$$= a_1 b_1 + a_2 b_2 + \cdots + a_n b_n \tag{4.7}$$

4.1.3　連立一次方程式と行列

つぎの連立一次方程式を式 (4.6) のようにベクトルで表そう。

$$\begin{cases} 2x + 3y = 4 \to [2 \quad 3] \begin{bmatrix} x \\ y \end{bmatrix} = 4 & (4.8) \\ 5x + 6y = 7 \to [5 \quad 6] \begin{bmatrix} x \\ y \end{bmatrix} = 7 & (4.9) \end{cases}$$

これらの左辺の $[2 \quad 3]$ と $[5 \quad 6]$ を縦に並べ，右辺も縦に並べてベクトルにして

$$\begin{bmatrix} 2 & 3 \\ 5 & 6 \end{bmatrix} \begin{bmatrix} x \\ y \end{bmatrix} = \begin{bmatrix} 4 \\ 7 \end{bmatrix} \tag{4.10}$$

と表そう。この表し方のルールは，左辺の計算結果が

$$\begin{bmatrix} 2x + 3y \\ 5x + 6y \end{bmatrix}$$

になることだけである。ベクトルを並べた

$$\begin{bmatrix} 2 & 3 \\ 5 & 6 \end{bmatrix}$$

を**行列**という。行列の横の並びを**行**といい，行の総数を**行数**という。行列の縦の並びを**列**といい，列の総数を**列数**という。行数と列数を合わせて**サイズ**という。この行列のサイズは 2 行 2 列であり，2×2 行列と書く。

式 (4.10) の行列を $\boldsymbol{A}$，$\begin{bmatrix} x \\ y \end{bmatrix}$ を $\boldsymbol{x}$，$\begin{bmatrix} 4 \\ 7 \end{bmatrix}$ を $\boldsymbol{b}$ とおくと，つぎのように連立一次方程式をシンプルに表せる。

$$\underline{\boldsymbol{Ax} = \boldsymbol{b}} \tag{4.11}$$

これが行列のメリットである。また，ベクトルは列数または行数が 1 の行列なので，その四則演算は行列と同じである。

4.1.4　行列の足し算と引き算

つぎの二つの連立方程式を足したときに行列がどうなるかを考えよう。

$$\begin{cases} 2x + 3y = 4 \\ 5x + 6y = 7 \end{cases} \text{と} \quad \begin{cases} 3x + 4y = 5 \\ 6x + 7y = 8 \end{cases}$$

↓ 上の式同士と下の式同士を足す

$$\begin{cases} (2+3)\,x + (3+4)\,y = 4+5 \\ (5+6)\,x + (6+7)\,y = 7+8 \end{cases}$$

↓ 行列で表す (式 (4.8), (4.9) と式 (4.10) の関係)

$$\therefore \quad \begin{bmatrix} 2+3 & 3+4 \\ 5+6 & 6+7 \end{bmatrix} \begin{bmatrix} x \\ y \end{bmatrix} = \begin{bmatrix} 4+5 \\ 7+8 \end{bmatrix} \tag{4.12}$$

つぎに，二つの連立方程式を行列の形にしてから足してみよう。

$$\begin{bmatrix} 2 & 3 \\ 5 & 6 \end{bmatrix} \begin{bmatrix} x \\ y \end{bmatrix} = \begin{bmatrix} 4 \\ 7 \end{bmatrix} \text{と} \begin{bmatrix} 3 & 4 \\ 6 & 7 \end{bmatrix} \begin{bmatrix} x \\ y \end{bmatrix} = \begin{bmatrix} 5 \\ 6 \end{bmatrix} \text{を足すと}$$

$$\begin{bmatrix} 2 & 3 \\ 5 & 6 \end{bmatrix} \begin{bmatrix} x \\ y \end{bmatrix} + \begin{bmatrix} 3 & 4 \\ 6 & 7 \end{bmatrix} \begin{bmatrix} x \\ y \end{bmatrix} = \begin{bmatrix} 4 \\ 7 \end{bmatrix} + \begin{bmatrix} 5 \\ 6 \end{bmatrix}$$

$$\therefore \quad \underbrace{\left(\begin{bmatrix} 2 & 3 \\ 5 & 6 \end{bmatrix} + \begin{bmatrix} 3 & 4 \\ 6 & 7 \end{bmatrix} \right) \begin{bmatrix} x \\ y \end{bmatrix}}_{x \text{ と } y \text{ のベクトルでくくった}} = \begin{bmatrix} 4 \\ 7 \end{bmatrix} + \begin{bmatrix} 5 \\ 6 \end{bmatrix} \tag{4.13}$$

式 (4.12), (4.13) の左辺の行列の部分を見比べると

$$\begin{bmatrix} 2 & 3 \\ 5 & 6 \end{bmatrix} + \begin{bmatrix} 3 & 4 \\ 6 & 7 \end{bmatrix} = \begin{bmatrix} 2+4 & 3+4 \\ 5+6 & 6+7 \end{bmatrix}$$

となっている。よって**行列の足し算は，行列の同じ場所 (同じ行，同じ列) の要**

素同士をそれぞれ足す。また，同様に考えると，**行列の引き算は，同じ列と行の要素同士を引く。**ベクトルも同じである。

4.1.5 行列の定数倍

つぎの連立方程式を 10 倍したときの行列を考える。

$$\begin{cases} 2x + 3y = 4 \\ 5x + 6y = 7 \end{cases}$$

$\downarrow$ 10 倍する

$$\begin{cases} 10 \cdot 2x + 10 \cdot 3y = 10 \cdot 4 \\ 10 \cdot 5x + 10 \cdot 6y = 10 \cdot 7 \end{cases}$$

$\downarrow$ 行列の形にする (式 (4.8), (4.9) と式 (4.10) の関係)

$$\begin{bmatrix} 10 \cdot 2 & 10 \cdot 3 \\ 10 \cdot 5 & 10 \cdot 6 \end{bmatrix} \begin{bmatrix} x \\ y \end{bmatrix} = \begin{bmatrix} 10 \cdot 4 \\ 10 \cdot 7 \end{bmatrix} \tag{4.14}$$

つぎに，元の連立方程式を行列の形にしてから両辺に 10 を掛けてみよう。

$$10 \begin{bmatrix} 2 & 3 \\ 5 & 6 \end{bmatrix} \begin{bmatrix} x \\ y \end{bmatrix} = 10 \begin{bmatrix} 4 \\ 7 \end{bmatrix} \tag{4.15}$$

この式と式 (4.14) の左辺の行列の部分を見比べると

$$10 \begin{bmatrix} 2 & 3 \\ 5 & 6 \end{bmatrix} = \begin{bmatrix} 10 \cdot 2 & 10 \cdot 3 \\ 10 \cdot 5 & 10 \cdot 6 \end{bmatrix}$$

となっている。よって**行列の定数倍 (スカラ倍) は，行列のすべての要素を定数倍する。**ベクトルも同じである。

4.1.6 行列の掛け算

式 (4.10) より，行列 $\boldsymbol{A}$ とベクトル $\boldsymbol{x}$ の掛け算 $\boldsymbol{Ax}$ の答えは

1 行目 $=$ $\boldsymbol{A}$ の 1 行と $\boldsymbol{x}$ の内積

2 行目 $=$ $\boldsymbol{A}$ の 2 行と $\boldsymbol{x}$ の内積

であった。ベクトル $\boldsymbol{x}$ を 2×2 行列 $\boldsymbol{B}$ に拡張しよう。$\boldsymbol{A}$ と $\boldsymbol{B}$ の掛け算をつぎのように定義する。

$\boldsymbol{AB}$ の答えの 1 列：

1 行目 $=$ $\boldsymbol{A}$ の 1 行と $\boldsymbol{B}$ の 1 列の内積

2 行目 $=$ $\boldsymbol{A}$ の 2 行と $\boldsymbol{B}$ の 1 列の内積

$\boldsymbol{AB}$ の答えの 2 列：

1 行目 $=$ $\boldsymbol{A}$ の 1 行と $\boldsymbol{B}$ の 2 列の内積

2 行目 $=$ $\boldsymbol{A}$ の 2 行と $\boldsymbol{B}$ の 2 列の内積

2×2 よりも大きなサイズに拡張すると，図 **4.2** のように

$$\underline{\boldsymbol{AB}\text{ の答えの } i \text{ 行 } j \text{ 列} =}$$
$$\underline{\boldsymbol{A}\text{ の } i \text{ 行と } \boldsymbol{B} \text{ の } j \text{ 列の内積}} \qquad (4.16)$$

となる。これが行列の掛け算 $\boldsymbol{AB}$ である。2×2 行列でなくても，$\boldsymbol{A}$ の列数と $\boldsymbol{B}$ の行数が等しければ式 (4.16) の $\boldsymbol{AB}$ の計算を行うことができ，$\boldsymbol{AB}$ の答えの行数は $\boldsymbol{A}$ の行数と同じで，答えの列数は $\boldsymbol{B}$ の列数と同じになる。2 と 3 の積は $2 \times 3 = 3 \times 2$ のように順番を入れ替えても答えは同じだが，行列の積は多くの場合 $\boldsymbol{AB} = \boldsymbol{BA}$ が成り立たない。ベクトルも同じである。

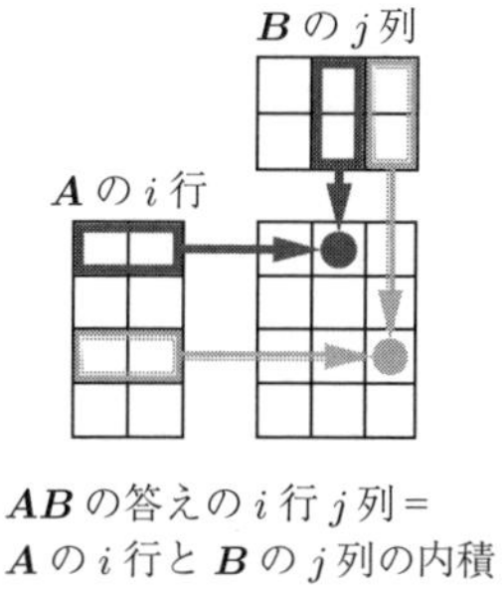

図 **4.2**　行列の掛け算

4.1.7　0　の　行　列

すべての要素が 0 の行列 $\boldsymbol{O}$ を**零行列**という。ベクトルの場合は，同様に**零ベクトル**と呼ぶ。

4.1.8 1 の 行 列

1, 2, x, y などの行列ではない普通の数を**スカラ**という†。スカラの 1 は，$1 \times x = x \times 1 = x$ の性質をもつ。この性質をもつ行列は式 (4.16) より

$$\boldsymbol{I} = \begin{bmatrix} 1 & 0 & \cdots & 0 \\ 0 & \ddots & \ddots & \vdots \\ \vdots & \ddots & \ddots & 0 \\ 0 & \cdots & 0 & 1 \end{bmatrix} \tag{4.17}$$

で与えられ，$\boldsymbol{AI} = \boldsymbol{IA} = \boldsymbol{A}$ が成り立つ。この行列 $\boldsymbol{I}$ を**単位行列**という。斜め 45° のライン上にある i 行 i 列要素を**対角要素**といい，単位行列の対角要素はすべて 1，その他の要素 (非対角要素) はすべて 0 である。$\boldsymbol{I}$ のサイズが 2×2 のときはつぎのようになる。

$$\boldsymbol{I} = \begin{bmatrix} 1 & 0 \\ 0 & 1 \end{bmatrix}$$

4.1.9 行列の割り算

つぎの連立方程式を解くとき，$\boldsymbol{Ax} = \boldsymbol{b}$ の $\boldsymbol{b}$ に単位行列 $\boldsymbol{I}$ を掛けた $\boldsymbol{Ax} = \boldsymbol{Ib}$ に対して行う操作を確かめよう。

$$0x + 1y = 20 \rightarrow 0x + 1y = 1 \cdot 20 + 0 \cdot 30 \text{ と表す} \tag{4.18}$$

$$2x + 4y = 30 \rightarrow 2x + 4y = 0 \cdot 20 + 1 \cdot 30 \text{ と表す} \tag{4.19}$$

$\downarrow$ これらの式を $\boldsymbol{Ax} = \boldsymbol{Ib}$ の形で表す (式 (4.8), (4.9) と式 (4.10) の関係)

$$\underbrace{\begin{bmatrix} 0 & 1 \\ 2 & 4 \end{bmatrix}}_{\boldsymbol{A}} \underbrace{\begin{bmatrix} x \\ y \end{bmatrix}}_{\boldsymbol{x}} = \underbrace{\begin{bmatrix} 1 & 0 \\ 0 & 1 \end{bmatrix}}_{\boldsymbol{I}} \underbrace{\begin{bmatrix} 20 \\ 30 \end{bmatrix}}_{\boldsymbol{b}} \tag{4.20}$$

式 (4.18) の x の係数が 0 のときは，式 (4.18) と式 (4.19) とを入れ替える。これによって行列 $\boldsymbol{A}$, $\boldsymbol{I}$ の 1 行と 2 行とが入れ替わる。入れ替わった行列を $\boldsymbol{A_1}$, $\boldsymbol{I_1}$ とおく。

† スカラは 1 行 1 列の行列とみなせる。

$$2x + 4y = 0 \cdot 20 + 1 \cdot 30 \leftarrow \text{式}\,(4.19)$$

$$0x + 1y = 1 \cdot 20 + 0 \cdot 30 \leftarrow \text{式}\,(4.18)$$

$\downarrow$ $\boldsymbol{Ax} = \boldsymbol{Ib}$ の形で表す $\rightarrow$ $\boldsymbol{A}$，$\boldsymbol{I}$ の 1 行と 2 行が入れ替わる

$$\underbrace{\begin{bmatrix} 2 & 4 \\ 0 & 1 \end{bmatrix}}_{\boldsymbol{A}_1\text{とおく}} \underbrace{\begin{bmatrix} x \\ y \end{bmatrix}}_{\boldsymbol{x}} = \underbrace{\begin{bmatrix} 0 & 1 \\ 1 & 0 \end{bmatrix}}_{\boldsymbol{I}_1\text{とおく}} \underbrace{\begin{bmatrix} 20 \\ 30 \end{bmatrix}}_{\boldsymbol{b}} \tag{4.21}$$

式 (4.19)÷2 を計算して $2x$ を x にする。これによって $\boldsymbol{A_1}$ の 1 行の対角要素が 1 になる。変形後の行列を $\boldsymbol{A_2}$，$\boldsymbol{I_2}$ とおく。

$$x + 2y = \frac{0}{2} \cdot 20 + \frac{1}{2} \cdot 30 \leftarrow \text{式}\,(4.19) \div 2 \tag{4.22}$$

$$0x + 1y = 1 \cdot 20 + 0 \cdot 30 \leftarrow \text{式}\,(4.18)$$

$\downarrow$ $\boldsymbol{A_1}$，$\boldsymbol{I_1}$ の 1 行 ÷2 と同じ $\rightarrow$ $\boldsymbol{A_1}$ の 1 行の対角要素が 1 に

$$\underbrace{\begin{bmatrix} 1 & 2 \\ 0 & 1 \end{bmatrix}}_{\boldsymbol{A}_2\text{とおく}} \underbrace{\begin{bmatrix} x \\ y \end{bmatrix}}_{\boldsymbol{x}} = \underbrace{\begin{bmatrix} 0 & \frac{1}{2} \\ 1 & 0 \end{bmatrix}}_{I_2\text{とおく}} \underbrace{\begin{bmatrix} 20 \\ 30 \end{bmatrix}}_{\boldsymbol{b}} \tag{4.23}$$

式 (4.22)− 式 (4.18)×2 を計算して式 (4.22) から $2y$ を消去する。これにより，$\boldsymbol{A_2}$ の 1 行の非対角要素が 0 になる。

$$x + 0 \cdot y = (0 - 2 \cdot 1) \cdot 20 + \left(\frac{1}{2} - 2 \cdot 0\right) \cdot 30 \leftarrow \text{式}\,(4.22) - \text{式}\,(4.18) \times 2$$

$$0 \cdot x + y = 1 \cdot 20 + 0 \cdot 30$$

$\downarrow$ $\boldsymbol{A_2}$，$\boldsymbol{I_2}$ の 1 行 − 2 行 × 2 と同じ $\rightarrow$ $\boldsymbol{A_2}$ の 1 行の非対角要素が 0 に

$$\begin{bmatrix} 1 & 0 \\ 0 & 1 \end{bmatrix} \begin{bmatrix} x \\ y \end{bmatrix} = \begin{bmatrix} -2 & \frac{1}{2} \\ 1 & 0 \end{bmatrix} \begin{bmatrix} 20 \\ 30 \end{bmatrix}$$

計算して解 x, y を得る。

$$\begin{bmatrix} x \\ y \end{bmatrix} = \begin{bmatrix} -2 \cdot 20 + \frac{1}{2} \cdot 30 \\ 1 \cdot 20 + 0 \cdot 30 \end{bmatrix} = \begin{bmatrix} -25 \\ 20 \end{bmatrix} \tag{4.24}$$

以上より，連立方程式を解くとき，行列 $[\boldsymbol{A}\quad\boldsymbol{I}]$ に対して，a) 行の入替え，b) 行に定数を掛けること，c) ある行からある行を引くことの三つを行い，$[\boldsymbol{A}\quad\boldsymbol{I}]$ の $\boldsymbol{A}$ の部分が $\boldsymbol{I}$ になるように変換している。この解法を**掃出し法**といい，具体的にはつぎの手順で解く。

連立方程式 $\boldsymbol{Ax} = \boldsymbol{Ib}$ の行列 $\boldsymbol{A}$, $\boldsymbol{I}$ に対し，つぎの操作を $i = 1, 2, \cdots$ の順に行えば解が求まる ($\boldsymbol{A}$ の i 行 j 列要素を a_{ij} とする)。

1) $\boldsymbol{A}$ の対角要素 a_{ii} が 1 になるように，$\boldsymbol{A}$, $\boldsymbol{I}$ の i 行を a_{ii} で割る。もしも $a_{ii} = 0$ のときは，$\boldsymbol{A}$, $\boldsymbol{I}$ の i 行をほかの行と入れ替えてこの操作を行う。

2) $\boldsymbol{A}$ の i 列のすべての非対角要素 a_{ji} を 0 にするために，$\boldsymbol{A}$, $\boldsymbol{I}$ の j 行から i 行 $\times a_{ji}$ を引く。

$[\boldsymbol{A}\quad\boldsymbol{I}]$ の $\boldsymbol{I}$ の部分の変換後の行列を $\boldsymbol{A}^{-1}$ と表すと，$[\boldsymbol{A}\quad\boldsymbol{I}]$ が $\left[\boldsymbol{I}\quad\boldsymbol{A}^{-1}\right]$ になり，$\boldsymbol{Ax} = \boldsymbol{Ib}$ が変換後に

$$\boldsymbol{Ix} = \boldsymbol{A}^{-1}\boldsymbol{b} \tag{4.25}$$

になる。$\boldsymbol{A}^{-1}$ を $\boldsymbol{A}$ の**逆行列**といい，$\boldsymbol{b}$ とは無関係に $\boldsymbol{A}$ の要素だけで決まる。2 行 2 列の行列 $\boldsymbol{A}$ について掃出し法で $\boldsymbol{A}^{-1}$ を求めると次式を得る。

$$\boldsymbol{A} = \begin{bmatrix} a & b \\ c & d \end{bmatrix},\ \boldsymbol{A}^{-1} = \underbrace{\frac{1}{ad - bc}}_{\text{行列式}} \underbrace{\begin{bmatrix} d & -b \\ -c & a \end{bmatrix}}_{\text{余因子行列}} \tag{4.26}$$

$\boldsymbol{A}^{-1}$ の分母 $ad - bc$ を**行列式**，それ以外の行列の部分を**余因子行列**という。$\boldsymbol{A}$ の行列式を $|\boldsymbol{A}|$ または $\det(\boldsymbol{A})$ と表す (デターミナント A またはデット A と読む)。掃出し法の手順 1) で，どの行を入れ替えても $a_{ii} \neq 0$ とならないとき，スカラでは $0 \cdot x = b$ を解くのと同じで，連立一次方程式 $\boldsymbol{Ax} = \boldsymbol{b}$ の唯一の解 (唯一解) は存在しない。$0 \cdot x = b$ を解くと $x = \dfrac{1}{0}b$ になり分母はゼロである。行列も同じで $|\boldsymbol{A}| = 0$ となり，$\boldsymbol{A}^{-1}$ が ∞ になってしまう。このとき，$\boldsymbol{A}$ の逆行列が存在しないという。余因子行列を $\mathrm{adj}(\boldsymbol{A})$(アジョイント A と読む) または

$\tilde{\boldsymbol{A}}$(A チルダと読む) と書く。逆行列はつぎのように書ける。

$$\boldsymbol{A}^{-1} = \frac{1}{|\boldsymbol{A}|}\mathrm{adj}(\boldsymbol{A}) \tag{4.27}$$

この式は，$\boldsymbol{A}$ の行列式 $|\boldsymbol{A}| \neq 0$ のときに計算できるので，逆行列 $\boldsymbol{A}^{-1}$ は $|\boldsymbol{A}| \neq 0$ のときに存在する。このとき，$\boldsymbol{A}$ は**フルランク**であるという。

4.1.10　$\boldsymbol{A}\boldsymbol{A}^{-1} = \boldsymbol{A}^{-1}\boldsymbol{A} = \boldsymbol{I}$ の証明

【証明】　$\boldsymbol{A}\boldsymbol{x} = \boldsymbol{I}\boldsymbol{b}$ は掃出し法で $\boldsymbol{I}\boldsymbol{x} = \boldsymbol{A}^{-1}\boldsymbol{b}$ に変形できる (式 (4.25))。これに左から $\boldsymbol{A}$ を掛けると $\boldsymbol{A}\boldsymbol{x} = \boldsymbol{A}\boldsymbol{A}^{-1}\boldsymbol{b}$ となる。この式と $\boldsymbol{A}\boldsymbol{x} = \boldsymbol{I}\boldsymbol{b}$ を比べると $\boldsymbol{A}\boldsymbol{A}^{-1}\boldsymbol{b} = \boldsymbol{I}\boldsymbol{b}$ を得るが，これはあらゆる $\boldsymbol{b}$ で成立するので次式が成り立つ。

$$\boldsymbol{A}\boldsymbol{A}^{-1} = \boldsymbol{I} \tag{4.28}$$

両辺に右から $\boldsymbol{A}$ を掛ける。

$$\boldsymbol{A}\boldsymbol{A}^{-1}\boldsymbol{A} = \boldsymbol{I}\boldsymbol{A} \quad \therefore \quad \boldsymbol{A}\boldsymbol{A}^{-1}\boldsymbol{A} = \boldsymbol{A}$$

両辺から $\boldsymbol{A}$ を引く。

$$\boldsymbol{A}\boldsymbol{A}^{-1}\boldsymbol{A} - \boldsymbol{A} = \boldsymbol{A} - \boldsymbol{A}$$
$$\boldsymbol{A}\left(\boldsymbol{A}^{-1}\boldsymbol{A}\right) - \boldsymbol{A}\boldsymbol{I} = \boldsymbol{O} \quad \therefore \quad \boldsymbol{A}\left(\boldsymbol{A}^{-1}\boldsymbol{A} - \boldsymbol{I}\right) = \boldsymbol{O}$$

あらゆる $\boldsymbol{A}$ についてこの式が成り立つためには

$$\boldsymbol{A}^{-1}\boldsymbol{A} - \boldsymbol{I} = \boldsymbol{O} \quad \therefore \quad \boldsymbol{A}^{-1}\boldsymbol{A} = \boldsymbol{I}$$

でなければならない。この式と式 (4.28) より次式を得る。

$$\boldsymbol{A}\boldsymbol{A}^{-1} = \boldsymbol{A}^{-1}\boldsymbol{A} = \boldsymbol{I} \tag{4.29}$$

◇

4.1.11　$(\boldsymbol{X}\boldsymbol{Y})^{-1} = \boldsymbol{Y}^{-1}\boldsymbol{X}^{-1}$ の証明

【証明】　$\boldsymbol{X}\boldsymbol{Y}$ に左から $\boldsymbol{Y}^{-1}\boldsymbol{X}^{-1}$ を掛けると $\boldsymbol{I}$ になることを示す。$(\boldsymbol{X}\underbrace{\boldsymbol{Y})\boldsymbol{Y}^{-1}}_{\boldsymbol{I}}\boldsymbol{X}^{-1} = \boldsymbol{X}\boldsymbol{I}\boldsymbol{X}^{-1} = \boldsymbol{I}$ が成り立つ。ゆえに $\boldsymbol{X}\boldsymbol{Y}$ の逆行列 $(\boldsymbol{X}\boldsymbol{Y})^{-1}$ は $\boldsymbol{Y}^{-1}\boldsymbol{X}^{-1}$ である。

◇

4.1.12 逆行列補題

【証明】 逆行列補題と呼ばれるつぎの等式を証明する。

$$\begin{bmatrix} \boldsymbol{A} & \boldsymbol{B} \\ \boldsymbol{O} & \boldsymbol{D} \end{bmatrix}^{-1} = \begin{bmatrix} \boldsymbol{A}^{-1} & -\boldsymbol{A}^{-1}\boldsymbol{B}\boldsymbol{D}^{-1} \\ \boldsymbol{O} & \boldsymbol{D}^{-1} \end{bmatrix} \tag{4.30}$$

左辺の逆行列と右辺との積が単位行列になることを示して証明する。

$$\begin{aligned} &\begin{bmatrix} \boldsymbol{A} & \boldsymbol{B} \\ \boldsymbol{O} & \boldsymbol{D} \end{bmatrix} \begin{bmatrix} \boldsymbol{A}^{-1} & -\boldsymbol{A}^{-1}\boldsymbol{B}\boldsymbol{D}^{-1} \\ \boldsymbol{O} & \boldsymbol{D}^{-1} \end{bmatrix} \\ &= \begin{bmatrix} \boldsymbol{A}\cdot\boldsymbol{A}^{-1} + \boldsymbol{B}\cdot\boldsymbol{O} & \boldsymbol{A}\cdot\left(-\boldsymbol{A}^{-1}\boldsymbol{B}\boldsymbol{D}^{-1}\right) + \boldsymbol{B}\cdot\boldsymbol{D}^{-1} \\ \boldsymbol{O}\cdot\boldsymbol{A}^{-1} + \boldsymbol{D}\cdot\boldsymbol{O} & \boldsymbol{O}\cdot\left(-\boldsymbol{A}^{-1}\boldsymbol{B}\boldsymbol{D}^{-1}\right) + \boldsymbol{D}\cdot\boldsymbol{D}^{-1} \end{bmatrix} \leftarrow \text{式 (4.16)} \\ &= \begin{bmatrix} \boldsymbol{I}+\boldsymbol{O} & -\boldsymbol{B}\boldsymbol{D}^{-1} + \boldsymbol{B}\cdot\boldsymbol{D}^{-1} \\ \boldsymbol{O}+\boldsymbol{O} & \boldsymbol{O}+\boldsymbol{I} \end{bmatrix} \\ &= \begin{bmatrix} \boldsymbol{I} & \boldsymbol{O} \\ \boldsymbol{O} & \boldsymbol{I} \end{bmatrix} \end{aligned}$$

◇

4.1.13 行列 $\boldsymbol{A}$ の転置 $\boldsymbol{A}^{\mathrm{T}}$

行列の転置とは，図 **4.3** に示すように，行列をその対角要素を軸として，180° 回転させる（表を裏にひっくり返す）変換であり，右肩に T と表記する。式 (4.17) より，$\boldsymbol{I}^{\mathrm{T}} = \boldsymbol{I}$ である。$\boldsymbol{A}^{\mathrm{T}} = \boldsymbol{A}$ のとき，$\boldsymbol{A}$ は**対称行列**であるという。

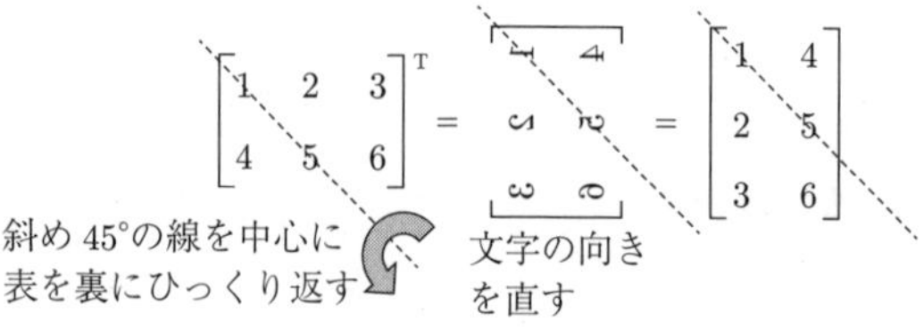

図 **4.3**　行列の転置

4.1.14 $(\boldsymbol{AB})^{\mathrm{T}} = \boldsymbol{B}^{\mathrm{T}}\boldsymbol{A}^{\mathrm{T}}$ の証明

【証明】 2×2 行列 $\boldsymbol{A}$, $\boldsymbol{B}$ について，$\boldsymbol{A}$ の i 行のベクトルを $\boldsymbol{a}_i^{\mathrm{T}}$，$\boldsymbol{B}$ の j 列のベクトルを $\boldsymbol{b}_j$ とおく。積 $\boldsymbol{AB}$ は

$$\boldsymbol{AB} = \begin{bmatrix} \boldsymbol{a}_1^{\mathrm{T}} \\ \boldsymbol{a}_2^{\mathrm{T}} \end{bmatrix} [\boldsymbol{b}_1\ \boldsymbol{b}_2] = \begin{bmatrix} \boldsymbol{a}_1^{\mathrm{T}}\boldsymbol{b}_1 & \boldsymbol{a}_1^{\mathrm{T}}\boldsymbol{b}_2 \\ \boldsymbol{a}_2^{\mathrm{T}}\boldsymbol{b}_1 & \boldsymbol{a}_2^{\mathrm{T}}\boldsymbol{b}_2 \end{bmatrix} \quad \leftarrow \text{式 (4.16) より}$$

$$\therefore \quad \boldsymbol{AB} = \begin{bmatrix} \boldsymbol{b}_1^{\mathrm{T}}\boldsymbol{a}_1 & \boldsymbol{b}_2^{\mathrm{T}}\boldsymbol{a}_1 \\ \boldsymbol{b}_1^{\mathrm{T}}\boldsymbol{a}_2 & \boldsymbol{b}_2^{\mathrm{T}}\boldsymbol{a}_2 \end{bmatrix} \quad \leftarrow \text{内積は } \boldsymbol{x}^{\mathrm{T}}\boldsymbol{y} = \boldsymbol{y}^{\mathrm{T}}\boldsymbol{x} \text{ (式 (4.7), 図 4.3)}$$

となり，両辺を転置すると

$$(\boldsymbol{AB})^{\mathrm{T}} = \begin{bmatrix} \boldsymbol{b}_1^{\mathrm{T}}\boldsymbol{a}_1 & \boldsymbol{b}_1^{\mathrm{T}}\boldsymbol{a}_2 \\ \boldsymbol{b}_2^{\mathrm{T}}\boldsymbol{a}_1 & \boldsymbol{b}_2^{\mathrm{T}}\boldsymbol{a}_2 \end{bmatrix} \quad \leftarrow \text{図 4.3} \tag{4.31}$$

となる。つぎに $\boldsymbol{B}^{\mathrm{T}}\boldsymbol{A}^{\mathrm{T}}$ を計算する。

$$\boldsymbol{B}^{\mathrm{T}}\boldsymbol{A}^{\mathrm{T}} = \begin{bmatrix} \boldsymbol{b}_1^{\mathrm{T}} \\ \boldsymbol{b}_2^{\mathrm{T}} \end{bmatrix} [\boldsymbol{a}_1\ \boldsymbol{a}_2] = \begin{bmatrix} \boldsymbol{b}_1^{\mathrm{T}}\boldsymbol{a}_1 & \boldsymbol{b}_1^{\mathrm{T}}\boldsymbol{a}_2 \\ \boldsymbol{b}_2^{\mathrm{T}}\boldsymbol{a}_1 & \boldsymbol{b}_2^{\mathrm{T}}\boldsymbol{a}_2 \end{bmatrix}$$

この式と，式 (4.31) より

$$(\boldsymbol{AB})^{\mathrm{T}} = \boldsymbol{B}^{\mathrm{T}}\boldsymbol{A}^{\mathrm{T}} \tag{4.32}$$

を得る。次数の大きい $\boldsymbol{A}$, $\boldsymbol{B}$ に対しても同様にして式 (4.32) が成り立つ。　◇

4.1.15　$\left(\boldsymbol{A}^{\mathrm{T}}\right)^{-1} = \left(\boldsymbol{A}^{-1}\right)^{\mathrm{T}}$ の証明

【証明】　式 (4.27) の $\boldsymbol{AA}^{-1} = \boldsymbol{I}$ の両辺を転置する。

$$\begin{aligned} \left(\boldsymbol{AA}^{-1}\right)^{\mathrm{T}} &= \boldsymbol{I}^{\mathrm{T}} \\ \left(\boldsymbol{A}^{-1}\right)^{\mathrm{T}}\boldsymbol{A}^{\mathrm{T}} &= \boldsymbol{I} \leftarrow \text{式 (4.32) より} \end{aligned}$$

両辺に右から $\left(\boldsymbol{A}^{\mathrm{T}}\right)^{-1}$ を掛ける。

$$\left(\boldsymbol{A}^{-1}\right)^{\mathrm{T}} \underbrace{\boldsymbol{A}^{\mathrm{T}}\left(\boldsymbol{A}^{\mathrm{T}}\right)^{-1}}_{\boldsymbol{I}} = \boldsymbol{I}\left(\boldsymbol{A}^{\mathrm{T}}\right)^{-1}$$

$$\therefore \quad \left(\boldsymbol{A}^{-1}\right)^{\mathrm{T}} = \left(\boldsymbol{A}^{\mathrm{T}}\right)^{-1} \tag{4.33}$$

よって証明された。また，$\boldsymbol{A} = \boldsymbol{R} = \boldsymbol{R}^{\mathrm{T}}$ のとき，代入して次式を得る。

$$\left(\boldsymbol{R}^{-1}\right)^{\mathrm{T}} = \boldsymbol{R}^{-1} \tag{4.34}$$

◇

4.1.16　$|\boldsymbol{A}| = \left|\boldsymbol{A}^{\mathrm{T}}\right|$ の証明

【証明】

$$\left(\boldsymbol{A}^{\mathrm{T}}\right)^{-1} = \left(\boldsymbol{A}^{-1}\right)^{\mathrm{T}} \leftarrow \text{式 (4.33)}$$
$$= \left(\frac{1}{|\boldsymbol{A}|}\mathrm{adj}(\boldsymbol{A})\right)^{\mathrm{T}} \leftarrow \text{式 (4.27)}$$
$$= \frac{1}{|\boldsymbol{A}|}\mathrm{adj}(\boldsymbol{A})^{\mathrm{T}} \leftarrow \text{スカラは転置しても不変}$$

この式の分母は $|\boldsymbol{A}|$ である。ゆえに $\boldsymbol{A}^{\mathrm{T}}$ の行列式は次式を満たす。

$$\left|\boldsymbol{A}^{\mathrm{T}}\right| = |\boldsymbol{A}| \tag{4.35}$$

◇

4.1.17　固 有 値 と は

連立方程式 $\boldsymbol{Ax} = \boldsymbol{b}$ について，定数 λ を用いて $\boldsymbol{b} = \lambda\boldsymbol{x}$ が成り立つとき

$$\boldsymbol{Ax} = \lambda\boldsymbol{x} \tag{4.36}$$

となる。λ を $\boldsymbol{A}$ の**固有値**，$\boldsymbol{x}$ を λ に対する**固有ベクトル**という ($\boldsymbol{x} = \boldsymbol{O}$ は除く)。固有ベクトル $\boldsymbol{x}$ に行列 $\boldsymbol{A}$ を掛けた結果が $\boldsymbol{x}$ の λ 倍になっている。

固有値 λ を求めるには，式 (4.36) の右辺 $\lambda\boldsymbol{x}$ を $\lambda\boldsymbol{Ix}$ にして，左辺に移項する。

$$\boldsymbol{Ax} - \lambda\boldsymbol{Ix} = \boldsymbol{O} \quad \therefore \quad (\lambda\boldsymbol{I} - \boldsymbol{A})\,\boldsymbol{x} = \boldsymbol{O} \tag{4.37}$$

これは連立方程式 $\boldsymbol{Ax} = \boldsymbol{b}$ の $\boldsymbol{A} \to (\lambda\boldsymbol{I} - \boldsymbol{A})$，$\boldsymbol{b} \to \boldsymbol{O}$ に置き換えた式なので，行列 $[(\lambda\boldsymbol{I} - \boldsymbol{A}) \quad \boldsymbol{I}]$ に対して掃出し法を行い，$(\lambda\boldsymbol{I} - \boldsymbol{A})^{-1}$ を求めることができる。式 (4.37) より，$\boldsymbol{x} = (\lambda\boldsymbol{I} - \boldsymbol{A})^{-1}\boldsymbol{O}$ となる。これより $\boldsymbol{x} = \boldsymbol{O}$ 以外の解をもつためには $(\lambda\boldsymbol{I} - \boldsymbol{A})^{-1}$ の分母である $|\lambda\boldsymbol{I} - \boldsymbol{A}|$ が 0 にならなければならない。したがって

$$|\lambda\boldsymbol{I} - \boldsymbol{A}| = 0 \text{ の}\lambda\text{の解が固有値} \tag{4.38}$$

である。式 (4.38) を $\boldsymbol{A}$ の**特性方程式** (または固有方程式) と呼ぶ。固有ベクトル $\boldsymbol{x}$ を求めるには，まず式 (4.38) より λ を求め，式 (4.37) を満足する $\boldsymbol{x}$ を求める。ただし，固有ベクトル $\boldsymbol{x}$ は式 (4.37) の唯一解ではない (例題 4.1)。

$\boldsymbol{A}$ の対角要素を a_{ii} とすると，$(\lambda\boldsymbol{I}-\boldsymbol{A})$ の対角要素は $\lambda-a_{ii}$ である。掃出し法により，すべての対角要素が 1 になるように割り算をすると，$\boldsymbol{A}$ が n 次行列のとき，逆行列は $\lambda-a_{11},\cdots,\lambda-a_{nn}$ によって計 n 回割られる。そのため，つぎのことがいえる。

$$|\lambda\boldsymbol{I}-\boldsymbol{A}|\text{ は }\lambda\text{ の }n\text{ 次方程式で，固有値 }\lambda\text{ の数は }n \tag{4.39}$$

$(\lambda\boldsymbol{I}-\boldsymbol{A})$ の対角要素は $\lambda-a_{ii}$，非対角要素は $-a_{ij}$ なので，$(\lambda\boldsymbol{I}-\boldsymbol{A})$ の各要素の λ に関する最高次数は 1 である。$(\lambda\boldsymbol{I}-\boldsymbol{A})^{-1}(\lambda\boldsymbol{I}-\boldsymbol{A})=\boldsymbol{I}$ なので，その λ の次数は 0 である。よって，$(\lambda\boldsymbol{I}-\boldsymbol{A})^{-1}$ の各要素の最高次数は -1 である。$|\lambda\boldsymbol{I}-\boldsymbol{A}|$ の最高次数が n なので，$(\lambda\boldsymbol{I}-\boldsymbol{A})^{-1}$ の分母以外の部分である余因子行列 $\mathrm{adj}(\lambda\boldsymbol{I}-\boldsymbol{A})$ の最高次数は $n-1$ となる。

例題 4.1　つぎの行列 $\boldsymbol{A}$ の固有値 λ と固有ベクトル $\boldsymbol{x}$ を求めよう。

$$\boldsymbol{A}=\begin{bmatrix} 2 & 1 \\ 3 & 2 \end{bmatrix}$$

【解答】　式 (4.38) を解く。

$$|\lambda\boldsymbol{I}-\boldsymbol{A}|=\left|\lambda\begin{bmatrix} 1 & 0 \\ 0 & 1 \end{bmatrix}-\begin{bmatrix} 2 & 1 \\ 3 & 2 \end{bmatrix}\right|=\underbrace{\begin{vmatrix} \lambda-2 & -1 \\ -3 & \lambda-2 \end{vmatrix}}_{\text{行列の定数倍と和は p.119, 120}}$$

$$=(\lambda-2)(\lambda-2)-(-1)(-3) \quad \leftarrow \text{式 (4.26) より}$$

$$=\left(\lambda^2-4\lambda+4\right)-3=\lambda^2-4\lambda+1$$

式 (4.38) より固有値は $\lambda^2-4\lambda+1=0$ の解である。二次方程式 $ax^2+bx+c=0$ の解の公式 $x=\dfrac{-b\pm\sqrt{b^2-4ac}}{2a}$ に代入して固有値 λ を求める。

$$\lambda=\frac{4\pm\sqrt{(-4)^2-4\cdot1\cdot1}}{2\cdot1}=\frac{4\pm\sqrt{12}}{2}=\frac{4\pm2\sqrt{3}}{2}$$

$$\therefore\quad \lambda=2\pm\sqrt{3}$$

固有値 λ は $2+\sqrt{3}$ と $2-\sqrt{3}$ である。つぎに固有ベクトルを求めるために $\boldsymbol{x}=[x_{11}\quad x_{12}]^{\mathrm{T}}$ を式 (4.37) に代入する。

$$\left(\lambda\begin{bmatrix}1 & 0\\0 & 1\end{bmatrix}-\begin{bmatrix}2 & 1\\3 & 2\end{bmatrix}\right)\begin{bmatrix}x_{11}\\x_{12}\end{bmatrix}=\begin{bmatrix}0\\0\end{bmatrix}$$

$$\underbrace{\begin{bmatrix}\lambda-2 & -1\\-3 & \lambda-2\end{bmatrix}\begin{bmatrix}x_{11}\\x_{12}\end{bmatrix}}_{\text{行列の掛け算は p.121 の式 (4.16)}}=\begin{bmatrix}0\\0\end{bmatrix}$$

$$\begin{bmatrix}(\lambda-2)\,x_{11}-1\cdot x_{12}\\-3\cdot x_{11}+(\lambda-2)\,x_{12}\end{bmatrix}=\begin{bmatrix}0\\0\end{bmatrix}$$

$$\therefore\quad \begin{cases}(\lambda-2)\,x_{11}-x_{12}=0\\-3x_{11}+(\lambda-2)\,x_{12}=0\end{cases}\tag{4.40}$$

式 (4.40) の上の式に $\lambda=2+\sqrt{3}$ を代入して $x_{12}=(\lambda-2)\,x_{11}=\left(2+\sqrt{3}-2\right)x_{11}=\sqrt{3}x_{11}$ を得る。式 (4.40) の下の式からも同様に $x_{12}=\sqrt{3}x_{11}$ を得る。したがって，つぎの $\lambda=2+\sqrt{3}$ の固有ベクトルを得る。

$$\boldsymbol{x}=\begin{bmatrix}x_{11}\\x_{12}\end{bmatrix}=\begin{bmatrix}1\\\sqrt{3}\end{bmatrix}x_{11}=\begin{bmatrix}1\\\sqrt{3}\end{bmatrix}\ \leftarrow x_{11}=1\text{ のとき}\tag{4.41}$$

$x_{12}=\sqrt{3}x_{11}$ を満足する x_{11}，x_{12} はすべて解なので，$\boldsymbol{x}$ は唯一解ではない。$\lambda=2-\sqrt{3}$ の固有ベクトルは同様にしてつぎのようになる。

$$\boldsymbol{x}=\begin{bmatrix}1\\-\sqrt{3}\end{bmatrix}x_{11}=\begin{bmatrix}1\\-\sqrt{3}\end{bmatrix}\ \leftarrow x_{11}=1\text{ のとき}\tag{4.42}$$

◇

4.1.18　$\boldsymbol{A}$ と $\boldsymbol{A}^{\mathrm{T}}$ の固有値が等しいことの証明

【証明】　式 (4.38) より $\boldsymbol{A}^{\mathrm{T}}$ の固有値は $\left|\lambda\boldsymbol{I}-\boldsymbol{A}^{\mathrm{T}}\right|=0$ の解である。$\left|\lambda\boldsymbol{I}-\boldsymbol{A}^{\mathrm{T}}\right|=\left|\lambda\boldsymbol{I}^{\mathrm{T}}-\boldsymbol{A}^{\mathrm{T}}\right|=\left|(\lambda\boldsymbol{I}-\boldsymbol{A})^{\mathrm{T}}\right|$ である。式 (4.35) より，$\left|(\lambda\boldsymbol{I}-\boldsymbol{A})^{\mathrm{T}}\right|=|\lambda\boldsymbol{I}-\boldsymbol{A}|$ なので式 (4.38) より $\boldsymbol{A}$ と $\boldsymbol{A}^{\mathrm{T}}$ の固有値は等しい。　◇

4.2　1 章の現代制御をナットクする

4.2.1　状態空間表現を伝達関数に変換する式の証明

p.5 の式 (1.12) を証明しよう。

【証明】 式 (1.1) の状態方程式をラプラス変換する。

$$s\boldsymbol{X}(s) - \boldsymbol{x}(0) = \boldsymbol{A}\boldsymbol{X}(s) + \boldsymbol{B}\boldsymbol{U}(s) \tag{4.43}$$

伝達関数表現は信号の初期値を無視する†。

$$\begin{aligned}
&s\boldsymbol{X}(s) = \boldsymbol{A}\boldsymbol{X}(s) + \boldsymbol{B}\boldsymbol{U}(s) && \leftarrow \text{初期値 } \boldsymbol{x}(0) \text{ を無視} \\
&s\boldsymbol{X}(s) - \boldsymbol{A}\boldsymbol{X}(s) = \boldsymbol{B}\boldsymbol{U}(s) && \leftarrow \boldsymbol{A}\boldsymbol{X}(s) \text{ を右辺に移項} \\
&s\boldsymbol{I}\boldsymbol{X}(s) - \boldsymbol{A}\boldsymbol{X}(s) = \boldsymbol{B}\boldsymbol{U}(s) && \leftarrow \boldsymbol{X}(s) = \boldsymbol{I}\boldsymbol{X}(s),\ \boldsymbol{I} \text{ は単位行列 (p.122)} \\
&(s\boldsymbol{I} - \boldsymbol{A})\boldsymbol{X}(s) = \boldsymbol{B}\boldsymbol{U}(s) && \leftarrow \boldsymbol{X}(s) \text{ でくくった} \\
\therefore\ &\boldsymbol{X}(s) = (s\boldsymbol{I} - \boldsymbol{A})^{-1}\boldsymbol{B}\boldsymbol{U}(s) && \leftarrow \text{両辺に左から } (s\boldsymbol{I} - \boldsymbol{A})^{-1} \text{ を掛けた}
\end{aligned} \tag{4.44}$$

式 (1.1) の出力方程式をラプラス変換する。

$$\begin{aligned}
&\boldsymbol{Y}(s) = \boldsymbol{C}\boldsymbol{X}(s) + \boldsymbol{D}\boldsymbol{U}(s) \\
&\boldsymbol{Y}(s) = \boldsymbol{C}(s\boldsymbol{I} - \boldsymbol{A})^{-1}\boldsymbol{B}\boldsymbol{U}(s) + \boldsymbol{D}\boldsymbol{U}(s) && \leftarrow \boldsymbol{X}(s) \text{ に式 (4.44) を代入} \\
\therefore\ &\boldsymbol{Y}(s) = \left(\underline{\boldsymbol{C}(s\boldsymbol{I} - \boldsymbol{A})^{-1}\boldsymbol{B} + \boldsymbol{D}}\right)\boldsymbol{U}(s) && \leftarrow \boldsymbol{U}(s) \text{ でくくった}
\end{aligned}$$

伝達関数は入出力の比なので $\boldsymbol{Y}(s) = \underline{\boldsymbol{G}(s)}\boldsymbol{U}(s)$ である。したがって式 (1.12) が証明された。 ◇

4.2.2 微分方程式から可制御正準形を求める方法の証明

p.7 の式 (1.19) の伝達関数と式 (1.20), (1.21) の可制御正準形とが同一のシステムであることを証明しよう。

【証明】 式 (1.20) の 1 行目を抜き出す (行列の積は p.121 の式 (4.16))。

$$\dot{x}_1(t) = [0 \quad 1 \quad 0 \ \cdots \ 0] \begin{bmatrix} x_1(t) \\ x_2(t) \\ x_3(t) \\ \vdots \\ x_n(t) \end{bmatrix} + 0 \cdot u(t)$$

$$\therefore \quad \dot{x}_1(t) = x_2(t) \quad \leftarrow \text{内積は p.118} \tag{4.45}$$

式 (1.20) の 2 行目を抜き出す。

† 前書『高校数学でマスターする制御工学』の 2.3.1 項を参照。

$$\dot{x}_2(t) = [0 \quad 0 \quad 1 \quad 0 \cdots 0] \begin{bmatrix} x_1(t) \\ x_2(t) \\ x_3(t) \\ \vdots \\ x_n(t) \end{bmatrix} + 0 \cdot u(t)$$

$$\therefore \quad \dot{x}_2(t) = x_3(t) \tag{4.46}$$

同様にして，$i = 1 \sim n-1$ 行目までを抜き出すと次式を得る。

$$\dot{x}_i(t) = x_{i+1}(t)$$

ラプラス変換して，初期値 $x_i(0) = 0$ とする。

$$sx_i(s) = x_{i+1}(s)$$

左辺と右辺を入れ替えると，$i = 1 \sim n-1$ 行目までは次式のようになる。

$$\begin{aligned} x_2(s) &= sx_1(s) \\ x_3(s) &= sx_2(s) \\ x_4(s) &= sx_3(s) \\ &\vdots \\ x_n(s) &= sx_{n-1}(s) \end{aligned}$$

それぞれの右辺に，その式の上の式を代入する。

$$\begin{aligned} x_2(s) &= sx_1(s) \\ x_3(s) &= s^2x_1(s) \\ x_4(s) &= s^2x_2(s) \\ &\vdots \\ x_n(s) &= s^2x_{n-2}(s) \end{aligned}$$

右辺が $x_1(s)$ になるまで，上の式を代入し続けると次式を得る。

$$\begin{cases} x_2(s) = sx_1(s) \\ x_3(s) = s^2x_1(s) \\ x_4(s) = s^3x_1(s) \\ \qquad \vdots \\ x_n(s) = s^{n-1}x_1(s) \end{cases} \tag{4.47}$$

式 (1.20) の一番下の行 (n 行目) を抜き出す。

$$\dot{x}_n(t) = [-a_0 \quad -a_1 \ \cdots \ -a_{n-1}] \begin{bmatrix} x_1(t) \\ x_2(t) \\ \vdots \\ x_n(t) \end{bmatrix} + 1 \cdot u(t)$$

$$= -a_0 x_1(t) - a_1 x_2(t) - \cdots - a_{n-1} x_n(t) + u(t) \ \leftarrow \text{内積は p.118}$$

初期値 $x_n(0) = 0$ としてラプラス変換する。

$$s x_n(s) = \underbrace{-a_0 x_1(s) - a_1 x_2(s) - \cdots - a_{n-1} x_n(s)}_{\text{これらを左辺に移項する}} + u(s)$$

$$s x_n(s) + a_{n-1} x_n(s) + \cdots + a_1 x_2(s) + a_0 x_1(s) = u(s)$$

式 (4.47) を代入する。

$$s s^{n-1} x_1(s) + a_{n-1} s^{n-1} x_1(s) + \cdots + a_1 s x_1(s) + a_0 x_1(s) = u(s)$$

$$\left(s^n + a_{n-1} s^{n-1} + \cdots + a_1 s + a_0\right) x_1(s) = u(s) \quad \leftarrow x_1(s) \text{ でくくった}$$

$$\therefore \quad x_1(s) = \frac{1}{s^n + a_{n-1} s^{n-1} + \cdots + a_1 s + a_0} u(s) \tag{4.48}$$

式 (1.21) をラプラス変換する。

$$y(s) = [b_0 \quad b_1 \ \cdots \ b_k \quad 0 \ \cdots 0] \begin{bmatrix} x_1(s) \\ x_2(s) \\ \vdots \\ x_n(s) \end{bmatrix}$$

$$= b_0 x_1(s) + b_1 x_2(s) + \cdots + b_k x_{k+1}(s) \ \leftarrow \text{内積は p.118}$$

式 (4.47) を代入する。

$$y(s) = b_0 x_1(s) + b_1 s x_1(s) + \cdots + b_k s^k x_1(s)$$

$$= \underbrace{\left(b_0 + b_1 s + \cdots + b_k s^k\right)}_{\text{項の並びを左右逆にする}} x_1(s) \quad \leftarrow x_1(s) \text{ でくくった}$$

$$\therefore \quad y(s) = \left(b_k s^k + \cdots + b_1 s + b_0\right) x_1(s)$$

式 (4.48) を代入すると，つぎの式 (1.19) が得られるので証明された。

$$y(s) = \frac{b_k s^k + \cdots + b_1 s + b_0}{s^n + a_{n-1} s^{n-1} + \cdots + a_1 s + a_0} u(s)$$

つぎに式 (1.31), (1.32) を証明する。式 (1.19) の伝達関数を $G(s)$，その分母多項式を $d(s)$，分子多項式を $n(s)$ とおく。

$$
\begin{aligned}
G(s) &= \frac{n(s)}{d(s)} = \frac{n(s) + b_n(d(s) - d(s))}{d(s)} = \frac{n(s) - b_n d(s) + b_n d(s)}{d(s)} \\
&= \frac{n(s) - b_n d(s)}{d(s)} + b_n
\end{aligned} \tag{4.49}
$$

$k = n$ なので，式 (1.19) より

$$
\begin{aligned}
& n(s) - b_n d(s) \\
&= (b_n - b_n)s^n + \cdots + (b_1 - b_n a_1)s + (b_0 - b_n a_0)
\end{aligned} \tag{4.50}
$$

となり，s^n の係数が 0 のため次数が一つ減って $(n-1)$ 次となる。よって，$z = \dfrac{n(s) - b_n d(s)}{d(s)} u$ とおくと，可制御正準形の公式 (1.20), (1.21) より，$\dot{\boldsymbol{x}} = \boldsymbol{A}\boldsymbol{x} + \boldsymbol{B}u$, $z = \boldsymbol{C}\boldsymbol{x}$ が求まる。式 (4.50) より，$\boldsymbol{C}$ は式 (1.31) で与えられる。また，式 (4.49) より，$y = z + b_n u$ なので，$y = \boldsymbol{C}\boldsymbol{x} + b_n u$ となり，$D = b_n$ を得る。よって D は式 (1.32) で与えられる。 ◇

4.2.3 双対システムと元のシステムとが等価なことの証明

1 入出力系のとき，p.11 の式 (1.40) と式 (1.41) を伝達関数 $G(s)$ に変換すると互いに等しくなることを証明する。

【証明】 p.5 の式 (1.12) の両辺を転置する。

$$
\boldsymbol{G}^{\mathrm{T}}(s) = \left(\boldsymbol{C}(s\boldsymbol{I} - \boldsymbol{A})^{-1}\boldsymbol{B} + \boldsymbol{D}\right)^{\mathrm{T}}
$$

$(\boldsymbol{X}\boldsymbol{Y})^{\mathrm{T}} = \boldsymbol{Y}^{\mathrm{T}}\boldsymbol{X}^{\mathrm{T}}$ (p.127), $\left(\boldsymbol{X}^{-1}\right)^{\mathrm{T}} = \left(\boldsymbol{X}^{\mathrm{T}}\right)^{-1}$ (p.127) より

$$
\begin{aligned}
\boldsymbol{G}^{\mathrm{T}}(s) &= \boldsymbol{B}^{\mathrm{T}}\left(s\boldsymbol{I}^{\mathrm{T}} - \boldsymbol{A}^{\mathrm{T}}\right)^{-1}\boldsymbol{C}^{\mathrm{T}} + \boldsymbol{D}^{\mathrm{T}} \\
&= \boldsymbol{B}^{\mathrm{T}}\left(s\boldsymbol{I} - \boldsymbol{A}^{\mathrm{T}}\right)^{-1}\boldsymbol{C}^{\mathrm{T}} + \boldsymbol{D}^{\mathrm{T}} \leftarrow \boldsymbol{I}^{\mathrm{T}} = \boldsymbol{I}
\end{aligned}
$$

となる。これより，$\boldsymbol{G}^{\mathrm{T}}(s)$ は式 (1.40) の伝達関数表現である。

1 入出力系のとき，$G(s)$ はスカラなので $G^{\mathrm{T}}(s) = G(s)$ である。ゆえに双対システムと元のシステムとは同じシステムである。 ◇

4.2.4 同値変換しても固有値が不変なことの証明

同値変換 $\overline{\boldsymbol{A}}$（えーばー） $= \boldsymbol{T}\boldsymbol{A}\boldsymbol{T}^{-1}$, $\overline{\boldsymbol{B}} = \boldsymbol{T}\boldsymbol{B}$, $\overline{\boldsymbol{C}} = \boldsymbol{C}\boldsymbol{T}^{-1}$ (p.6 の式 (1.16)) を行っ

たシステムの伝達関数 $\overline{\boldsymbol{G}}(s)$ を求め，それが元のシステムの伝達関数 $\boldsymbol{G}(s)$ と一致することを示そう。これを示せば，固有値は伝達関数の極 (p.12) なので，不変であることが証明される。

【証明】

$$\begin{aligned}
\overline{\boldsymbol{G}}(s) &= \overline{\boldsymbol{C}}\left(s\boldsymbol{I}-\overline{\boldsymbol{A}}\right)^{-1}\overline{\boldsymbol{B}}+\boldsymbol{D} \leftarrow \text{p.5 の式 (1.12) の公式より}\\
&= \boldsymbol{C}\boldsymbol{T}^{-1}\left(s\boldsymbol{I}-\boldsymbol{T}\boldsymbol{A}\boldsymbol{T}^{-1}\right)^{-1}\boldsymbol{T}\boldsymbol{B}+\boldsymbol{D} \leftarrow \overline{\boldsymbol{C}}=\boldsymbol{C}\boldsymbol{T}^{-1}\ \text{などを代入}\\
&= \boldsymbol{C}\underbrace{\overbrace{\left(\left(s\boldsymbol{I}-\boldsymbol{T}\boldsymbol{A}\boldsymbol{T}^{-1}\right)\boldsymbol{T}\right)^{-1}}^{\boldsymbol{Y}^{-1}\boldsymbol{X}^{-1}=(\boldsymbol{X}\boldsymbol{Y})^{-1}\text{を用いた (p.125)}}\boldsymbol{T}}_{\boldsymbol{Y}^{-1}\boldsymbol{X}^{-1}=(\boldsymbol{X}\boldsymbol{Y})^{-1}\text{を用いる}}\boldsymbol{B}+\boldsymbol{D}\\
&= \boldsymbol{C}\left(\boldsymbol{T}^{-1}\left(s\boldsymbol{I}-\boldsymbol{T}\boldsymbol{A}\boldsymbol{T}^{-1}\right)\boldsymbol{T}\right)^{-1}\boldsymbol{B}+\boldsymbol{D}\\
&= \boldsymbol{C}(s\underbrace{\boldsymbol{T}^{-1}\boldsymbol{I}\boldsymbol{T}}_{\boldsymbol{I}}-\underbrace{\boldsymbol{T}^{-1}\boldsymbol{T}}_{\boldsymbol{I}}\boldsymbol{A}\underbrace{\boldsymbol{T}^{-1}\boldsymbol{T}}_{\boldsymbol{I}})^{-1}\boldsymbol{B}+\boldsymbol{D}\\
&= \boldsymbol{C}\left(s\boldsymbol{I}-\boldsymbol{A}\right)^{-1}\boldsymbol{B}+\boldsymbol{D}\\
&= \boldsymbol{G}(s)
\end{aligned}$$

ゆえに $\overline{\boldsymbol{G}}(s)=\boldsymbol{G}(s)$ である。 ◇

4.2.5　$e^{\boldsymbol{A}t}$ の性質の証明

p.15 の式 (1.56)〜(1.61) を証明しよう。

（1）　$e^{\boldsymbol{A}\cdot 0}=\boldsymbol{I}$ の証明

【証明】 p.15 の式 (1.55) に $t=0$ を代入すると式 (1.56) を得る。

$$e^{\boldsymbol{A}\cdot 0}=\boldsymbol{I}+\boldsymbol{A}\cdot 0+\frac{(\boldsymbol{A}\cdot 0)^2}{2!}+\frac{(\boldsymbol{A}\cdot 0)^3}{3!}+\frac{(\boldsymbol{A}\cdot 0)^4}{4!}+\cdots=\boldsymbol{I}$$

◇

（2）　$\dfrac{d}{dt}e^{\boldsymbol{A}t}=\boldsymbol{A}e^{\boldsymbol{A}t}=e^{\boldsymbol{A}t}\boldsymbol{A}$ の証明

【証明】 p.15 の式 (1.55) を t で微分する。

$$\begin{aligned}
\frac{d}{dt}e^{\boldsymbol{A}t} &= \frac{d}{dt}\left(\boldsymbol{I}+\boldsymbol{A}t+\frac{(\boldsymbol{A}t)^2}{2!}+\frac{(\boldsymbol{A}t)^3}{3!}+\frac{(\boldsymbol{A}t)^4}{4!}+\cdots\right)\\
&= \boldsymbol{O}+\boldsymbol{A}\cdot 1+2\boldsymbol{A}\frac{(\boldsymbol{A}t)^1}{2!}+3\boldsymbol{A}\frac{(\boldsymbol{A}t)^2}{3!}+4\boldsymbol{A}\frac{(\boldsymbol{A}t)^3}{4!}+\cdots\\
&= \boldsymbol{A}+\boldsymbol{A}^2t+\frac{\boldsymbol{A}^3t^2}{2!}+\frac{\boldsymbol{A}^4t^3}{3!}+\cdots \qquad (4.51)
\end{aligned}$$

$$= \boldsymbol{A}\left(\boldsymbol{I} + \boldsymbol{A}t + \frac{(\boldsymbol{A}t)^2}{2!} + \frac{(\boldsymbol{A}t)^3}{3!} + \cdots\right) \leftarrow \boldsymbol{A} \text{ を左にくくった}$$

$$\therefore \quad \frac{d}{dt}e^{\boldsymbol{A}t} = \boldsymbol{A}e^{\boldsymbol{A}t}$$

式 (4.51) において $\boldsymbol{A}$ を右にくくれば $\dfrac{d}{dt}e^{\boldsymbol{A}t} = e^{\boldsymbol{A}t}\boldsymbol{A}$ を得る。よって式 (1.57) が証明された。 ◇

（3） $\int e^{\boldsymbol{A}t}dt = \boldsymbol{A}^{-1}e^{\boldsymbol{A}t} = e^{\boldsymbol{A}t}\boldsymbol{A}^{-1}$ の証明

【証明】 式 (1.57) の $\dfrac{d}{dt}e^{\boldsymbol{A}t} = e^{\boldsymbol{A}t}\boldsymbol{A}$ の両辺を積分する。

$$\int \frac{d}{dt}e^{\boldsymbol{A}t}dt = \int e^{\boldsymbol{A}t}\boldsymbol{A}dt$$

$$e^{\boldsymbol{A}t} = \int e^{\boldsymbol{A}t}dt\boldsymbol{A} \leftarrow \boldsymbol{A} \text{ は定数なので積分の外に出した}$$

$$e^{\boldsymbol{A}t}\boldsymbol{A}^{-1} = \int e^{\boldsymbol{A}t}dt \leftarrow \text{両辺に左から } \boldsymbol{A}^{-1} \text{ を掛けた}$$

式 (1.57) の $\dfrac{d}{dt}e^{\boldsymbol{A}t} = \boldsymbol{A}e^{\boldsymbol{A}t}$ についても同様の計算を行うと $\boldsymbol{A}^{-1}e^{\boldsymbol{A}t} = \int e^{\boldsymbol{A}t}dt$ を得る。よって式 (1.58) が証明された。 ◇

（4） $\boldsymbol{XY} = \boldsymbol{YX}$ のとき $e^{\boldsymbol{X}}e^{\boldsymbol{Y}} = e^{\boldsymbol{X}+\boldsymbol{Y}}$ の証明

【証明】 x がスカラのとき，e^x をテイラー展開すると次式を得る†。

$$e^x = 1 + x + \frac{x^2}{2!} + \frac{x^3}{3!} + \frac{x^4}{4!} + \cdots \tag{4.52}$$

$x \to x + y$ に置き換えると

$$e^{x+y} = 1 + (x+y) + \frac{(x+y)^2}{2!} + \frac{(x+y)^3}{3!} + \frac{(x+y)^4}{4!} + \cdots \tag{4.53}$$

を得る。また，e^x と e^y を掛けると次式を得る。

$$e^x e^y = \left(1 + x + \frac{x^2}{2!} + \frac{x^3}{3!} + \cdots\right)\left(1 + y + \frac{y^2}{2!} + \frac{y^3}{3!} + \cdots\right) \tag{4.54}$$

式 (4.52) の $1 \to \boldsymbol{I}$，$x \to \boldsymbol{A}t$ に置き換えると，p.15 の式 (1.55) になる。$\boldsymbol{X}$ が $n \times n$ 行列のとき，式 (1.55) の $\boldsymbol{A}t \to \boldsymbol{X}$ に置き換える。

$$e^{\boldsymbol{X}} = \boldsymbol{I} + \boldsymbol{X} + \frac{\boldsymbol{X}^2}{2!} + \frac{\boldsymbol{X}^3}{3!} + \frac{\boldsymbol{X}^4}{4!} + \cdots \tag{4.55}$$

$\boldsymbol{Y}$ が $n \times n$ 行列のときも同様に $e^{\boldsymbol{Y}}$ を定義して次式を得る。

† 前書『高校数学でマスターする制御工学』の p.159 を参照。

$$
\begin{aligned}
&e^{\boldsymbol{X}}e^{\boldsymbol{Y}}\\
&=\left(\boldsymbol{I}+\boldsymbol{X}+\frac{\boldsymbol{X}^2}{2!}+\frac{\boldsymbol{X}^3}{3!}+\cdots\right)\left(\boldsymbol{I}+\boldsymbol{Y}+\frac{\boldsymbol{Y}^2}{2!}+\frac{\boldsymbol{Y}^3}{3!}+\cdots\right)
\end{aligned}
\tag{4.56}
$$

この式の右辺を展開すると，すべての項は行列 $\boldsymbol{I}$，$\boldsymbol{X}$，$\boldsymbol{Y}$ の積である。このとき行列の積は，$\boldsymbol{XY}=\boldsymbol{YX}$ であれば，スカラの積と同じ演算ができる。スカラの場合，$e^x e^y = e^{x+y}$ なので，式 (4.53) の右辺と式 (4.54) とは等しい。ゆえに $\boldsymbol{XY}=\boldsymbol{YX}$ ならば

$$
\begin{aligned}
\text{式 (4.56)} &= \boldsymbol{I}+(\boldsymbol{X}+\boldsymbol{Y})+\frac{(\boldsymbol{X}+\boldsymbol{Y})^2}{2!}+\frac{(\boldsymbol{X}+\boldsymbol{Y})^3}{3!}+\frac{(\boldsymbol{X}+\boldsymbol{Y})^4}{4!}+\cdots\\
&= e^{\boldsymbol{X}+\boldsymbol{Y}} \leftarrow \text{式 (4.55) より}
\end{aligned}
$$

が成り立つ。よって

$$
\boldsymbol{XY}=\boldsymbol{YX}\text{のとき}\quad e^{\boldsymbol{X}}e^{\boldsymbol{Y}}=e^{\boldsymbol{X}+\boldsymbol{Y}} \tag{4.57}
$$

が証明された。 ◇

（5） $e^{\boldsymbol{A}(t-t_0)}=e^{\boldsymbol{A}t}e^{-\boldsymbol{A}t_0}$ の証明

【証明】 $\boldsymbol{X}=\boldsymbol{A}t$，$\boldsymbol{Y}=-\boldsymbol{A}t_0$ とおくと $\boldsymbol{XY}=\boldsymbol{YX}=-\boldsymbol{A}^2tt_0$ となるので，式 (4.57) が成立する。

$$
\begin{aligned}
&e^{\boldsymbol{A}t}e^{-\boldsymbol{A}t_0}=e^{\boldsymbol{A}t+(-\boldsymbol{A}t_0)}\\
\therefore\quad &e^{\boldsymbol{A}t}e^{-\boldsymbol{A}t_0}=e^{\boldsymbol{A}(t-t_0)}
\end{aligned}
$$

よって式 (1.59) が証明された。 ◇

（6） $\left(e^{\boldsymbol{A}t}\right)^{-1}=e^{-\boldsymbol{A}t}$ の証明

【証明】 式 (1.59) に $t_0=t$ を代入する。

$$
e^{\boldsymbol{A}t}e^{-\boldsymbol{A}t}=e^{\boldsymbol{A}(t-t)}=e^{\boldsymbol{A}\cdot 0}=\boldsymbol{I} \leftarrow \text{式 (1.56) より}
$$

掛けると $\boldsymbol{I}$ になる行列は逆行列なので式 (1.60) が証明された。 ◇

（7） $e^{\boldsymbol{A}t}=\mathcal{L}^{-1}\left[(s\boldsymbol{I}-\boldsymbol{A})^{-1}\right]$ の証明

【証明】 $\boldsymbol{u}(t)=\boldsymbol{O}$ のときの状態方程式 $\dot{\boldsymbol{x}}(t)=\boldsymbol{A}\boldsymbol{x}(t)$ をラプラス変換すると微分公式[†]より次式を得る。

$$
s\boldsymbol{x}(s)-\boldsymbol{x}(0)=\boldsymbol{A}\boldsymbol{x}(s)
$$

† 前書『高校数学でマスターする制御工学』の索引「微分公式」を参照。

$$
\begin{aligned}
& s\boldsymbol{I}\boldsymbol{x}(s) - \boldsymbol{A}\boldsymbol{x}(s) = \boldsymbol{x}(0) \\
& (s\boldsymbol{I} - \boldsymbol{A})\,\boldsymbol{x}(s) = \boldsymbol{x}(0) \\
\therefore\quad & \boldsymbol{x}(s) = (s\boldsymbol{I} - \boldsymbol{A})^{-1}\,\boldsymbol{x}(0)
\end{aligned}
$$

逆ラプラス変換する。

$$
\begin{aligned}
& \boldsymbol{x}(t) = \mathcal{L}^{-1}\left[\boldsymbol{x}(s)\right] = \mathcal{L}^{-1}\left[(s\boldsymbol{I} - \boldsymbol{A})^{-1}\,\boldsymbol{x}(0)\right] \\
\therefore\quad & \boldsymbol{x}(t) = \mathcal{L}^{-1}\left[(s\boldsymbol{I} - \boldsymbol{A})^{-1}\right]\boldsymbol{x}(0) \;\leftarrow \boldsymbol{x}(0)\text{ は定数より}
\end{aligned}
\tag{4.58}
$$

p.15 の式 (1.54) の状態方程式の解に $\boldsymbol{u}(t) = \boldsymbol{O}$ を代入する。

$$
\begin{aligned}
& \boldsymbol{x}(t) = e^{\boldsymbol{A}t}\boldsymbol{x}(0) + \int_0^t e^{\boldsymbol{A}(t-\tau)}\boldsymbol{B}\cdot\boldsymbol{O}\; d\tau \\
\therefore\quad & \boldsymbol{x}(t) = e^{\boldsymbol{A}t}\boldsymbol{x}(0)
\end{aligned}
$$

これは式 (4.58) と等しく，あらゆる $\boldsymbol{x}(0)$ で成り立つので式 (1.61) を得る。 ◇

4.2.6　状態方程式 $\dot{\boldsymbol{x}} = \boldsymbol{A}\boldsymbol{x} + \boldsymbol{B}\boldsymbol{u}$ の解の証明

【証明】 状態方程式 $\dot{\boldsymbol{x}}(t) = \boldsymbol{A}\boldsymbol{x}(t) + \boldsymbol{B}\boldsymbol{u}(t)$ より $\boldsymbol{B}\boldsymbol{u}(t) = \dot{\boldsymbol{x}}(t) - \boldsymbol{A}\boldsymbol{x}(t)$ である。これに左から $e^{-\boldsymbol{A}t}$ を掛ける。

$$
\begin{aligned}
e^{-\boldsymbol{A}t}\boldsymbol{B}\boldsymbol{u}(t) &= e^{-\boldsymbol{A}t}\dot{\boldsymbol{x}}(t)\,\underline{-e^{-\boldsymbol{A}t}\boldsymbol{A}}\,\boldsymbol{x}(t) \\
&= e^{-\boldsymbol{A}t}\dot{\boldsymbol{x}}(t) + \underline{\frac{d}{dt}\left(e^{-\boldsymbol{A}t}\right)}\boldsymbol{x}(t) \;\leftarrow \text{p.15 の式 (1.57)} \\
&= \frac{d}{dt}\left(e^{-\boldsymbol{A}t}\boldsymbol{x}(t)\right) \;\leftarrow \frac{d}{dt}(xy) = \dot{x}y + x\dot{y} \\
\therefore\quad e^{-\boldsymbol{A}\tau}\boldsymbol{B}\boldsymbol{u}(\tau) &= \frac{d}{d\tau}\left(e^{-\boldsymbol{A}\tau}\boldsymbol{x}(\tau)\right) \;\leftarrow t\text{ を }\tau\text{ に置き換えた}
\end{aligned}
$$

t_0 から t まで積分する。

$$
\begin{aligned}
\int_{t_0}^t e^{-\boldsymbol{A}\tau}\boldsymbol{B}\boldsymbol{u}(\tau)\; d\tau &= \int_{t_0}^t \frac{d}{d\tau}\left(e^{-\boldsymbol{A}\tau}\boldsymbol{x}(\tau)\right)d\tau \\
&= \left[e^{-\boldsymbol{A}\tau}\boldsymbol{x}(\tau)\right]_{t_0}^t \\
\therefore\quad \int_{t_0}^t e^{-\boldsymbol{A}\tau}\boldsymbol{B}\boldsymbol{u}(\tau)\; d\tau &= e^{-\boldsymbol{A}t}\boldsymbol{x}(t) - e^{-\boldsymbol{A}t_0}\boldsymbol{x}(t_0)
\end{aligned}
$$

両辺に $e^{-\boldsymbol{A}t_0}\boldsymbol{x}(t_0)$ を足して，左辺と右辺を入れ替える。

$$
e^{-\boldsymbol{A}t}\boldsymbol{x}(t) = e^{-\boldsymbol{A}t_0}\boldsymbol{x}(t_0) + \int_{t_0}^t e^{-\boldsymbol{A}\tau}\boldsymbol{B}\boldsymbol{u}\; d\tau
$$

両辺に左から $e^{\boldsymbol{A}t}$ を掛ける。

$$\underbrace{e^{\boldsymbol{A}t}e^{-\boldsymbol{A}t}}_{\boldsymbol{I}(\text{式 (1.60),p.15})}\ \boldsymbol{x}(t)=e^{\boldsymbol{A}t}e^{-\boldsymbol{A}t_0}\boldsymbol{x}(t_0)+e^{\boldsymbol{A}t}\int_{t_0}^{t}e^{-\boldsymbol{A}\tau}\boldsymbol{Bu}\,d\tau$$

$$\boldsymbol{x}(t)=\underbrace{e^{\boldsymbol{A}(t-t_0)}}_{\text{式 (1.59)}}\boldsymbol{x}(t_0)+\underbrace{\int_{t_0}^{t}e^{\boldsymbol{A}t}e^{-\boldsymbol{A}\tau}\boldsymbol{Bu}\,d\tau}_{e^{\boldsymbol{A}t}\text{は}\tau\text{と無関係なので積分の中に入れる}}$$

$$\therefore\quad \boldsymbol{x}(t)=e^{\boldsymbol{A}(t-t_0)}\boldsymbol{x}(t_0)+\int_{t_0}^{t}\underbrace{e^{\boldsymbol{A}(t-\tau)}}_{\text{式 (1.59)}}\boldsymbol{Bu}\,d\tau$$

p.15 の式 (1.53) を得た。$\dot{\boldsymbol{x}}(t)=\boldsymbol{Ax}(t)+\boldsymbol{Bu}(t)$ を変形して直接求めたので，これ以外の解は存在しない。このような解を**唯一解** (一意解) という。 ♢

4.2.7 システムの接続の証明

p.19 のシステムの接続を証明しよう。

(1) 直列接続

【証明】 図 1.6(a) より，$\boldsymbol{u_2}=\boldsymbol{y_1}$，$\boldsymbol{y_2}=\boldsymbol{y}$ である。これらを式 (1.71) に代入する。

$$\boldsymbol{G_2}\begin{cases}\dot{\boldsymbol{x}}_2=\boldsymbol{A_2x_2}+\boldsymbol{B_2y_1}\\ \boldsymbol{y}=\boldsymbol{C_2x_2}+\boldsymbol{D_2y_1}\end{cases}\tag{4.59}$$

図より $\boldsymbol{u_1}=\boldsymbol{u}$ である。これと式 (1.70) の $\boldsymbol{y_1}=\boldsymbol{C_1x_1}+\boldsymbol{D_1u_1}$ を代入する。

$$\dot{\boldsymbol{x}}_2=\boldsymbol{A_2x_2}+\boldsymbol{B_2}\underbrace{(\boldsymbol{C_1x_1}+\boldsymbol{D_1u})}_{\boldsymbol{y_1}}=[\boldsymbol{B_2C_1}\ \ \boldsymbol{A_2}]\begin{bmatrix}\boldsymbol{x_1}\\ \boldsymbol{x_2}\end{bmatrix}+\boldsymbol{B_2D_1u}$$

これを式 (1.70) とまとめると式 (1.72) が得られる (行列の積は p.121 の式 (4.16))。つぎに式 (4.59) の $\boldsymbol{y}=\boldsymbol{C_2x_2}+\boldsymbol{D_2y_1}$ に代入すると，式 (1.73) が得られる。

$$\boldsymbol{y}=\boldsymbol{C_2x_2}+\boldsymbol{D_2}\underbrace{(\boldsymbol{C_1x_1}+\boldsymbol{D_1u})}_{\boldsymbol{y_1}}=[\boldsymbol{D_2C_1}\ \ \boldsymbol{C_2}]\begin{bmatrix}\boldsymbol{x_1}\\ \boldsymbol{x_2}\end{bmatrix}+\boldsymbol{D_2D_1u}$$

♢

(2) 並列接続

【証明】 図 1.6(b) より，$\boldsymbol{u_1}=\boldsymbol{u_2}=\boldsymbol{u}$，$\boldsymbol{y}=\boldsymbol{y_1}+\boldsymbol{y_2}$ である。これらを式 (1.70), (1.71) に代入してまとめると式 (1.74) を得る (行列の掛け算は p.121 の式 (4.16))。 ♢

(3) フィードバック接続

【証明】 図 1.6(c) より，$\boldsymbol{e} = \boldsymbol{u} - \boldsymbol{y_2}$，$\boldsymbol{u_2} = \boldsymbol{y_1} = \boldsymbol{y}$，$\boldsymbol{u_1} = \boldsymbol{e}$ である。まず $\boldsymbol{e}$ を計算する。

$$
\begin{aligned}
\boldsymbol{e} &= \boldsymbol{u} - \boldsymbol{y_2} = \boldsymbol{u} - (\boldsymbol{C_2 x_2} + \boldsymbol{D_2 y}) \leftarrow \text{式 (1.71) の } \boldsymbol{y_2},\ \boldsymbol{u_2} = \boldsymbol{y} \text{ を代入} \\
&= \boldsymbol{u} - \boldsymbol{C_2 x_2} - \boldsymbol{D_2}(\boldsymbol{C_1 x_1} + \boldsymbol{D_1 e}) \leftarrow \boldsymbol{y} = \boldsymbol{y_1},\ \text{式 (1.70)},\ \boldsymbol{u_1} = \boldsymbol{e} \text{ を代入} \\
(\boldsymbol{I} + \boldsymbol{D_2 D_1})\boldsymbol{e} &= \boldsymbol{u} - \boldsymbol{C_2 x_2} - \boldsymbol{D_2 C_1 x_1} \leftarrow \text{右辺の } \boldsymbol{e} \text{ を左辺に移項} \\
\therefore\quad \boldsymbol{e} &= \boldsymbol{d}(\boldsymbol{u} - \boldsymbol{C_2 x_2} - \boldsymbol{D_2 C_1 x_1}),\ \boldsymbol{d} = (\boldsymbol{I} + \boldsymbol{D_2 D_1})^{-1} \qquad (4.60)
\end{aligned}
$$

この $\boldsymbol{e}$ を式 (1.70) の $\boldsymbol{y} = \boldsymbol{C_1 x_1} + \boldsymbol{D_1 e}$ に代入する。

$$
\begin{aligned}
\boldsymbol{y} &= \boldsymbol{C_1 x_1} + \boldsymbol{D_1 d}(\boldsymbol{u} - \boldsymbol{C_2 x_2} - \boldsymbol{D_2 C_1 x_1}) \\
&= (\boldsymbol{C_1} - \boldsymbol{D_1 d D_2 C_1})\boldsymbol{x_1} - \boldsymbol{D_1 d C_2 x_2} + \boldsymbol{D_1 d u} \qquad (4.61)
\end{aligned}
$$

これより式 (1.77) の出力方程式 ($\boldsymbol{y}$ の式) が得られる。式 (4.60), (4.61) を式 (1.70), (1.71) の $\dot{\boldsymbol{x}}_1$，$\dot{\boldsymbol{x}}_2$ の式に代入する。

$$
\begin{aligned}
\dot{\boldsymbol{x}}_1 &= \boldsymbol{A_1 x_1} + \boldsymbol{B_1 e} = \boldsymbol{A_1 x_1} + \boldsymbol{B_1 d}(\boldsymbol{u} - \boldsymbol{C_2 x_2} - \boldsymbol{D_2 C_1 x_1}) \\
&= (\boldsymbol{A_1} - \boldsymbol{B_1 d D_2 C_1})\boldsymbol{x_1} - \boldsymbol{B_1 d C_2 x_2} + \boldsymbol{B_1 d u} \\
\dot{\boldsymbol{x}}_2 &= \boldsymbol{A_2 x_2} + \boldsymbol{B_2 y} \\
&= \boldsymbol{A_2 x_2} + \boldsymbol{B_2}((\boldsymbol{C_1} - \boldsymbol{D_1 d D_2 C_1})\boldsymbol{x_1} - \boldsymbol{D_1 d C_2 x_2} + \boldsymbol{D_1 d u}) \\
&= \boldsymbol{B_2}(\boldsymbol{C_1} - \boldsymbol{D_1 d D_2 C_1})\boldsymbol{x_1} + (\boldsymbol{A_2} - \boldsymbol{B_2 D_1 d C_2})\boldsymbol{x_2} + \boldsymbol{B_2 D_1 d u}
\end{aligned}
$$

$\dot{\boldsymbol{x}}_1$，$\dot{\boldsymbol{x}}_2$ の式をまとめると，式 (1.76) の状態方程式が得られる (行列の掛け算は p.121 の式 (4.16))。 ◇

4.2.8 可制御性行列による可制御正準形への変換

1 入出力系のとき，$\boldsymbol{A}$, $\boldsymbol{B}$, $\boldsymbol{C}$ を可制御正準形 (p.7 の式 (1.20)) の $\overline{\boldsymbol{A}}$, $\overline{\boldsymbol{B}}$, $\overline{\boldsymbol{C}}$ に変換する行列 $\boldsymbol{T}$ を求めよう。

【証明】 これから次数 $n = 3$ のときに $\boldsymbol{T}$ を求める手順を示すが，$n > 3$ の場合にも同様の手順で求めることができる。p.6 の式 (1.16) の $\overline{\boldsymbol{A}} = \boldsymbol{TAT}^{-1}$，$\overline{\boldsymbol{B}} = \boldsymbol{TB}$ に左から $\boldsymbol{T}^{-1}$ を掛ける。

$$\boldsymbol{AT}^{-1} = \boldsymbol{T}^{-1}\overline{\boldsymbol{A}} \qquad (4.62)$$

$$\boldsymbol{B} = \boldsymbol{T}^{-1}\overline{\boldsymbol{B}} \qquad (4.63)$$

$\boldsymbol{T}^{-1}$ の各列を $\boldsymbol{t_i}$ とおいた $\boldsymbol{T}^{-1} = [\boldsymbol{t_1}\ \ \boldsymbol{t_2}\ \ \boldsymbol{t_3}]$ を式 (4.63) に代入する。

$$\boldsymbol{B} = [\boldsymbol{t_1}\ \ \boldsymbol{t_2}\ \ \boldsymbol{t_3}]\begin{bmatrix} 0 \\ 0 \\ 1 \end{bmatrix} = \underbrace{\boldsymbol{t_1}\cdot 0 + \boldsymbol{t_2}\cdot 0 + \boldsymbol{t_3}\cdot 1}_{\text{行列の積は p.121 の式 (4.16)}} = \boldsymbol{t_3} \tag{4.64}$$

同様に式 (4.62) に代入する。

$$\begin{aligned}\boldsymbol{A}[\boldsymbol{t_1}\ \ \boldsymbol{t_2}\ \ \boldsymbol{t_3}] &= [\boldsymbol{t_1}\ \ \boldsymbol{t_2}\ \ \boldsymbol{t_3}]\begin{bmatrix} 0 & 1 & 0 \\ 0 & 0 & 1 \\ -a_0 & -a_1 & -a_2 \end{bmatrix} \\ &= [-a_0\boldsymbol{t_3}\quad \boldsymbol{t_1} - a_1\boldsymbol{t_3}\quad \boldsymbol{t_2} - a_2\boldsymbol{t_3}]\end{aligned}$$

$$\therefore\quad \boldsymbol{A}[\boldsymbol{t_1}\ \ \boldsymbol{t_2}\ \ \boldsymbol{B}] = [-a_0\boldsymbol{B}\quad \boldsymbol{t_1} - a_1\boldsymbol{B}\quad \boldsymbol{t_2} - a_2\boldsymbol{B}] \leftarrow \text{式 (4.64)} \tag{4.65}$$

式 (4.65) の 3 列目は $\boldsymbol{AB} = \boldsymbol{t_2} - a_2\boldsymbol{B}$ である。変形して次式を得る。

$$\boldsymbol{t_2} = \boldsymbol{AB} + a_2\boldsymbol{B} \leftarrow \text{式 (4.64)} \tag{4.66}$$

式 (4.65) の 2 列目は $\boldsymbol{At_2} = \boldsymbol{t_1} - a_1\boldsymbol{B}$ である。式 (4.66) を代入して次式を得る。

$$\begin{aligned}\boldsymbol{t_1} &= \boldsymbol{At_2} + a_1\boldsymbol{B} = \boldsymbol{A}\underbrace{(\boldsymbol{AB} + a_2\boldsymbol{B})}_{\text{式 (4.66) より}} + a_1\boldsymbol{B} \\ &= \boldsymbol{A}^2\boldsymbol{B} + \boldsymbol{A}a_2\boldsymbol{B} + a_1\boldsymbol{B}\end{aligned} \tag{4.67}$$

式 (4.64), (4.66), (4.67) より $\boldsymbol{T}^{-1}$ は

$$\begin{aligned}\boldsymbol{T}^{-1} &= [\boldsymbol{t_1}\ \ \boldsymbol{t_2}\ \ \boldsymbol{B}] \\ &= \left[a_1\boldsymbol{B} + a_2\boldsymbol{AB} + \boldsymbol{A}^2\boldsymbol{B}\quad a_2\boldsymbol{B} + \boldsymbol{AB}\quad \boldsymbol{B}\right]\end{aligned}$$

$$\therefore\quad \boldsymbol{T}^{-1} = \left[\boldsymbol{B}\ \ \boldsymbol{AB}\ \ \boldsymbol{A}^2\boldsymbol{B}\right]\begin{bmatrix} a_1 & a_2 & 1 \\ a_2 & 1 & 0 \\ 1 & 0 & 0 \end{bmatrix} \leftarrow \text{式 (4.16)} \tag{4.68}$$

となる。次数が n の場合も同様の手順を行うと次式が得られる。

$$\boldsymbol{T}^{-1} = \underbrace{\left[\boldsymbol{B}\ \boldsymbol{AB}\ \cdots\ \boldsymbol{A}^{n-1}\boldsymbol{B}\right]}_{\text{これは p.25 の式 (1.90) の}\boldsymbol{V_c}}\underbrace{\begin{bmatrix} a_1 & a_2 & \cdots & a_{n-1} & 1 \\ a_2 & a_3 & \iddots & 1 & 0 \\ \vdots & \iddots & \iddots & \iddots & \vdots \\ a_{n-1} & 1 & \iddots & 0 & \vdots \\ 1 & 0 & \cdots & \cdots & 0 \end{bmatrix}}_{\boldsymbol{M}\text{とおく}} \tag{4.69}$$

この式の右辺は，p.25 の可制御性行列 $\boldsymbol{V_c}$ と，右斜め下の要素がすべて 0 の行列 $\boldsymbol{M}$ の積である。$\boldsymbol{T}^{-1} = \boldsymbol{V_c}\boldsymbol{M}$ の両辺の逆行列をとると $\boldsymbol{T} = (\boldsymbol{V_c}\boldsymbol{M})^{-1}$ である。$(\boldsymbol{X}\boldsymbol{Y})^{-1} = \boldsymbol{Y}^{-1}\boldsymbol{X}^{-1}$ (p.125 の 4.1.11 項) より

$$\boldsymbol{T} = \boldsymbol{M}^{-1}\boldsymbol{V_c}^{-1} \tag{4.70}$$

となる。逆行列 $\boldsymbol{M}^{-1}$ が必ず存在することをこれから示す。掃出し法 (p.124) は，行の入替えをしてもよいので，$\boldsymbol{M}$ の行を上下さかさまに入れ替える。すると $\boldsymbol{M}$ は対角要素がすべて 1 で，その右斜め上の要素がすべて 0 の行列になる。そのため，掃出し法の手順①は，すでに $\boldsymbol{A}$ の対角要素がすべて 1 なので不要である。手順②は，対角要素が 0 ではないので必ず実行できる。ゆえに $\boldsymbol{M}$ の逆行列 $\boldsymbol{M}^{-1}$ が必ず求まる。

以上より，$\boldsymbol{V_c}$ の逆行列が存在すれば，式 (4.70) の行列 $\boldsymbol{T}$ で可制御正準形に同値変換できる。 ◇

4.2.9　可制御と極配置の関係

可制御であれば，フィードバック系のすべての極を極配置法で自在に配置できることを示そう。

【証明】　p.25 の式 (1.90) の可制御性行列 $\begin{bmatrix}\boldsymbol{B} & \boldsymbol{AB} & \cdots & \boldsymbol{A}^{n-1}\boldsymbol{B}\end{bmatrix}$ の逆行列が存在するとき可制御である (p.25)。このとき，4.2.8 項より可制御正準形に変換できる。可制御正準形に変換できれば，つぎのようにしてすべての極を自在に配置できる。

配置したい極を解としてもつ s の n 次方程式を設定する。

$$s^n + d_{n-1}s^{n-1} + \cdots + d_1 s + d_0 = 0 \tag{4.71}$$

状態フィードバックゲイン K を次式 (p.23 の式 (1.87)) のように設定する。

$$\boldsymbol{K} = [d_0 - a_0 \quad d_1 - a_1 \quad \cdots \quad d_{n-1} - a_{n-1}] \tag{1.87}$$

閉ループ系の $\boldsymbol{A}$ 行列を計算する。

$$\begin{aligned}&\boldsymbol{A} - \boldsymbol{BK} \leftarrow \text{p.22 の式 (1.83)}\\ &= \begin{bmatrix} 0 & & & \\ \vdots & & \boldsymbol{I} & \\ 0 & & & \\ -a_0 & -a_1 & \cdots & -a_{n-1}\end{bmatrix} - \begin{bmatrix}0\\ \vdots \\ 0 \\ 1\end{bmatrix}[d_0 - a_0 \quad \cdots \quad d_{n-1} - a_{n-1}]\end{aligned}$$

$$
= \begin{bmatrix} 0 & & \boldsymbol{I} & \\ \vdots & & & \\ 0 & & & \\ -a_0 & -a_1 & \cdots & -a_{n-1} \end{bmatrix} - \underbrace{\begin{bmatrix} 0 & \cdots & 0 \\ \vdots & \cdots & \vdots \\ 0 & \cdots & 0 \\ d_0 - a_0 & \cdots & d_{n-1} - a_{n-1} \end{bmatrix}}_{\text{行列の掛け算は p.121 の式 (4.16)}}
$$

$$
= \begin{bmatrix} 0 & & \boldsymbol{I} & \\ \vdots & & & \\ 0 & & & \\ -d_0 & -d_1 & \cdots & -d_{n-1} \end{bmatrix}
$$

$\boldsymbol{A} - \boldsymbol{BK}$ の最下行が $[-d_0 \quad -d_1 \cdots \quad -d_{n-1}]$ になった。p.7 の式 (1.19), (1.20) より，$\boldsymbol{A} - \boldsymbol{BK}$ の最下行は伝達関数の分母多項式の係数なので，伝達関数の分母多項式は式 (4.71) の左辺になる。したがって，閉ループ系の極はすべて指定した値に配置される。 ◇

4.2.10 正 定 値 行 列

$n \times 1$ ベクトル $\boldsymbol{x}$ と $n \times n$ 行列 $\boldsymbol{P}$ を用いて，スカラ $V(\boldsymbol{x}) = \boldsymbol{x}^{\mathrm{T}}\boldsymbol{Px}$ を考える。$\boldsymbol{x}^{\mathrm{T}}\boldsymbol{Px}$ を**二次形式**という。ある $n \times n$ 行列 $\boldsymbol{T}$ を用いて $\boldsymbol{P} = \boldsymbol{T}^{\mathrm{T}}\boldsymbol{T}$ と表せると仮定する。このとき，$V(\boldsymbol{x}) = \boldsymbol{x}^{\mathrm{T}}\boldsymbol{Px} = \boldsymbol{x}^{\mathrm{T}}\boldsymbol{T}^{\mathrm{T}}\boldsymbol{Tx} = (\boldsymbol{Tx})^{\mathrm{T}}(\boldsymbol{Tx})$ となる。$\boldsymbol{a} = \boldsymbol{Tx}$ とおくと，$(\boldsymbol{Tx})^{\mathrm{T}}(\boldsymbol{Tx}) = \boldsymbol{a}^{\mathrm{T}}\boldsymbol{a} = a_1^2 + a_2^2 + \cdots \geqq 0$ となるので $V(\boldsymbol{x}) \geqq 0$ を満足する。ここで a_i は $\boldsymbol{a}$ の第 i 要素である。あらゆる $\boldsymbol{x}$ について $\boldsymbol{x}^{\mathrm{T}}\boldsymbol{Px} \geqq 0$ を満足する $\boldsymbol{P}$ を**半正定値行列**(準正定値行列，半正定行列) と呼び，$\boldsymbol{P} \geqq 0$ と表す。$\boldsymbol{P}^{\mathrm{T}} = \left(\boldsymbol{T}^{\mathrm{T}}\boldsymbol{T}\right)^{\mathrm{T}} = \boldsymbol{T}^{\mathrm{T}}\boldsymbol{T} = \boldsymbol{P}$ より，$\boldsymbol{P}$ は対称行列（$\boldsymbol{P}^{\mathrm{T}} = \boldsymbol{P}$ を満足する行列）である。また，$\boldsymbol{x} \neq \boldsymbol{O}$ のあらゆる $\boldsymbol{x}$ について $\boldsymbol{x}^{\mathrm{T}}\boldsymbol{Px} > 0$ であれば $\boldsymbol{P}$ を**正定値行列** (正定行列) と呼び，$\boldsymbol{P} > 0$ と表記する。$\boldsymbol{P}$ が正定値行列のとき $-\boldsymbol{P}$ を**負定値行列**といい，$\boldsymbol{P}$ が半正定値行列のとき $-\boldsymbol{P}$ を**半負定値行列** (準負定値行列，半負定行列) という。まとめるとつぎのようになる。

- $\boldsymbol{x}^{\mathrm{T}}\boldsymbol{Px} > 0$ ならば，正定値行列 ($\boldsymbol{P} = \boldsymbol{P}^{\mathrm{T}} > 0$ と表す)
- $\boldsymbol{x}^{\mathrm{T}}\boldsymbol{Px} \geqq 0$ ならば，半正定値行列 ($\boldsymbol{P} = \boldsymbol{P}^{\mathrm{T}} \geqq 0$ と表す)
- $\boldsymbol{x}^{\mathrm{T}}\boldsymbol{Px} < 0$ ならば，負定値行列 ($\boldsymbol{P} = \boldsymbol{P}^{\mathrm{T}} < 0$ と表す)

・$\boldsymbol{x}^{\mathrm{T}}\boldsymbol{P}\boldsymbol{x} \leqq 0$ ならば，半負定値行列 ($\boldsymbol{P} = \boldsymbol{P}^{\mathrm{T}} \leqq 0$ と表す)

4.2.11　$\boldsymbol{Q}$，$\boldsymbol{R} > 0$ のとき $\boldsymbol{Q} + \boldsymbol{K}^{\mathrm{T}}\boldsymbol{R}\boldsymbol{K} > 0$ の証明

【証明】 4.2.10 項より，$\boldsymbol{Q}$，$\boldsymbol{R} > 0$ のとき次式が成り立つ。

$$\boldsymbol{x}^{\mathrm{T}}\boldsymbol{Q}\boldsymbol{x} > 0,\ \boldsymbol{u}^{\mathrm{T}}\boldsymbol{R}\boldsymbol{u} > 0 \tag{4.72}$$

$\boldsymbol{x}$，$\boldsymbol{u}\,(\neq \boldsymbol{O})$ は列ベクトルである。

$$\begin{aligned}
&\boldsymbol{x}^{\mathrm{T}}\left(\boldsymbol{Q} + \boldsymbol{K}^{\mathrm{T}}\boldsymbol{R}\boldsymbol{K}\right)\boldsymbol{x} = \boldsymbol{x}^{\mathrm{T}}\boldsymbol{Q}\boldsymbol{x} + \boldsymbol{x}^{\mathrm{T}}\boldsymbol{K}^{\mathrm{T}}\boldsymbol{R}\boldsymbol{K}\boldsymbol{x}\\
&= \boldsymbol{x}^{\mathrm{T}}\boldsymbol{Q}\boldsymbol{x} + (\boldsymbol{K}\boldsymbol{x})^{\mathrm{T}}\boldsymbol{R}\boldsymbol{K}\boldsymbol{x} \leftarrow (\boldsymbol{X}\boldsymbol{Y})^{\mathrm{T}} = \boldsymbol{Y}^{\mathrm{T}}\boldsymbol{X}^{\mathrm{T}}\ \text{より (p.127)}\\
&= \boldsymbol{x}^{\mathrm{T}}\boldsymbol{Q}\boldsymbol{x} + \boldsymbol{u}^{\mathrm{T}}\boldsymbol{R}\boldsymbol{u} \leftarrow \boldsymbol{u} = \boldsymbol{K}\boldsymbol{x}\ \text{とおいた}\\
\therefore\quad &\boldsymbol{x}^{\mathrm{T}}\left(\boldsymbol{Q} + \boldsymbol{K}^{\mathrm{T}}\boldsymbol{R}\boldsymbol{K}\right)\boldsymbol{x} > 0 \leftarrow \text{式 (4.72) より}
\end{aligned} \tag{4.73}$$

ゆえに $\boldsymbol{Q} + \boldsymbol{K}^{\mathrm{T}}\boldsymbol{R}\boldsymbol{K} > 0$ である。　◇

4.2.12　リアプノフ方程式と $\boldsymbol{A}$ の固有値

リアプノフの安定性理論を理解しよう。あるスカラの関数 $V(\boldsymbol{x}) \geqq 0$ の時間微分が $\dfrac{d}{dt}V(\boldsymbol{x}) < 0$ のとき，$V(\boldsymbol{x})$ を横軸が時間のグラフに描くと図 **4.4** のようになる。微分 $\dfrac{d}{dt}V(\boldsymbol{x})$ は傾き (p.116) なので $V(\boldsymbol{x})$ の傾きがつねにマイナスとなり，時間が経つとともに $V(\boldsymbol{x})$ が下に向かう。ところが $V(\boldsymbol{x}) \geqq 0$ はつねにゼロ以上なのでどんどん 0 に近づき，最終的に 0 に収束する。つまり，$\lim_{t\to\infty} V(\boldsymbol{x}) = 0$ となる。このような性質をもつ $V(\boldsymbol{x})$ を**リアプノフ関数**という。

$\boldsymbol{u} = \boldsymbol{O}$ のとき，状態方程式 (p.2 の式 (1.1)) は $\dot{\boldsymbol{x}} = \boldsymbol{A}\boldsymbol{x}$ である。このときの $V(\boldsymbol{x}) = \boldsymbol{x}^{\mathrm{T}}\boldsymbol{P}\boldsymbol{x}$ を考えよう。$\boldsymbol{P}$ はサイズが $n \times n$ で $\boldsymbol{P} = \boldsymbol{P}^{\mathrm{T}} > 0$ の正定値行列 (p.143) である。$V(\boldsymbol{x})$ を t で微分する。

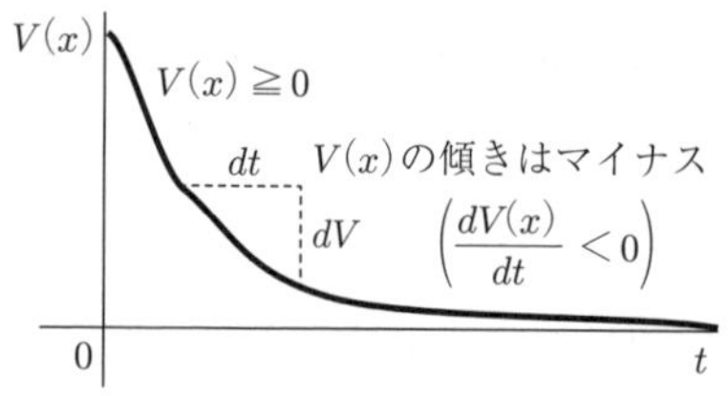

図 **4.4**　リアプノフ関数 $V(\boldsymbol{x})$ の例

$$\begin{aligned}\frac{d}{dt}V(\boldsymbol{x}) &= \frac{d}{dt}\left(\boldsymbol{x}^{\mathrm{T}}\boldsymbol{P}\boldsymbol{x}\right) = \dot{\boldsymbol{x}}^{\mathrm{T}}\boldsymbol{P}\boldsymbol{x} + \boldsymbol{x}^{\mathrm{T}}\boldsymbol{P}\dot{\boldsymbol{x}} \ \leftarrow \frac{d}{dt}(xy) = \dot{x}y + x\dot{y} \\ &= (\boldsymbol{A}\boldsymbol{x})^{\mathrm{T}}\boldsymbol{P}\boldsymbol{x} + \boldsymbol{x}^{\mathrm{T}}\boldsymbol{P}(\boldsymbol{A}\boldsymbol{x}) \ \leftarrow \dot{\boldsymbol{x}} = \boldsymbol{A}\boldsymbol{x} \\ &= \boldsymbol{x}^{\mathrm{T}}\boldsymbol{A}^{\mathrm{T}}\boldsymbol{P}\boldsymbol{x} + \boldsymbol{x}^{\mathrm{T}}\boldsymbol{P}\boldsymbol{A}\boldsymbol{x} \ \leftarrow (\boldsymbol{X}\boldsymbol{Y})^{\mathrm{T}} = \boldsymbol{Y}^{\mathrm{T}}\boldsymbol{X}^{\mathrm{T}} \ \text{(p.127)} \\ &= \boldsymbol{x}^{\mathrm{T}}\left(\boldsymbol{A}^{\mathrm{T}}\boldsymbol{P} + \boldsymbol{P}\boldsymbol{A}\right)\boldsymbol{x} \end{aligned} \tag{4.74}$$

$\boldsymbol{A}^{\mathrm{T}}\boldsymbol{P}+\boldsymbol{P}\boldsymbol{A}$ は $(\boldsymbol{X}\boldsymbol{Y})^{\mathrm{T}} = \boldsymbol{Y}^{\mathrm{T}}\boldsymbol{X}^{\mathrm{T}}$ (p.127) より，$\left(\boldsymbol{A}^{\mathrm{T}}\boldsymbol{P}+\boldsymbol{P}\boldsymbol{A}\right)^{\mathrm{T}} = \boldsymbol{P}\boldsymbol{A} + \boldsymbol{A}^{\mathrm{T}}\boldsymbol{P}$ を満足する対称行列である。よって，式 (4.74) より

$$\boldsymbol{A}^{\mathrm{T}}\boldsymbol{P}+\boldsymbol{P}\boldsymbol{A} < 0 \leftarrow \text{リアプノフ不等式という} \tag{4.75}$$

であれば $\frac{d}{dt}V(\boldsymbol{x}) < 0$ となる。このとき $V(x)$ はリアプノフ関数になり，$\lim_{t\to\infty} V(\boldsymbol{x}) = \lim_{t\to\infty} \boldsymbol{x}^{\mathrm{T}}\boldsymbol{P}\boldsymbol{x} = 0$ となるので $\lim_{t\to\infty} \boldsymbol{x} = \boldsymbol{O}$ となる。このとき，システムは**漸近安定**であるという。$\boldsymbol{x}^{\mathrm{T}}\left(\boldsymbol{A}^{\mathrm{T}}\boldsymbol{P}+\boldsymbol{P}\boldsymbol{A}\right)\boldsymbol{x} < 0$ が成り立っているので $\boldsymbol{x}^{\mathrm{T}}\left(\boldsymbol{A}^{\mathrm{T}}\boldsymbol{P}+\boldsymbol{P}\boldsymbol{A}\right)\boldsymbol{x} + \boldsymbol{x}^{\mathrm{T}}\boldsymbol{Q}\boldsymbol{x} = 0$ となる正定値行列 $\boldsymbol{Q}$ を導入すると

$$\boldsymbol{P}\boldsymbol{A}+\boldsymbol{A}^{\mathrm{T}}\boldsymbol{P} = -\boldsymbol{Q} \quad \leftarrow \text{リアプノフ方程式という}$$

が成り立つ。以上より，この解 $\boldsymbol{P}$ が $\boldsymbol{P} = \boldsymbol{P}^{\mathrm{T}} > 0$ のとき，$V(\boldsymbol{x})$ は $V(\boldsymbol{x}) = \boldsymbol{x}^{\mathrm{T}}\boldsymbol{P}\boldsymbol{x} > 0$ かつ $\frac{d}{dt}V(\boldsymbol{x}) = -\boldsymbol{x}^{\mathrm{T}}\boldsymbol{Q}\boldsymbol{x} < 0$ を満足するリアプノフ関数となる。このとき $\lim_{t\to\infty} \boldsymbol{x} = \boldsymbol{O}$ となるので，$u(\infty) = 0$ のときに $y(\infty) = 0$ となるから $\dot{\boldsymbol{x}} = \boldsymbol{A}\boldsymbol{x}$ は安定と判別できる。$\boldsymbol{A}$ の固有値は極であり，安定なときに極の実部はすべて負である (p.12)。ゆえに <u>$\boldsymbol{P} = \boldsymbol{P}^{\mathrm{T}} > 0$ のとき，$\boldsymbol{A}$ の固有値の実部がすべて負である。</u>

つぎに，この解 $\boldsymbol{P}$ が唯一解であることを証明しよう。

【証明】 解 $\boldsymbol{P}$ 以外に，もう一つの解 $\boldsymbol{P_1}$ が存在すると仮定すると，$\boldsymbol{P_1}\boldsymbol{A}+\boldsymbol{A}^{\mathrm{T}}\boldsymbol{P_1} = -\boldsymbol{Q}$ が成り立つ。この式を $\boldsymbol{P}\boldsymbol{A}+\boldsymbol{A}^{\mathrm{T}}\boldsymbol{P} = -\boldsymbol{Q}$ から引く。

$$\begin{aligned}&\left(\boldsymbol{P}\boldsymbol{A}+\boldsymbol{A}^{\mathrm{T}}\boldsymbol{P}\right) - \left(\boldsymbol{P_1}\boldsymbol{A}+\boldsymbol{A}^{\mathrm{T}}\boldsymbol{P_1}\right) = -\boldsymbol{Q} - (-\boldsymbol{Q}) \\ &(\boldsymbol{P}-\boldsymbol{P_1})\boldsymbol{A} + \boldsymbol{A}^{\mathrm{T}}(\boldsymbol{P}-\boldsymbol{P_1}) = \boldsymbol{O}\end{aligned}$$

$\boldsymbol{P}-\boldsymbol{P_1} = \boldsymbol{P_e}$ とおくと，$\boldsymbol{P_e}\boldsymbol{A}+\boldsymbol{A}^{\mathrm{T}}\boldsymbol{P_e} = \boldsymbol{O}$，$\boldsymbol{P_e} = \boldsymbol{P_e}^{\mathrm{T}}$ が成り立つ。これに左から $\boldsymbol{x}^{\mathrm{T}}$ を，右から $\boldsymbol{x}$ を掛ける。

$$\boldsymbol{x}^{\mathrm{T}}\left(\boldsymbol{P_e A}+\boldsymbol{A}^{\mathrm{T}}\boldsymbol{P_e}\right)\boldsymbol{x}=\boldsymbol{x}^{\mathrm{T}}\boldsymbol{Ox}$$
$$\boldsymbol{x}^{\mathrm{T}}\boldsymbol{P_e Ax}+\underbrace{\boldsymbol{x}^{\mathrm{T}}\boldsymbol{A}^{\mathrm{T}}\boldsymbol{P_e x}}_{\text{スカラ}}=0$$

スカラは転置しても値が変わらないので $\boldsymbol{x}^{\mathrm{T}}\boldsymbol{A}^{\mathrm{T}}\boldsymbol{P_e x}=\left(\boldsymbol{x}^{\mathrm{T}}\boldsymbol{A}^{\mathrm{T}}\boldsymbol{P_e x}\right)^{\mathrm{T}}=\boldsymbol{x}^{\mathrm{T}}\boldsymbol{P_e Ax}$ である。これを代入する。

$$2\boldsymbol{x}^{\mathrm{T}}\boldsymbol{P_e Ax}=0$$

この式はあらゆる $\boldsymbol{x}$ について成り立つので $\boldsymbol{P_e A}=\boldsymbol{O}$ でなければならない。また，解 $\boldsymbol{P}$ が存在するので $\boldsymbol{A}$ の固有値の実部がすべて負より $\boldsymbol{A}^{-1}$ が存在する。よって $\boldsymbol{P_e}=\boldsymbol{O}$，つまり $\boldsymbol{P_1}=\boldsymbol{P}$ が得られ，$\boldsymbol{P}$ 以外の解は存在しないことがいえる。◇

以上をまとめる。

あるる $\boldsymbol{Q}=\boldsymbol{Q}^{\mathrm{T}}>0$ について，つぎのリアプノフ方程式を満足する正定値行列 $\boldsymbol{P}=\boldsymbol{P}^{\mathrm{T}}>0$ が存在するとき，$\boldsymbol{P}$ は唯一解で $\boldsymbol{A}$ の固有値はすべて安定 (実部が負) である。

$$\text{リアプノフ方程式}\quad \boldsymbol{PA}+\boldsymbol{A}^{\mathrm{T}}\boldsymbol{P}=-\boldsymbol{Q} \tag{4.76}$$

4.2.13　最適制御の $\boldsymbol{Q}=q\boldsymbol{I}$ と $R=r$ の比が同じならば $\boldsymbol{K}$ が同じになることの証明

p.37 の式 (1.115), (1.116) によって得られる最適制御の状態フィードバックゲイン $\boldsymbol{K}$ は，$\boldsymbol{Q}=q\boldsymbol{I}$ と $R=r$ の比が同じならば不変であることを証明しよう。

【証明】　q と r の比が α のとき，$\dfrac{q}{r}=\alpha$ なので

$$R^{-1}=\frac{1}{r}=\frac{\alpha}{q} \tag{4.77}$$

となる。これを式 (1.115) に代入する。

$$\boldsymbol{K}=R^{-1}\boldsymbol{B}^{\mathrm{T}}\boldsymbol{P}=\frac{\alpha}{q}\boldsymbol{B}^{\mathrm{T}}\boldsymbol{P}=\boldsymbol{B}^{\mathrm{T}}\boldsymbol{P_1} \tag{4.78}$$

ただし $\boldsymbol{P_1}=\dfrac{\alpha}{q}\boldsymbol{P}$ とおいた。つぎに式 (1.116) に式 (4.77) を代入する。

$$\boldsymbol{A}^{\mathrm{T}}\boldsymbol{P}+\boldsymbol{PA}-\boldsymbol{PB}R^{-1}\boldsymbol{B}^{\mathrm{T}}\boldsymbol{P}+\boldsymbol{Q}=\boldsymbol{O}\leftarrow \text{式 (1.116)}$$

$$\boldsymbol{A}^{\mathrm{T}}\boldsymbol{P}+\boldsymbol{P}\boldsymbol{A}-\boldsymbol{P}\boldsymbol{B}\frac{\alpha}{q}\boldsymbol{B}^{\mathrm{T}}\boldsymbol{P}+q\boldsymbol{I}=\boldsymbol{O} \leftarrow R^{-1}=\frac{\alpha}{q},\ \boldsymbol{Q}=q\boldsymbol{I}\ \text{を代入}$$
$$\boldsymbol{A}^{\mathrm{T}}\frac{q}{\alpha}\boldsymbol{P}_1+\frac{q}{\alpha}\boldsymbol{P}_1\boldsymbol{A}-\frac{q}{\alpha}\boldsymbol{P}_1\boldsymbol{B}\frac{\alpha}{q}\boldsymbol{B}^{\mathrm{T}}\frac{q}{\alpha}\boldsymbol{P}_1+q\boldsymbol{I}=\boldsymbol{O} \leftarrow \boldsymbol{P}_1=\frac{\alpha}{q}\boldsymbol{P}\ \text{を代入}$$
$$\frac{q}{\alpha}\boldsymbol{A}^{\mathrm{T}}\boldsymbol{P}_1+\frac{q}{\alpha}\boldsymbol{P}_1\boldsymbol{A}-\frac{q}{\alpha}\boldsymbol{P}_1\boldsymbol{B}\boldsymbol{B}^{\mathrm{T}}\boldsymbol{P}_1+q\boldsymbol{I}=\boldsymbol{O}$$
$$\frac{1}{\alpha}\boldsymbol{A}^{\mathrm{T}}\boldsymbol{P}_1+\frac{1}{\alpha}\boldsymbol{P}_1\boldsymbol{A}-\frac{1}{\alpha}\boldsymbol{P}_1\boldsymbol{B}\boldsymbol{B}^{\mathrm{T}}\boldsymbol{P}_1+\boldsymbol{I}=\boldsymbol{O} \leftarrow \text{両辺} \div q \tag{4.79}$$

$\boldsymbol{K}$ を得るための式 (4.78), (4.79) の中に α はあるが，q と r はない。したがって，$\boldsymbol{Q}=q\boldsymbol{I}$ と $R=r$ の比 α が同じとき $\boldsymbol{K}$ は不変である。　◇

4.2.14　最適制御の証明

p.37 の式 (1.115)，(1.116) の最適制御によって，フィードバック系が安定となり，評価関数 J が最小になり，$\boldsymbol{P}$ が唯一解であることを証明しよう。

【証明】　まず，フィードバック系が安定になることを証明する。フィードバック系のシステム行列は p.22 の式 (1.83) より $\boldsymbol{A}-\boldsymbol{B}\boldsymbol{K}$ である。したがって，フィードバック系の極は，$\boldsymbol{A}-\boldsymbol{B}\boldsymbol{K}$ の固有値であり，すべての極の実部が負であれば安定である (p.12)。ゆえに $\boldsymbol{A}-\boldsymbol{B}\boldsymbol{K}$ のすべての固有値の実部が負となることを示せば，フィードバック系の安定性が証明される。つぎの $\boldsymbol{A}_{cl}$ と $\boldsymbol{Q}_{cl}$ を導入する。

$$\boldsymbol{A}_{cl}=\boldsymbol{A}-\boldsymbol{B}\boldsymbol{K},\ \boldsymbol{Q}_{cl}=\boldsymbol{Q}+\boldsymbol{K}^{\mathrm{T}}\boldsymbol{R}\boldsymbol{K} \tag{4.80}$$

これらを $\boldsymbol{P}\boldsymbol{A}_{cl}+\boldsymbol{A}_{cl}^{\mathrm{T}}\boldsymbol{P}+\boldsymbol{Q}_{cl}$ に代入する。

$$\begin{aligned}&\boldsymbol{P}(\boldsymbol{A}-\boldsymbol{B}\boldsymbol{K})+(\boldsymbol{A}-\boldsymbol{B}\boldsymbol{K})^{\mathrm{T}}\boldsymbol{P}+\left(\boldsymbol{Q}+\boldsymbol{K}^{\mathrm{T}}\boldsymbol{R}\boldsymbol{K}\right)\\&=\boldsymbol{P}\boldsymbol{A}+\boldsymbol{A}^{\mathrm{T}}\boldsymbol{P}+\underline{\left(-\boldsymbol{P}\boldsymbol{B}\boldsymbol{K}-(\boldsymbol{B}\boldsymbol{K})^{\mathrm{T}}\boldsymbol{P}+\boldsymbol{K}^{\mathrm{T}}\boldsymbol{R}\boldsymbol{K}\right)}+\boldsymbol{Q}\end{aligned} \tag{4.81}$$

下線部に $(\boldsymbol{X}\boldsymbol{Y})^{\mathrm{T}}=\boldsymbol{Y}^{\mathrm{T}}\boldsymbol{X}^{\mathrm{T}}$ (p.127) の公式を用いる。

$$\begin{aligned}\text{下線部}&=-\boldsymbol{P}\boldsymbol{B}\boldsymbol{K}-\boldsymbol{K}^{\mathrm{T}}\boldsymbol{B}^{\mathrm{T}}\boldsymbol{P}+\boldsymbol{K}^{\mathrm{T}}\boldsymbol{R}\boldsymbol{K}\\&=-\boldsymbol{P}\boldsymbol{B}\overbrace{\left(\boldsymbol{R}^{-1}\boldsymbol{B}^{\mathrm{T}}\boldsymbol{P}\right)}^{\text{式 (1.115) より}\boldsymbol{K}}-\overbrace{\left(\boldsymbol{R}^{-1}\boldsymbol{B}^{\mathrm{T}}\boldsymbol{P}\right)^{\mathrm{T}}}^{\boldsymbol{K}^{\mathrm{T}}}\boldsymbol{B}^{\mathrm{T}}\boldsymbol{P}\\&\quad+\underbrace{\left(\boldsymbol{R}^{-1}\boldsymbol{B}^{\mathrm{T}}\boldsymbol{P}\right)^{\mathrm{T}}}_{\boldsymbol{K}^{\mathrm{T}}}\boldsymbol{R}\underbrace{\left(\boldsymbol{R}^{-1}\boldsymbol{B}^{\mathrm{T}}\boldsymbol{P}\right)}_{\boldsymbol{K}}\\&=-\boldsymbol{P}\boldsymbol{B}\boldsymbol{R}^{-1}\boldsymbol{B}^{\mathrm{T}}\boldsymbol{P}-\overbrace{\boldsymbol{P}^{\mathrm{T}}\left(\boldsymbol{B}^{\mathrm{T}}\right)^{\mathrm{T}}\left(\boldsymbol{R}^{-1}\right)^{\mathrm{T}}}^{(\boldsymbol{X}\boldsymbol{Y})^{\mathrm{T}}=\boldsymbol{Y}^{\mathrm{T}}\boldsymbol{X}^{\mathrm{T}}\text{より}}\boldsymbol{B}^{\mathrm{T}}\boldsymbol{P}\end{aligned}$$

$$+\underbrace{\boldsymbol{P}^{\mathrm{T}}\left(\boldsymbol{B}^{\mathrm{T}}\right)^{\mathrm{T}}\left(\boldsymbol{R}^{-1}\right)^{\mathrm{T}}}_{(\boldsymbol{XY})^{\mathrm{T}}=\boldsymbol{Y}^{\mathrm{T}}\boldsymbol{X}^{\mathrm{T}}\text{より}}\underbrace{\boldsymbol{R}\boldsymbol{R}^{-1}}_{\boldsymbol{I}}\boldsymbol{B}^{\mathrm{T}}\boldsymbol{P}$$

$\boldsymbol{P}^{\mathrm{T}}=\boldsymbol{P}$, $\left(\boldsymbol{B}^{\mathrm{T}}\right)^{\mathrm{T}}=\boldsymbol{B}$, $\left(\boldsymbol{R}^{-1}\right)^{\mathrm{T}}=\boldsymbol{R}^{-1}$ (p.127 の式 (4.34)), $\boldsymbol{R}\boldsymbol{R}^{-1}=\boldsymbol{I}$ を代入する。

$$\begin{aligned}\text{下線部}&=-\boldsymbol{PBR}^{-1}\boldsymbol{B}^{\mathrm{T}}\boldsymbol{P}\underbrace{-\boldsymbol{PBR}^{-1}\boldsymbol{B}^{\mathrm{T}}\boldsymbol{P}+\boldsymbol{PBR}^{-1}\boldsymbol{B}^{\mathrm{T}}\boldsymbol{P}}_{0\text{ になる}}\\&=-\boldsymbol{PBR}^{-1}\boldsymbol{B}^{\mathrm{T}}\boldsymbol{P}\end{aligned}$$

これを元の式 (4.81) に代入する。

$$\begin{aligned}&\boldsymbol{PA_{cl}}+\boldsymbol{A_{cl}}^{\mathrm{T}}\boldsymbol{P}+\boldsymbol{Q_{cl}}\\&=\boldsymbol{PA}+\boldsymbol{A}^{\mathrm{T}}\boldsymbol{P}-\boldsymbol{PBR}^{-1}\boldsymbol{B}^{\mathrm{T}}\boldsymbol{P}+\boldsymbol{Q}\\&=\boldsymbol{O}\leftarrow\text{p.37 のリカッチ方程式 (1.116) より}\end{aligned}$$

p.144 の式 (4.73) より $\boldsymbol{Q_{cl}}\left(=\boldsymbol{Q}+\boldsymbol{K}^{\mathrm{T}}\boldsymbol{RK}\right)>0$ なので，リアプノフ方程式 $\boldsymbol{PA_{cl}}+\boldsymbol{A_{cl}}^{\mathrm{T}}\boldsymbol{P}=-\boldsymbol{Q_{cl}}$ (p.146) が成り立つことを示せた。よって $\boldsymbol{A_{cl}}=\boldsymbol{A}-\boldsymbol{BK}$ の固有値はすべて安定 (実部が負) である。ゆえに，フィードバック系は安定である。また $\boldsymbol{P}$ は唯一解である (p.146)。

つぎに評価関数 J が最小になることを証明する。p.21 の式 (1.80) の目標値 $\boldsymbol{x_r}$ を $\boldsymbol{x_r}=\boldsymbol{O}$ にすると $\boldsymbol{u}(t)=-\boldsymbol{Kx}(t)$ となる。これに p.37 の $\boldsymbol{K}$ を代入すると

$$\boldsymbol{u}(t)=-\boldsymbol{R}^{-1}\boldsymbol{B}^{\mathrm{T}}\boldsymbol{Px}(t) \tag{4.82}$$

となる。この式の左辺と右辺の差を $\boldsymbol{\eta}(t)$ とおく。

$$\boldsymbol{\eta}(t)=\boldsymbol{u}(t)+\boldsymbol{R}^{-1}\boldsymbol{B}^{\mathrm{T}}\boldsymbol{Px}(t) \tag{4.83}$$

$\boldsymbol{\eta}(t)=\boldsymbol{O}$ のとき，すなわち制御入力 $\boldsymbol{u}(t)$ を式 (4.82) としたときに J が最小になることをこれから示す。$\boldsymbol{\eta}^{\mathrm{T}}(t)\boldsymbol{R\eta}(t)$ に式 (4.83) を代入する。

$$\begin{aligned}&\boldsymbol{\eta}^{\mathrm{T}}(t)\boldsymbol{R\eta}(t)\\&=\left(\boldsymbol{u}(t)+\boldsymbol{R}^{-1}\boldsymbol{B}^{\mathrm{T}}\boldsymbol{Px}(t)\right)^{\mathrm{T}}\underbrace{\boldsymbol{R}\left(\boldsymbol{u}(t)+\boldsymbol{R}^{-1}\boldsymbol{B}^{\mathrm{T}}\boldsymbol{Px}(t)\right)}_{\text{展開する}}\\&=(\boldsymbol{u}^{\mathrm{T}}(t)+\underbrace{\boldsymbol{x}^{\mathrm{T}}(t)\boldsymbol{PBR}^{-1}}_{(\boldsymbol{XY})^{\mathrm{T}}=\boldsymbol{Y}^{\mathrm{T}}\boldsymbol{X}^{\mathrm{T}}(\text{p.127})})(\boldsymbol{Ru}(t)+\underbrace{\boldsymbol{RR}^{-1}}_{\boldsymbol{I}}\boldsymbol{B}^{\mathrm{T}}\boldsymbol{Px}(t))\end{aligned}$$

$$= \left(\boldsymbol{u}^{\mathrm{T}}(t) + \boldsymbol{x}^{\mathrm{T}}(t)\,\boldsymbol{P}\boldsymbol{B}\boldsymbol{R}^{-1}\right)\underline{\left(\boldsymbol{R}\boldsymbol{u}(t) + \boldsymbol{B}^{\mathrm{T}}\boldsymbol{P}\boldsymbol{x}(t)\right)}$$
$$= \boldsymbol{u}^{\mathrm{T}}(t)\underline{\left(\boldsymbol{R}\boldsymbol{u}(t) + \boldsymbol{B}^{\mathrm{T}}\boldsymbol{P}\boldsymbol{x}(t)\right)} + \boldsymbol{x}^{\mathrm{T}}(t)\,\boldsymbol{P}\boldsymbol{B}\boldsymbol{R}^{-1}\underline{\left(\boldsymbol{R}\boldsymbol{u}(t) + \boldsymbol{B}^{\mathrm{T}}\boldsymbol{P}\boldsymbol{x}(t)\right)}$$
$$= \boldsymbol{u}^{\mathrm{T}}(t)\,\boldsymbol{R}\boldsymbol{u}(t) + \boldsymbol{u}^{\mathrm{T}}(t)\,\boldsymbol{B}^{\mathrm{T}}\boldsymbol{P}\boldsymbol{x}(t) + \boldsymbol{x}^{\mathrm{T}}(t)\,\boldsymbol{P}\boldsymbol{B}\boldsymbol{u}(t)$$
$$+\boldsymbol{x}^{\mathrm{T}}(t)\,\boldsymbol{P}\boldsymbol{B}\boldsymbol{R}^{-1}\boldsymbol{B}^{\mathrm{T}}\boldsymbol{P}\boldsymbol{x}(t) \tag{4.84}$$

$\boldsymbol{\eta}^{\mathrm{T}}(t)\,\boldsymbol{R}\boldsymbol{\eta}(t)$ から，J の積分の中の $\left(\boldsymbol{x}^{\mathrm{T}}(t)\,\boldsymbol{Q}\boldsymbol{x}(t) + \boldsymbol{u}^{\mathrm{T}}(t)\,\boldsymbol{R}\boldsymbol{u}(t)\right)$ を引き，式 (4.84) を代入する。

$$\boldsymbol{\eta}^{\mathrm{T}}(t)\,\boldsymbol{R}\boldsymbol{\eta}(t) - \left(\boldsymbol{x}^{\mathrm{T}}(t)\,\boldsymbol{Q}\boldsymbol{x}(t) + \boldsymbol{u}^{\mathrm{T}}(t)\,\boldsymbol{R}\boldsymbol{u}(t)\right)$$
$$= \boldsymbol{u}^{\mathrm{T}}(t)\,\boldsymbol{B}^{\mathrm{T}}\boldsymbol{P}\boldsymbol{x}(t) + \boldsymbol{x}^{\mathrm{T}}(t)\,\boldsymbol{P}\boldsymbol{B}\boldsymbol{u}(t) + \boldsymbol{x}^{\mathrm{T}}(t)\left(\underline{\boldsymbol{P}\boldsymbol{B}\boldsymbol{R}^{-1}\boldsymbol{B}^{\mathrm{T}}\boldsymbol{P} - \boldsymbol{Q}}\right)\boldsymbol{x}(t)$$
$$= \boldsymbol{u}^{\mathrm{T}}(t)\,\boldsymbol{B}^{\mathrm{T}}\boldsymbol{P}\boldsymbol{x}(t) + \boldsymbol{x}^{\mathrm{T}}(t)\,\boldsymbol{P}\boldsymbol{B}\boldsymbol{u}(t) + \boldsymbol{x}^{\mathrm{T}}(t)\underbrace{\left(\boldsymbol{P}\boldsymbol{A} + \boldsymbol{A}^{\mathrm{T}}\boldsymbol{P}\right)}_{\text{リカッチ方程式 (1.116) より}}\boldsymbol{x}(t)$$
$$= \left(\boldsymbol{x}^{\mathrm{T}}(t)\,\boldsymbol{P}\boldsymbol{A}\boldsymbol{x}(t) + \boldsymbol{x}^{\mathrm{T}}(t)\,\boldsymbol{P}\boldsymbol{B}\boldsymbol{u}(t)\right)$$
$$+ \left(\boldsymbol{x}^{\mathrm{T}}(t)\,\boldsymbol{A}^{\mathrm{T}}\boldsymbol{P}\boldsymbol{x}(t) + \boldsymbol{u}^{\mathrm{T}}(t)\,\boldsymbol{B}^{\mathrm{T}}\boldsymbol{P}\boldsymbol{x}(t)\right)$$
$$= \boldsymbol{x}^{\mathrm{T}}(t)\,\boldsymbol{P}\left(\boldsymbol{A}\boldsymbol{x}(t) + \boldsymbol{B}\boldsymbol{u}(t)\right) + \left(\boldsymbol{x}^{\mathrm{T}}(t)\,\boldsymbol{A}^{\mathrm{T}} + \boldsymbol{u}^{\mathrm{T}}(t)\,\boldsymbol{B}^{\mathrm{T}}\right)\boldsymbol{P}\boldsymbol{x}(t)$$
$$= \boldsymbol{x}^{\mathrm{T}}(t)\,\boldsymbol{P}\left(\boldsymbol{A}\boldsymbol{x}(t) + \boldsymbol{B}\boldsymbol{u}(t)\right) + \underbrace{\left(\boldsymbol{A}\boldsymbol{x}(t) + \boldsymbol{B}\boldsymbol{u}(t)\right)^{\mathrm{T}}}_{\boldsymbol{Y}^{\mathrm{T}}\boldsymbol{X}^{\mathrm{T}}=(\boldsymbol{X}\boldsymbol{Y})^{\mathrm{T}}\,(\text{p.127})}\boldsymbol{P}\boldsymbol{x}(t)$$
$$= \boldsymbol{x}^{\mathrm{T}}(t)\,\boldsymbol{P}\dot{\boldsymbol{x}}(t) + \dot{\boldsymbol{x}}^{\mathrm{T}}\boldsymbol{P}\boldsymbol{x}(t) \leftarrow \dot{\boldsymbol{x}} = \boldsymbol{A}\boldsymbol{x} + \boldsymbol{B}\boldsymbol{u}\ \text{より}$$
$$= \frac{d}{dt}\left(\boldsymbol{x}^{\mathrm{T}}(t)\,\boldsymbol{P}\boldsymbol{x}(t)\right) \leftarrow \frac{d}{dt}(xy) = \dot{x}y + x\dot{y}\ \text{より}$$

これより次式を得る。

$$\boldsymbol{x}^{\mathrm{T}}(t)\,\boldsymbol{Q}\boldsymbol{x}(t) + \boldsymbol{u}^{\mathrm{T}}(t)\,\boldsymbol{R}\boldsymbol{u}(t) = \boldsymbol{\eta}^{\mathrm{T}}(t)\,\boldsymbol{R}\boldsymbol{\eta}(t) - \frac{d}{dt}\left(\boldsymbol{x}^{\mathrm{T}}(t)\,\boldsymbol{P}\boldsymbol{x}(t)\right)$$

式 (1.114) の評価関数 J に代入する。

$$J = \int_0^{\infty}\left(\boldsymbol{x}^{\mathrm{T}}(t)\,\boldsymbol{Q}\boldsymbol{x}(t) + \boldsymbol{u}^{\mathrm{T}}(t)\,\boldsymbol{R}\boldsymbol{u}(t)\right)dt$$
$$= \int_0^{\infty}\left(\boldsymbol{\eta}^{\mathrm{T}}(t)\,\boldsymbol{R}\boldsymbol{\eta}(t) - \frac{d}{dt}\boldsymbol{x}^{\mathrm{T}}(t)\,\boldsymbol{P}\boldsymbol{x}(t)\right)dt$$
$$= \int_0^{\infty}\boldsymbol{\eta}^{\mathrm{T}}(t)\,\boldsymbol{R}\boldsymbol{\eta}(t)\,dt - \int_0^{\infty}\left(\frac{d}{dt}\left(\boldsymbol{x}^{\mathrm{T}}(t)\,\boldsymbol{P}\boldsymbol{x}(t)\right)\right)dt$$
$$= \int_0^{\infty}\boldsymbol{\eta}^{\mathrm{T}}(t)\,\boldsymbol{R}\boldsymbol{\eta}(t)\,dt - \left[\boldsymbol{x}^{\mathrm{T}}(t)\,\boldsymbol{P}\boldsymbol{x}(t)\right]_0^{\infty}$$

$$= \int_0^\infty \boldsymbol{\eta}^{\mathrm{T}}(t)\boldsymbol{R}\boldsymbol{\eta}(t)\,dt - (\underbrace{\boldsymbol{x}(\infty)^{\mathrm{T}}\boldsymbol{P}\boldsymbol{x}(\infty)}_{\text{安定なので}\boldsymbol{x}(\infty)=0} - \boldsymbol{x}(0)^{\mathrm{T}}\boldsymbol{P}\boldsymbol{x}(0))$$

$$\therefore \quad J = \int_0^\infty \boldsymbol{\eta}^{\mathrm{T}}(t)\boldsymbol{R}\boldsymbol{\eta}(t)\,dt + \underbrace{\boldsymbol{x}(0)^{\mathrm{T}}\boldsymbol{P}\boldsymbol{x}(0)}_{\text{定数}}$$

$\boldsymbol{R} > 0$ より $\boldsymbol{\eta}^{\mathrm{T}}(t)\boldsymbol{R}\boldsymbol{\eta}(t) \geqq 0$ なので，J は $\boldsymbol{\eta}(t) = \boldsymbol{u}(t) + \boldsymbol{R}^{-1}\boldsymbol{B}^{\mathrm{T}}\boldsymbol{P}\boldsymbol{x}(t) = \boldsymbol{O}$ のときに最小値 $\boldsymbol{x}(0)^{\mathrm{T}}\boldsymbol{P}\boldsymbol{x}(0)$ をとる。ゆえに，式 (4.82) の $\boldsymbol{u}(t) = -\boldsymbol{R}^{-1}\boldsymbol{B}^{\mathrm{T}}\boldsymbol{P}\boldsymbol{x}(t)$ によって J は最小になる。　◇

4.2.15　併合系の分離定理の証明

p.41 の分離定理を証明しよう。

【証明】 制御対象は次式である。

$$\begin{cases} \dot{\boldsymbol{x}}(t) = \boldsymbol{A}\boldsymbol{x}(t) + \boldsymbol{B}\boldsymbol{u}(t) & (4.85) \\ \boldsymbol{y}(t) = \boldsymbol{C}\boldsymbol{x}(t) + \boldsymbol{D}\boldsymbol{u}(t) & (4.86) \end{cases}$$

併合系の制御器は次式である (p.41 の式 (1.124))。

$$\begin{cases} \dot{\hat{\boldsymbol{x}}}(t) = (\boldsymbol{A} - \boldsymbol{L}\boldsymbol{C} - \boldsymbol{B}\boldsymbol{K} + \boldsymbol{L}\boldsymbol{D}\boldsymbol{K})\hat{\boldsymbol{x}}(t) - \boldsymbol{L}(\boldsymbol{r}(t) - \boldsymbol{y}(t)) & (4.87) \\ \boldsymbol{u}(t) = -\boldsymbol{K}\hat{\boldsymbol{x}}(t) & (4.88) \end{cases}$$

式 (4.85), (4.86) の $\boldsymbol{u}(t)$ に式 (4.88) を代入する。

$$\begin{cases} \dot{\boldsymbol{x}}(t) = \boldsymbol{A}\boldsymbol{x}(t) - \boldsymbol{B}\boldsymbol{K}\hat{\boldsymbol{x}}(t) & (4.89) \\ \boldsymbol{y}(t) = \boldsymbol{C}\boldsymbol{x}(t) - \boldsymbol{D}\boldsymbol{K}\hat{\boldsymbol{x}}(t) & (4.90) \end{cases}$$

式 (4.87) 右辺の $\boldsymbol{y}(t)$ に式 (4.90) を代入する。

$$\begin{aligned} \dot{\hat{\boldsymbol{x}}}(t) &= (\boldsymbol{A} - \boldsymbol{L}\boldsymbol{C} - \boldsymbol{B}\boldsymbol{K} + \boldsymbol{L}\boldsymbol{D}\boldsymbol{K})\hat{\boldsymbol{x}}(t) \\ &\quad -\boldsymbol{L}(\boldsymbol{r}(t) - (\boldsymbol{C}\boldsymbol{x}(t) - \boldsymbol{D}\boldsymbol{K}\hat{\boldsymbol{x}}(t))) \\ \therefore \quad \dot{\hat{\boldsymbol{x}}}(t) &= \boldsymbol{L}\boldsymbol{C}\boldsymbol{x}(t) + (\boldsymbol{A} - \boldsymbol{L}\boldsymbol{C} - \boldsymbol{B}\boldsymbol{K})\hat{\boldsymbol{x}}(t) - \boldsymbol{L}\boldsymbol{r}(t) \end{aligned} \qquad (4.91)$$

$\boldsymbol{r}(t)$ から $\boldsymbol{y}(t)$ までの閉ループ系（フィードバック系）は

$$\boldsymbol{x}_{cl} = \begin{bmatrix} \boldsymbol{x}(t) \\ \hat{\boldsymbol{x}}(t) \end{bmatrix}, \quad \boldsymbol{A}_{cl} = \begin{bmatrix} \boldsymbol{A} & -\boldsymbol{B}\boldsymbol{K} \\ \boldsymbol{L}\boldsymbol{C} & \boldsymbol{A} - \boldsymbol{L}\boldsymbol{C} - \boldsymbol{B}\boldsymbol{K} \end{bmatrix},$$

$$\boldsymbol{B}_{cl} = \begin{bmatrix} \boldsymbol{O} \\ -\boldsymbol{L} \end{bmatrix}, \quad \boldsymbol{C}_{cl} = [\boldsymbol{C} \quad -\boldsymbol{D}\boldsymbol{K}]$$

とおくと，式 (4.89)~(4.91) より，次式で与えられる。

$$\dot{\boldsymbol{x}}_{c_l}(t) = \boldsymbol{A}_{cl}\boldsymbol{x}_{cl}(t) + \boldsymbol{B}_{cl}\boldsymbol{r}(t) \leftarrow \text{式 (4.89), (4.91)} \tag{4.92}$$

$$\boldsymbol{y}(t) = \boldsymbol{C}_{cl}\boldsymbol{x}_{cl}(t) \leftarrow \text{式 (4.90)} \tag{4.93}$$

この閉ループ系 $(\boldsymbol{A}_{cl}, \boldsymbol{B}_{cl}, \boldsymbol{C}_{cl}, \boldsymbol{O})$ を，つぎの $\boldsymbol{T}$

$$\boldsymbol{T} = \begin{bmatrix} \boldsymbol{I} & \boldsymbol{O} \\ -\boldsymbol{I} & \boldsymbol{I} \end{bmatrix}, \ \boldsymbol{T}^{-1} = \begin{bmatrix} \boldsymbol{I} & \boldsymbol{O} \\ \boldsymbol{I} & \boldsymbol{I} \end{bmatrix} \tag{4.94}$$

で同値変換する。なお，$\boldsymbol{T}\boldsymbol{T}^{-1}$ が単位行列になることを確かめてほしい。p.6 の式 (1.15) より，変換後の状態変数は

$$\begin{aligned} \boldsymbol{T}\boldsymbol{x}_{cl}(t) &= \begin{bmatrix} \boldsymbol{I} & \boldsymbol{O} \\ -\boldsymbol{I} & \boldsymbol{I} \end{bmatrix} \begin{bmatrix} \boldsymbol{x}(t) \\ \hat{\boldsymbol{x}}(t) \end{bmatrix} = \begin{bmatrix} \boldsymbol{I}\cdot\boldsymbol{x}(t) + \boldsymbol{O}\cdot\hat{\boldsymbol{x}}(t) \\ -\boldsymbol{I}\cdot\boldsymbol{x}(t) + \boldsymbol{I}\cdot\hat{\boldsymbol{x}}(t) \end{bmatrix} \\ &= \begin{bmatrix} \boldsymbol{x}(t) \\ \hat{\boldsymbol{x}}(t) - \boldsymbol{x}(t) \end{bmatrix} \end{aligned}$$

となる。p.6 の式 (1.16) より，変換後のシステム $(\overline{\boldsymbol{A}}_{cl}, \overline{\boldsymbol{B}}_{cl}, \overline{\boldsymbol{C}}_{cl}, \boldsymbol{O})$ を求める。

$$\begin{aligned} &\overline{\boldsymbol{A}}_{cl} = \boldsymbol{T}\boldsymbol{A}_{cl}\boldsymbol{T}^{-1} \leftarrow \text{式 (4.92), (4.94) を代入する} \\ &= \begin{bmatrix} \boldsymbol{I} & \boldsymbol{O} \\ -\boldsymbol{I} & \boldsymbol{I} \end{bmatrix} \begin{bmatrix} \boldsymbol{A} & -\boldsymbol{B}\boldsymbol{K} \\ \boldsymbol{L}\boldsymbol{C} & \boldsymbol{A} - \boldsymbol{L}\boldsymbol{C} - \boldsymbol{B}\boldsymbol{K} \end{bmatrix} \boldsymbol{T}^{-1} \\ &= \begin{bmatrix} \boldsymbol{I}\cdot\boldsymbol{A} + \boldsymbol{O}\cdot\boldsymbol{L}\boldsymbol{C} & \boldsymbol{I}\cdot(-\boldsymbol{B}\boldsymbol{K}) + \boldsymbol{O}\cdot(\boldsymbol{A} - \boldsymbol{L}\boldsymbol{C} - \boldsymbol{B}\boldsymbol{K}) \\ -\boldsymbol{I}\cdot\boldsymbol{A} + \boldsymbol{I}\cdot\boldsymbol{L}\boldsymbol{C} & -\boldsymbol{I}\cdot(-\boldsymbol{B}\boldsymbol{K}) + \boldsymbol{I}\cdot(\boldsymbol{A} - \boldsymbol{L}\boldsymbol{C} - \boldsymbol{B}\boldsymbol{K}) \end{bmatrix} \boldsymbol{T}^{-1} \\ &= \begin{bmatrix} \boldsymbol{A} & -\boldsymbol{B}\boldsymbol{K} \\ -(\boldsymbol{A} - \boldsymbol{L}\boldsymbol{C}) & \boldsymbol{A} - \boldsymbol{L}\boldsymbol{C} \end{bmatrix} \begin{bmatrix} \boldsymbol{I} & \boldsymbol{O} \\ \boldsymbol{I} & \boldsymbol{I} \end{bmatrix} \leftarrow \text{式 (4.94) を代入した} \end{aligned}$$

$$\begin{aligned} &= \begin{bmatrix} \boldsymbol{A}\cdot\boldsymbol{I} - \boldsymbol{B}\boldsymbol{K}\cdot\boldsymbol{I} & \boldsymbol{A}\cdot\boldsymbol{O} - \boldsymbol{B}\boldsymbol{K}\cdot\boldsymbol{I} \\ -(\boldsymbol{A} - \boldsymbol{L}\boldsymbol{C})\cdot\boldsymbol{I} + (\boldsymbol{A} - \boldsymbol{L}\boldsymbol{C})\cdot\boldsymbol{I} & -(\boldsymbol{A} - \boldsymbol{L}\boldsymbol{C})\cdot\boldsymbol{O} + (\boldsymbol{A} - \boldsymbol{L}\boldsymbol{C})\cdot\boldsymbol{I} \end{bmatrix} \\ &= \begin{bmatrix} \boldsymbol{A} - \boldsymbol{B}\boldsymbol{K} & -\boldsymbol{B}\boldsymbol{K} \\ \boldsymbol{O} & \boldsymbol{A} - \boldsymbol{L}\boldsymbol{C} \end{bmatrix} \\ &\overline{\boldsymbol{B}}_{cl} = \boldsymbol{T}\boldsymbol{B}_{cl} \end{aligned}$$

$$= \begin{bmatrix} \boldsymbol{I} & \boldsymbol{O} \\ -\boldsymbol{I} & \boldsymbol{I} \end{bmatrix} \begin{bmatrix} \boldsymbol{O} \\ -\boldsymbol{L} \end{bmatrix} = \begin{bmatrix} \boldsymbol{I}\cdot\boldsymbol{O}+\boldsymbol{O}\cdot(-\boldsymbol{L}) \\ -\boldsymbol{I}\cdot\boldsymbol{O}+\boldsymbol{I}\cdot(-\boldsymbol{L}) \end{bmatrix} = \begin{bmatrix} \boldsymbol{O} \\ -\boldsymbol{L} \end{bmatrix}$$

$$\overline{\boldsymbol{C}}_{cl} = \boldsymbol{C}\boldsymbol{T}^{-1}$$

$$= [\boldsymbol{C} \quad -\boldsymbol{D}\boldsymbol{K}] \begin{bmatrix} \boldsymbol{I} & \boldsymbol{O} \\ \boldsymbol{I} & \boldsymbol{I} \end{bmatrix} = [\boldsymbol{C}\cdot\boldsymbol{I}-\boldsymbol{D}\boldsymbol{K}\cdot\boldsymbol{I} \quad \boldsymbol{C}\cdot\boldsymbol{O}-\boldsymbol{D}\boldsymbol{K}\cdot\boldsymbol{I}]$$

$$= [\boldsymbol{C}-\boldsymbol{D}\boldsymbol{K} \quad -\boldsymbol{D}\boldsymbol{K}]$$

p.5 の式 (1.12) より，閉ループ系の伝達関数 $\boldsymbol{G}_{ry}(s)$ はつぎのようになる。

$$\boldsymbol{G}_{ry}(s) = \overline{\boldsymbol{C}}_{cl}\left(s\boldsymbol{I}-\overline{\boldsymbol{A}}_{cl}\right)^{-1}\overline{\boldsymbol{B}}_{cl}$$

$$= \overline{\boldsymbol{C}}_{cl} \begin{bmatrix} s\boldsymbol{I}-(\boldsymbol{A}-\boldsymbol{B}\boldsymbol{K}) & \boldsymbol{B}\boldsymbol{K} \\ \boldsymbol{O} & s\boldsymbol{I}-(\boldsymbol{A}-\boldsymbol{L}\boldsymbol{C}) \end{bmatrix}^{-1} \overline{\boldsymbol{B}}_{cl}$$

$\boldsymbol{A}_{BK} = s\boldsymbol{I}-(\boldsymbol{A}-\boldsymbol{B}\boldsymbol{K})$，$\boldsymbol{A}_{LC} = s\boldsymbol{I}-(\boldsymbol{A}-\boldsymbol{L}\boldsymbol{C})$ とおいて，逆行列補題 (p.126 の式 (4.30)) を適用する。

$$= \overline{\boldsymbol{C}}_{cl} \begin{bmatrix} \boldsymbol{A}_{BK}^{-1} & -\boldsymbol{A}_{BK}^{-1}\boldsymbol{B}\boldsymbol{K}\boldsymbol{A}_{LC}^{-1} \\ \boldsymbol{O} & \boldsymbol{A}_{LC}^{-1} \end{bmatrix} \begin{bmatrix} \boldsymbol{O} \\ -\boldsymbol{L} \end{bmatrix}$$

$$= [\boldsymbol{C}-\boldsymbol{D}\boldsymbol{K} \quad -\boldsymbol{D}\boldsymbol{K}] \begin{bmatrix} \boldsymbol{A}_{BK}^{-1}\boldsymbol{B}\boldsymbol{K}\boldsymbol{A}_{LC}^{-1}\boldsymbol{L} \\ -\boldsymbol{A}_{LC}^{-1}\boldsymbol{L} \end{bmatrix}$$

$$= (\boldsymbol{C}-\boldsymbol{D}\boldsymbol{K})\,\boldsymbol{A}_{BK}^{-1}\boldsymbol{B}\boldsymbol{K}\boldsymbol{A}_{LC}^{-1}\boldsymbol{L}+\boldsymbol{D}\boldsymbol{K}\boldsymbol{A}_{LC}^{-1}\boldsymbol{L}$$

$$= \boldsymbol{C}\boldsymbol{A}_{BK}^{-1}\boldsymbol{B}\boldsymbol{K}\boldsymbol{A}_{LC}^{-1}\boldsymbol{L}\underline{-\boldsymbol{D}\boldsymbol{K}\boldsymbol{A}_{BK}^{-1}\boldsymbol{B}\boldsymbol{K}\boldsymbol{A}_{LC}^{-1}\boldsymbol{L}+\boldsymbol{D}\boldsymbol{K}\boldsymbol{A}_{LC}^{-1}\boldsymbol{L}}$$

$$\text{下線部} = \boldsymbol{D}\boldsymbol{K}\left(-\boldsymbol{A}_{BK}^{-1}\boldsymbol{B}\boldsymbol{K}+\boldsymbol{I}\right)\boldsymbol{A}_{LC}^{-1}\boldsymbol{L}$$

$$= \boldsymbol{D}\boldsymbol{K}\boldsymbol{A}_{BK}^{-1}\left(-\boldsymbol{B}\boldsymbol{K}+\boldsymbol{A}_{BK}\right)\boldsymbol{A}_{LC}^{-1}\boldsymbol{L}$$

$$= \boldsymbol{D}\boldsymbol{K}\boldsymbol{A}_{BK}^{-1}\left(-\boldsymbol{B}\boldsymbol{K}+(s\boldsymbol{I}-(\boldsymbol{A}-\boldsymbol{B}\boldsymbol{K}))\right)\boldsymbol{A}_{LC}^{-1}\boldsymbol{L}$$

$$= \boldsymbol{D}\boldsymbol{K}\boldsymbol{A}_{BK}^{-1}\left(s\boldsymbol{I}-\boldsymbol{A}\right)\boldsymbol{A}_{LC}^{-1}\boldsymbol{L}$$

これを $\boldsymbol{G}_{ry}(s)$ に代入する。

$$\begin{aligned} \boldsymbol{G}_{ry}(s) &= \boldsymbol{C}\boldsymbol{A}_{BK}^{-1}\boldsymbol{B}\boldsymbol{K}\boldsymbol{A}_{LC}^{-1}\boldsymbol{L}+\boldsymbol{D}\boldsymbol{K}\boldsymbol{A}_{BK}^{-1}(s\boldsymbol{I}-\boldsymbol{A})\,\boldsymbol{A}_{LC}^{-1}\boldsymbol{L} \\ &= \boldsymbol{C}\,(s\boldsymbol{I}-(\boldsymbol{A}-\boldsymbol{B}\boldsymbol{K}))^{-1}\,\boldsymbol{B}\ \boldsymbol{K}\,(s\boldsymbol{I}-(\boldsymbol{A}-\boldsymbol{L}\boldsymbol{C}))^{-1}\,\boldsymbol{L} \\ &\quad +\boldsymbol{D}\boldsymbol{K}\,(s\boldsymbol{I}-(\boldsymbol{A}-\boldsymbol{B}\boldsymbol{K}))^{-1}\,(s\boldsymbol{I}-\boldsymbol{A})\,(s\boldsymbol{I}-(\boldsymbol{A}-\boldsymbol{L}\boldsymbol{C}))^{-1}\,\boldsymbol{L} \end{aligned} \tag{4.95}$$

これより閉ループ伝達関数 $\boldsymbol{G}_{ry}(s)$ の極は，状態フィードバック系の極 ($\boldsymbol{A}-\boldsymbol{B}\boldsymbol{K}$ の固有値) とオブザーバの極 ($\boldsymbol{A}-\boldsymbol{L}\boldsymbol{C}$ の固有値) の両方であり，それら以外の極をもたない (p.12 の 1.1.5 項)。 ◇

4.3 2章のディジタル制御をナットクする

4.3.1 双一次変換で離散化した状態方程式

双一次変換で離散化した p.64 の状態方程式 (2.39) を導こう。

【証明】 状態方程式 $\dot{\boldsymbol{x}} = \boldsymbol{A}\boldsymbol{x} + \boldsymbol{B}\boldsymbol{u}$ をラプラス変換した $s\boldsymbol{x} = \boldsymbol{A}\boldsymbol{x} + \boldsymbol{B}\boldsymbol{u}$ に，双一次変換の式 $s = \left(\dfrac{2}{T}\right)\dfrac{z-1}{z+1}$ (式 (2.16)) を代入する。

$$\left(\frac{2}{T}\right)\frac{z-1}{z+1}\boldsymbol{x} = \boldsymbol{A}\boldsymbol{x} + \boldsymbol{B}\boldsymbol{u}$$

$$(z-1)\,\boldsymbol{x} = \underbrace{\frac{T}{2}}_{\alpha \text{とおく}}\,(z+1)\,\boldsymbol{A}\boldsymbol{x} + \frac{T}{2}\,(z+1)\,\boldsymbol{B}\boldsymbol{u}$$

$$(z-1)\,\boldsymbol{x} = \alpha\,(z+1)\,\boldsymbol{A}\boldsymbol{x} + \alpha\,(z+1)\,\boldsymbol{B}\boldsymbol{u}$$

$$z\boldsymbol{x} - \boldsymbol{x} = z\alpha\boldsymbol{A}\boldsymbol{x} + \alpha\boldsymbol{A}\boldsymbol{x} + z\alpha\boldsymbol{B}\boldsymbol{u} + \alpha\boldsymbol{B}\boldsymbol{u}$$

$$z\,(\boldsymbol{x} - \alpha\boldsymbol{A}\boldsymbol{x} - \alpha\boldsymbol{B}\boldsymbol{u}) = \boldsymbol{x} + \alpha\boldsymbol{A}\boldsymbol{x} + \alpha\boldsymbol{B}\boldsymbol{u} \leftarrow z \text{ の項を左辺に}$$

$$z\underbrace{((\boldsymbol{I} - \alpha\boldsymbol{A})\,\boldsymbol{x} - \alpha\boldsymbol{B}\boldsymbol{u})}_{\boldsymbol{x}_1 \text{とおく}} = (\boldsymbol{I} + \alpha\boldsymbol{A})\,\boldsymbol{x} + \alpha\boldsymbol{B}\boldsymbol{u} \leftarrow \boldsymbol{x} = \boldsymbol{I}\boldsymbol{x}$$

$$\therefore \quad z\boldsymbol{x}_1 = (\boldsymbol{I} + \alpha\boldsymbol{A})\,\boldsymbol{x} + \alpha\boldsymbol{B}\boldsymbol{u} \tag{4.96}$$

$\boldsymbol{x}_1 = (\boldsymbol{I} - \alpha\boldsymbol{A})\,\boldsymbol{x} - \alpha\boldsymbol{B}\boldsymbol{u}$ の両辺に左から $(\boldsymbol{I} - \alpha\boldsymbol{A})^{-1}$ を掛ける。

$$\underbrace{(\boldsymbol{I} - \alpha\boldsymbol{A})^{-1}}_{\boldsymbol{A}_1 \text{とおく}}\boldsymbol{x}_1 = \boldsymbol{x} - (\boldsymbol{I} - \alpha\boldsymbol{A})^{-1}\,\alpha\boldsymbol{B}\boldsymbol{u}$$

$$\boldsymbol{A}_1\boldsymbol{x}_1 = \boldsymbol{x} - \boldsymbol{A}_1\alpha\boldsymbol{B}\boldsymbol{u}$$

$$\therefore \quad \boldsymbol{x} = \boldsymbol{A}_1\boldsymbol{x}_1 + \boldsymbol{A}_1\alpha\boldsymbol{B}\boldsymbol{u} \tag{4.97}$$

これを式 (4.96) の右辺の $\boldsymbol{x}$ に代入して $\boldsymbol{x}$ を消去する。

$$\begin{aligned}
z\boldsymbol{x}_1 &= (\boldsymbol{I} + \alpha\boldsymbol{A})\,(\boldsymbol{A}_1\boldsymbol{x}_1 + \boldsymbol{A}_1\alpha\boldsymbol{B}\boldsymbol{u}) + \alpha\boldsymbol{B}\boldsymbol{u} \\
&= \underbrace{(\boldsymbol{I} + \alpha\boldsymbol{A})\,\boldsymbol{A}_1}_{\boldsymbol{A}_d \text{とおく}}\boldsymbol{x}_1 + \underline{(\boldsymbol{I} + \alpha\boldsymbol{A})\,\boldsymbol{A}_1\alpha\boldsymbol{B}\boldsymbol{u} + \alpha\boldsymbol{B}\boldsymbol{u}}
\end{aligned}$$

$$\begin{aligned}
\text{下線部} &= ((\boldsymbol{I} + \alpha\boldsymbol{A})\,\boldsymbol{A}_1 + \boldsymbol{I})\,\alpha\boldsymbol{B}\boldsymbol{u} \leftarrow \alpha\boldsymbol{B}\boldsymbol{u} \text{ でくくった} \\
&= \left((\boldsymbol{I} + \alpha\boldsymbol{A}) + \boldsymbol{A}_1^{-1}\right)\boldsymbol{A}_1\alpha\boldsymbol{B}\boldsymbol{u} \leftarrow \boldsymbol{A}_1 \text{ でくくった} \\
&= \underbrace{((\boldsymbol{I} + \alpha\boldsymbol{A}) + (\boldsymbol{I} - \alpha\boldsymbol{A}))}_{2\boldsymbol{I} \text{になる}}\boldsymbol{A}_1\alpha\boldsymbol{B}\boldsymbol{u} \leftarrow \boldsymbol{A}_1^{-1} = \boldsymbol{I} - \alpha\boldsymbol{A} \text{ を代入}
\end{aligned}$$

$$= \underbrace{2\boldsymbol{A_1}\alpha\boldsymbol{B}}_{\boldsymbol{B_d}\text{とおく}}\boldsymbol{u}$$

これを元の式に代入してつぎの状態方程式を得る。

$$z\boldsymbol{x_1} = \boldsymbol{A_d}\boldsymbol{x_1} + \boldsymbol{B_d}\boldsymbol{u}$$

式 (4.97) を出力方程式 $\boldsymbol{y} = \boldsymbol{C}\boldsymbol{x} + \boldsymbol{D}\boldsymbol{u}$ に代入する。

$$\begin{aligned} \boldsymbol{y} &= \boldsymbol{C}\left(\boldsymbol{A_1}\boldsymbol{x_1} + \boldsymbol{A_1}\alpha\boldsymbol{B}\boldsymbol{u}\right) + \boldsymbol{D}\boldsymbol{u} \\ &= \underbrace{\boldsymbol{C}\boldsymbol{A_1}}_{\boldsymbol{C_d}\text{とおく}}\boldsymbol{x_1} + \boldsymbol{C}\boldsymbol{A_1}\alpha\boldsymbol{B}\boldsymbol{u} + \boldsymbol{D}\boldsymbol{u} \\ \therefore\quad \boldsymbol{y} &= \boldsymbol{C_d}\boldsymbol{x_1} + \underbrace{(\alpha\boldsymbol{C}\boldsymbol{A_1}\boldsymbol{B} + \boldsymbol{D})}_{\boldsymbol{D_d}\text{とおく}}\boldsymbol{u} \leftarrow \boldsymbol{u}\text{でくくった} \end{aligned}$$

以上で導けた。 ◇

4.3.2 一般化双一次変換による虚軸の円周上への移動

p.70 の式 (2.55) の一般化双一次逆変換によって，s 平面の虚軸が z 平面では半径 $\bar{r}$，中心 $\bar{a}$ の円（図 2.9）になり，その円内は $\overline{T} > 0$ ならば s 平面の右半平面，$\overline{T} < 0$ ならば左半平面であることを証明しよう。

【証明】 まず，つぎの z_1 の s を虚軸に沿って $-\infty j$ から ∞j まで動かしたとき，z_1 の軌跡が単位円の円周になることを示す。

$$z_1 = \frac{1 - \overline{T}s}{1 + \overline{T}s} \tag{4.98}$$

$\overline{T}s = j\theta$ とおく。

$$\begin{aligned} z_1 &= \frac{1 - j\theta}{1 + j\theta} = \frac{1 - j\theta}{1 + j\theta}\left(\frac{1 - j\theta}{1 - j\theta}\right) \leftarrow \text{有理化} \\ &= \frac{(1 - j\theta)^2}{1^2 + \theta^2} = \frac{1 - 2j\theta + (j\theta)^2}{1 + \theta^2} \leftarrow j^2 = -1 \\ &= \frac{\left(1 - \theta^2\right) - 2j\theta}{1 + \theta^2} = \frac{1 - \theta^2}{1 + \theta^2} + j\frac{-2\theta}{1 + \theta^2} \end{aligned}$$

z_1 の実部を x，虚部を y とおく。

$$x = \mathrm{Re}\left[z_1\right] = \frac{1 - \theta^2}{1 + \theta^2}, \qquad y = \mathrm{Im}\left[z_1\right] = \frac{-2\theta}{1 + \theta^2} \tag{4.99}$$

$x^2 + y^2$ を計算する。

$$x^2+y^2=\left(\frac{1-\theta^2}{1+\theta^2}\right)^2+\left(\frac{-2\theta}{1+\theta^2}\right)^2=\frac{\left(1-\theta^2\right)^2+(-2\theta)^2}{(1+\theta^2)^2}$$

$$=\frac{\left(1-2\theta^2+\theta^4\right)+4\theta^2}{(1+\theta^2)^2}=\frac{1+2\theta^2+\theta^4}{(1+\theta^2)^2}=\frac{\left(1+\theta^2\right)^2}{(1+\theta^2)^2}$$

$$\therefore \quad x^2+y^2=1$$

複素平面は横軸が実部 x，縦軸が虚部 y なので，$x^2+y^2=1$ は中心が原点で半径 1 の円 (単位円) である。なぜなら，**図 4.5** に示すように円周上の点 (x, y) を頂点としてもつ直角三角形は，底辺が x，高さが y で斜辺（半径）が 1 なので，三平方の定理（ピタゴラスの定理）より，$x^2+y^2=1^2$ が成り立つからである。また，式 (4.99) より，**表 4.1** の関係があるので，θ が $-\infty$ から ∞ まで変化すると，図 4.5 のように z_1 の軌跡は円周上を時計回りに移動する。つまり変換 $z_1=\dfrac{1-\overline{T}s}{1+\overline{T}s}$ により，s 平面の虚軸が z 平面の単位円になる。式 (4.98) に $z_1=0$ を代入すると

$$0=\frac{1-\overline{T}s}{1+\overline{T}s} \qquad \therefore \quad s=\frac{1}{\overline{T}}$$

となるので，円内の原点は点 $\dfrac{1}{\overline{T}}$ である。したがって z 平面の円内に移動するのは，$\overline{T}>0$ のときは s 平面の右半平面，$\overline{T}<0$ のときは左半平面である。

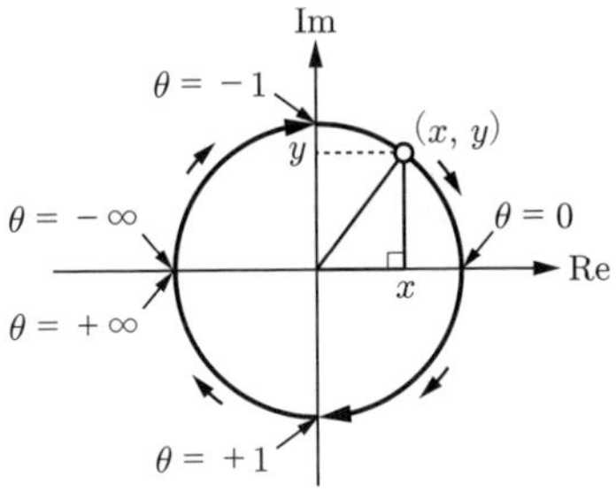

図 4.5 複素平面上の z_1 の軌跡が単位円になる

表 4.1 z_1 の x, y の動き

θ	$-\infty$	-1	0	1	∞
x	-1	0	1	0	-1
y	0	1	0	-1	0

式 (2.55) に $z_1=\dfrac{1-\overline{T}s}{1+\overline{T}s}$ を代入した $z=\overline{a}+\overline{r}z_1$ は，単位円 z_1 を $\overline{r}$ 倍して実数 $\overline{a}$ を足している。ゆえに s 平面の虚軸は z に変換すると，半径が $\overline{r}$，中心が $(\overline{a}, 0)$ の円になる。 ◇

4.4　3章の現場の制御技術をナットクする

4.4.1　自動整合制御のゲイン設定

偏差 e が一定値で u が飽和したとき，自動整合制御のゲイン a を $a = \dfrac{1}{k_p}$ (p.82 の式 (3.5)) に設定すると，u_i が飽和要素の出力 u_m に一致することを示そう。

【証明】 図 **4.6** に自動整合制御 (p.81 の図 3.4) のフィードバックループを抜き出した部分を示す。飽和しているとき，飽和要素の出力 u_m は一定値（u の最大値または最小値）である。したがって，u_m はフィードバックループに混入する一定値の外乱とみなせる。e が一定のとき，図のフィードバックループはループ内に積分器をもつので，内部モデル原理[†1]よりフィードバックループの定常偏差 e_1 が

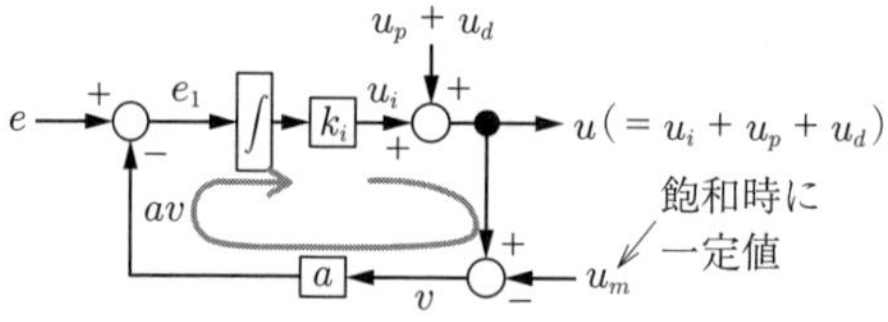

図 **4.6**　自動整合制御のフィードバックループを抜き出した部分

$$e_1 = 0 \tag{4.100}$$

になる。つまり積分器の入力 e_1 がゼロになるので，積分を停止させるのに似た働きをする。そのため，飽和中に $\int e\,dt$ が過度に成長することを回避できる。図のブロック線図の加え合わせ点[†2]について式を立てると

$$e_1 = e - av \tag{4.101}$$

$$u = u_p + u_d + u_i \tag{4.102}$$

$$v = u - u_m \tag{4.103}$$

を得る。式 (4.100) の $e_1 = 0$ の状態になったとき，式 (4.101) より

$$v = \frac{e}{a} \tag{4.104}$$

となる。これを式 (4.103) に代入して

†1　前書『高校数学でマスターする制御工学』の索引「内部モデル原理」を参照。
†2　前書『高校数学でマスターする制御工学』の 2.2.2 項を参照。

$$\frac{e}{a} = u - u_m \tag{4.105}$$

を得る。これに式 (4.102) を代入すると

$$\begin{aligned}\frac{e}{a} &= (u_i + u_p + u_d) - u_m \\ &= u_i + u_p - u_m \leftarrow e \text{ が一定より } u_d = k_p \frac{d}{dt} e = 0\end{aligned} \tag{4.106}$$

$$\therefore \quad \frac{e}{a} = u_i + k_p e - u_m \leftarrow u_p = k_p e \tag{4.107}$$

となる。フィードバックゲイン a を式 (3.5) に設定すると，$\dfrac{e}{a} = ea^{-1} = k_p e$ となる。これを式 (4.107) に代入すると

$$u_i = u_m$$

となる。これより，積分項 u_i が入力飽和の値 u_m に一致する。 ◇

4.4.2 ベクトル $\boldsymbol{\theta}$ による微分 $\dfrac{\partial E(\boldsymbol{\theta})}{\partial \boldsymbol{\theta}}$

スカラ関数 $E(\boldsymbol{\theta})$ のベクトル $\boldsymbol{\theta} = [\theta_1 \quad \theta_2 \quad \cdots \quad \theta_m]^{\mathrm{T}}$ による微分を次式で定義する。

$$\frac{\partial E(\boldsymbol{\theta})}{\partial \boldsymbol{\theta}} = \begin{bmatrix} \dfrac{\partial E(\boldsymbol{\theta})}{\partial \theta_1} \\ \dfrac{\partial E(\boldsymbol{\theta})}{\partial \theta_2} \\ \vdots \\ \dfrac{\partial E(\boldsymbol{\theta})}{\partial \theta_m} \end{bmatrix} \tag{4.108}$$

∂ は「デル (del)」または「ラウンドディー (rounded d)」や「パーシャルディー (partial d)」と読む。偏微分 $\dfrac{\partial E(\boldsymbol{\theta})}{\partial \theta_1}$ は，分母の変数 θ_1 以外の変数 $\theta_2,\ \theta_3, \cdots, \theta_m$ をすべて定数とみなして，θ_1 で $E(\boldsymbol{\theta})$ を微分する。例えば，$\dfrac{\partial}{\partial \theta_1}(2\theta_1 + 5\theta_2) = 2$ である。$\dfrac{\partial E(\boldsymbol{\theta})}{\partial \boldsymbol{\theta}}$ を**勾配**（勾配ベクトル場）といい

$$\frac{\partial E(\boldsymbol{\theta})}{\partial \boldsymbol{\theta}} = \mathrm{grad}\ E(\boldsymbol{\theta}) = \boldsymbol{\nabla} E(\boldsymbol{\theta}) \tag{4.109}$$

と表記する。grad は「グラディエント (gradient)」，$\boldsymbol{\nabla}$ は「ナブラ (nabla)」

と読む。θ がスカラのときは，変数が一つだけで θ 以外の変数はない。このとき式 (4.108) の偏微分は通常の微分 $\dfrac{dE(\theta)}{d\theta}$ と同じになり，単なる傾きである (p.116 の式 (4.1))。$\boldsymbol{\theta} = [x \quad y]^{\mathrm{T}}$ のときは，E は横軸 x と縦軸 y の x–y 直交平面からの鉛直方向の高さであり，式 (4.108) の $\dfrac{\partial E(\boldsymbol{\theta})}{\partial \boldsymbol{\theta}}$ は勾配（x 方向と y 方向の傾き）である。この勾配を地図や天気図でイメージしてほしい。地図の等高線の密の部分は勾配が大きな急斜面であり，疎の部分は勾配が小さな緩斜面である。また，天気図の風の向きと強さを表す矢印線は，気圧の勾配である。

例題 4.2　$\boldsymbol{\theta}$ のサイズが $m \times 1$，$\boldsymbol{y}$ が $n \times 1$，$\boldsymbol{\Omega}$ が $n \times m$，$\boldsymbol{A}$ が $m \times m$ のとき，次式を証明しよう。

$$\frac{\partial}{\partial \boldsymbol{\theta}} \left(\boldsymbol{y}^{\mathrm{T}} \boldsymbol{\Omega} \boldsymbol{\theta}\right) = \boldsymbol{\Omega}^{\mathrm{T}} \boldsymbol{y} \tag{4.110}$$

$$\frac{\partial}{\partial \boldsymbol{\theta}} \left(\boldsymbol{\theta}^{\mathrm{T}} \boldsymbol{A} \boldsymbol{\theta}\right) = \left(\boldsymbol{A} + \boldsymbol{A}^{\mathrm{T}}\right) \boldsymbol{\theta} \tag{4.111}$$

$$\frac{\partial}{\partial \boldsymbol{\theta}} \left(\boldsymbol{\theta}^{\mathrm{T}} \boldsymbol{\Omega}^{\mathrm{T}} \boldsymbol{\Omega} \boldsymbol{\theta}\right) = 2 \boldsymbol{\Omega}^{\mathrm{T}} \boldsymbol{\Omega} \boldsymbol{\theta} \tag{4.112}$$

これらは，すべてスカラのときにも成立するので，スカラによる微分の素直な拡張であることがわかる。

【証明】　① $\boldsymbol{\Omega}$ の i 列を $\boldsymbol{\omega_i}$ とすると $\boldsymbol{\Omega} = [\boldsymbol{\omega_1} \quad \boldsymbol{\omega_2} \quad \cdots \quad \boldsymbol{\omega_m}]$ と表せる。$\boldsymbol{\theta}$ の第 i 要素を θ_i とすると

$$\begin{aligned}
\boldsymbol{y}^{\mathrm{T}} \boldsymbol{\Omega} \boldsymbol{\theta} &= \boldsymbol{y}^{\mathrm{T}} [\boldsymbol{\omega_1} \quad \boldsymbol{\omega_2} \quad \cdots \quad \boldsymbol{\omega_m}] \boldsymbol{\theta} \\
&= \left[\boldsymbol{y}^{\mathrm{T}} \boldsymbol{\omega_1} \quad \boldsymbol{y}^{\mathrm{T}} \boldsymbol{\omega_2} \quad \cdots \quad \boldsymbol{y}^{\mathrm{T}} \boldsymbol{\omega_m}\right] \boldsymbol{\theta} \\
\therefore \quad \boldsymbol{y}^{\mathrm{T}} \boldsymbol{\Omega} \boldsymbol{\theta} &= \underbrace{\boldsymbol{y}^{\mathrm{T}} \boldsymbol{\omega_1} \theta_1}_{\text{スカラ}} + \boldsymbol{y}^{\mathrm{T}} \boldsymbol{\omega_2} \theta_2 + \cdots + \boldsymbol{y}^{\mathrm{T}} \boldsymbol{\omega_m} \theta_m
\end{aligned} \tag{4.113}$$

となる。θ_i による偏微分は θ_i 以外の変数を定数とみなす。したがって，式 (4.113) を θ_i で偏微分すると

$$\frac{\partial}{\partial \theta_i} \boldsymbol{y}^{\mathrm{T}} \boldsymbol{\Omega} \boldsymbol{\theta} = 0 + 0 + \cdots + \boldsymbol{y}^{\mathrm{T}} \boldsymbol{\omega_i} + 0 + \cdots + 0 = \boldsymbol{\omega_i}^{\mathrm{T}} \boldsymbol{y}$$

となる。これを式 (4.108) に代入すると証明される。

$$\frac{\partial}{\partial \boldsymbol{\theta}}\left(\boldsymbol{y}^{\mathrm{T}}\boldsymbol{\Omega}\boldsymbol{\theta}\right)=\begin{bmatrix}\boldsymbol{\omega}_1^{\mathrm{T}}\boldsymbol{y}\\ \boldsymbol{\omega}_2^{\mathrm{T}}\boldsymbol{y}\\ \vdots\\ \boldsymbol{\omega}_m^{\mathrm{T}}\boldsymbol{y}\end{bmatrix}=\begin{bmatrix}\boldsymbol{\omega}_1^{\mathrm{T}}\\ \boldsymbol{\omega}_2^{\mathrm{T}}\\ \vdots\\ \boldsymbol{\omega}_m^{\mathrm{T}}\end{bmatrix}\boldsymbol{y}=\boldsymbol{\Omega}^{\mathrm{T}}\boldsymbol{y}$$

② $\boldsymbol{A}$ の i 行を $\boldsymbol{\alpha_i}$，i 列を $\boldsymbol{a_i}$ とすると

$$\boldsymbol{A}=\begin{bmatrix}\boldsymbol{\alpha_1}\\ \boldsymbol{\alpha_2}\\ \vdots\\ \boldsymbol{\alpha_m}\end{bmatrix}=[\boldsymbol{a_1}\quad \boldsymbol{a_2}\quad \cdots\quad \boldsymbol{a_m}] \tag{4.114}$$

と表せる。

$$\begin{aligned}\boldsymbol{\theta}^{\mathrm{T}}\boldsymbol{A}\boldsymbol{\theta}&=\boldsymbol{\theta}^{\mathrm{T}}[\boldsymbol{a_1}\quad \boldsymbol{a_2}\quad \cdots\quad \boldsymbol{a_m}]\,\boldsymbol{\theta}\\ &=\left[\boldsymbol{\theta}^{\mathrm{T}}\boldsymbol{a_1}\quad \boldsymbol{\theta}^{\mathrm{T}}\boldsymbol{a_2}\quad \cdots\quad \boldsymbol{\theta}^{\mathrm{T}}\boldsymbol{a_m}\right]\boldsymbol{\theta}\end{aligned}$$

$$\therefore\quad \boldsymbol{\theta}^{\mathrm{T}}\boldsymbol{A}\boldsymbol{\theta}=\boldsymbol{\theta}^{\mathrm{T}}\boldsymbol{a_1}\theta_1+\boldsymbol{\theta}^{\mathrm{T}}\boldsymbol{a_2}\theta_2+\cdots+\boldsymbol{\theta}^{\mathrm{T}}\boldsymbol{a_m}\theta_m \tag{4.115}$$

となる。$\boldsymbol{A}$ の i 行 j 列要素を a_{ij} とする。積の微分公式 $\left(\dfrac{\partial}{\partial x}(uv)=\dfrac{\partial u}{\partial x}\cdot v+u\cdot\dfrac{\partial v}{\partial x}\right)$ を用いると

$$\begin{aligned}\frac{\partial}{\partial \theta_i}\underbrace{\boldsymbol{\theta}^{\mathrm{T}}\boldsymbol{a_i}}_{\text{スカラ}}\theta_i&=\frac{\partial}{\partial \theta_i}\left(\boldsymbol{\theta}^{\mathrm{T}}\boldsymbol{a_i}\right)\cdot\theta_i+\boldsymbol{\theta}^{\mathrm{T}}\boldsymbol{a_i}\cdot\frac{\partial}{\partial \theta_i}(\theta_i)\\ &=a_{ii}\theta_i+\boldsymbol{\theta}^{\mathrm{T}}\boldsymbol{a_i}\end{aligned} \tag{4.116}$$

となり，式 (4.115) の右辺の $\boldsymbol{\theta}^{\mathrm{T}}\boldsymbol{a_i}\theta_i$ 以外の項を偏微分すると

$$\begin{aligned}\frac{\partial}{\partial \theta_i}\overbrace{\left(\boldsymbol{\theta}^{\mathrm{T}}\boldsymbol{a_1}\theta_1+\boldsymbol{\theta}^{\mathrm{T}}\boldsymbol{a_2}\theta_2+\cdots+\boldsymbol{\theta}^{\mathrm{T}}\boldsymbol{a_m}\theta_m\right)}^{\boldsymbol{\theta}^{\mathrm{T}}\boldsymbol{a_i}\theta_i\text{は含まない}}&=\overbrace{a_{i1}\theta_1+a_{i2}\theta_2+\cdots+a_{im}\theta_m}^{a_{ii}\theta_i\text{は含まない}}\\ &=\boldsymbol{\alpha_i}\boldsymbol{\theta}-a_{ii}\theta_i\end{aligned} \tag{4.117}$$

となる。これらより次式を得る。

$$\frac{\partial}{\partial \theta_i}\left(\boldsymbol{\theta}^{\mathrm{T}}\boldsymbol{A}\boldsymbol{\theta}\right)=\boldsymbol{\theta}^{\mathrm{T}}\boldsymbol{a_i}+\boldsymbol{\alpha_i}\boldsymbol{\theta}=\boldsymbol{a_i}^{\mathrm{T}}\boldsymbol{\theta}+\boldsymbol{\alpha_i}\boldsymbol{\theta} \tag{4.118}$$

これを式 (4.108) に代入すると証明される。

$$\frac{\partial}{\partial \boldsymbol{\theta}}\left(\boldsymbol{\theta}^{\mathrm{T}}\boldsymbol{A}\boldsymbol{\theta}\right)=\begin{bmatrix}\boldsymbol{a}_1^{\mathrm{T}}\boldsymbol{\theta}+\boldsymbol{\alpha_1}\boldsymbol{\theta}\\ \boldsymbol{a}_2^{\mathrm{T}}\boldsymbol{\theta}+\boldsymbol{\alpha_2}\boldsymbol{\theta}\\ \vdots\\ \boldsymbol{a}_m^{\mathrm{T}}\boldsymbol{\theta}+\boldsymbol{\alpha_m}\boldsymbol{\theta}\end{bmatrix}=\begin{bmatrix}\boldsymbol{a}_1^{\mathrm{T}}\boldsymbol{\theta}\\ \boldsymbol{a}_2^{\mathrm{T}}\boldsymbol{\theta}\\ \vdots\\ \boldsymbol{a}_m^{\mathrm{T}}\boldsymbol{\theta}\end{bmatrix}+\begin{bmatrix}\boldsymbol{\alpha_1}\boldsymbol{\theta}\\ \boldsymbol{\alpha_2}\boldsymbol{\theta}\\ \vdots\\ \boldsymbol{\alpha_m}\boldsymbol{\theta}\end{bmatrix}$$

$$= \begin{bmatrix} \boldsymbol{a}_1^{\mathrm{T}} \\ \boldsymbol{a}_2^{\mathrm{T}} \\ \vdots \\ \boldsymbol{a}_m^{\mathrm{T}} \end{bmatrix} \boldsymbol{\theta} + \begin{bmatrix} \boldsymbol{\alpha}_1 \\ \boldsymbol{\alpha}_2 \\ \vdots \\ \boldsymbol{\alpha}_m \end{bmatrix} \boldsymbol{\theta} = \boldsymbol{A}^{\mathrm{T}}\boldsymbol{\theta} + \boldsymbol{A}\boldsymbol{\theta} = \left(\boldsymbol{A}^{\mathrm{T}} + \boldsymbol{A}\right)\boldsymbol{\theta}$$

③ $\boldsymbol{A} = \boldsymbol{\Omega}^{\mathrm{T}}\boldsymbol{\Omega}$ とおいて式 (4.111) に代入すると証明される。

$$\frac{\partial}{\partial \boldsymbol{\theta}}\left(\boldsymbol{\theta}^{\mathrm{T}}\boldsymbol{\Omega}^{\mathrm{T}}\boldsymbol{\Omega}\boldsymbol{\theta}\right) = \left(\boldsymbol{\Omega}^{\mathrm{T}}\boldsymbol{\Omega} + \left(\boldsymbol{\Omega}^{\mathrm{T}}\boldsymbol{\Omega}\right)^{\mathrm{T}}\right)\boldsymbol{\theta}$$
$$= \left(\boldsymbol{\Omega}^{\mathrm{T}}\boldsymbol{\Omega} + \boldsymbol{\Omega}^{\mathrm{T}}\left(\boldsymbol{\Omega}^{\mathrm{T}}\right)^{\mathrm{T}}\right)\boldsymbol{\theta} = 2\boldsymbol{\Omega}^{\mathrm{T}}\boldsymbol{\Omega}\boldsymbol{\theta}$$

◇

4.4.3　最小二乗法は残差の二乗和を最小にすることの証明

最小二乗法は，p.110 の連立方程式 (3.39) の各式の左辺と右辺の差 (残差という) の二乗の和を最小にする $\boldsymbol{\theta}$ を求めていることを示そう。

【証明】　式 (3.39) より，残差の二乗和 E は

$$E = \sum_{i=1}^{n}\left(y_i - [u_{1i} \quad u_{2i} \quad \cdots \quad u_{mi}]\,\boldsymbol{\theta}\right)^2$$
$$= (\boldsymbol{y} - \boldsymbol{\Omega}\boldsymbol{\theta})^{\mathrm{T}}(\boldsymbol{y} - \boldsymbol{\Omega}\boldsymbol{\theta}) \leftarrow \text{内積は p.117} \tag{4.119}$$

である。E は二乗した数の和なので $E \geqq 0$ である。さらに E の式 (4.119) の右辺を見ると，$\boldsymbol{\theta}$ の最高次数は 2 である。したがって，E は下に凸の二次関数であり，E が最小になるのは，E が極値をとるときである。このとき E の傾きがゼロ $\left(\text{偏微分 } \dfrac{\partial E}{\partial \boldsymbol{\theta}} = \boldsymbol{O}\right)$ になる。式 (4.119) の E を計算する。

$$E = (\boldsymbol{y} - \boldsymbol{\Omega}\boldsymbol{\theta})^{\mathrm{T}}(\boldsymbol{y} - \boldsymbol{\Omega}\boldsymbol{\theta}) = \left(\boldsymbol{y}^{\mathrm{T}} - (\boldsymbol{\Omega}\boldsymbol{\theta})^{\mathrm{T}}\right)(\boldsymbol{y} - \boldsymbol{\Omega}\boldsymbol{\theta})$$
$$= \left(\boldsymbol{y}^{\mathrm{T}} - \boldsymbol{\theta}^{\mathrm{T}}\boldsymbol{\Omega}^{\mathrm{T}}\right)(\boldsymbol{y} - \boldsymbol{\Omega}\boldsymbol{\theta}) \leftarrow (\boldsymbol{X}\boldsymbol{Y})^{\mathrm{T}} = \boldsymbol{Y}^{\mathrm{T}}\boldsymbol{X}^{\mathrm{T}}\text{(p.127)}$$
$$= \boldsymbol{y}^{\mathrm{T}}(\boldsymbol{y} - \boldsymbol{\Omega}\boldsymbol{\theta}) - \boldsymbol{\theta}^{\mathrm{T}}\boldsymbol{\Omega}^{\mathrm{T}}(\boldsymbol{y} - \boldsymbol{\Omega}\boldsymbol{\theta})$$
$$= \boldsymbol{y}^{\mathrm{T}}\boldsymbol{y} - \boldsymbol{y}^{\mathrm{T}}\boldsymbol{\Omega}\boldsymbol{\theta} - \underbrace{\boldsymbol{\theta}^{\mathrm{T}}\boldsymbol{\Omega}^{\mathrm{T}}\boldsymbol{y}}_{\text{転置する}} - \boldsymbol{\theta}^{\mathrm{T}}\boldsymbol{\Omega}^{\mathrm{T}}(-\boldsymbol{\Omega}\boldsymbol{\theta})$$
$$= \boldsymbol{y}^{\mathrm{T}}\boldsymbol{y} - 2\boldsymbol{y}^{\mathrm{T}}\boldsymbol{\Omega}\boldsymbol{\theta} + \boldsymbol{\theta}^{\mathrm{T}}\boldsymbol{\Omega}^{\mathrm{T}}\boldsymbol{\Omega}\boldsymbol{\theta} \leftarrow \text{スカラは } a^{\mathrm{T}} = a$$

$\boldsymbol{\theta}$ で偏微分すると p.158 の式 (4.110), (4.112) より次式を得る。

$$\frac{\partial E}{\partial \boldsymbol{\theta}} = \boldsymbol{O} - 2\boldsymbol{\Omega}^{\mathrm{T}}\boldsymbol{y} + 2\boldsymbol{\Omega}^{\mathrm{T}}\boldsymbol{\Omega}\boldsymbol{\theta} = 2\left(\boldsymbol{\Omega}^{\mathrm{T}}\boldsymbol{\Omega}\boldsymbol{\theta} - \boldsymbol{\Omega}^{\mathrm{T}}\boldsymbol{y}\right) \tag{4.120}$$

これより $\dfrac{\partial E}{\partial \boldsymbol{\theta}} = \boldsymbol{O}$ となるのは，$\boldsymbol{\Omega}^{\mathrm{T}}\boldsymbol{\Omega}\boldsymbol{\theta} = \boldsymbol{\Omega}^{\mathrm{T}}\boldsymbol{y}$ のときであり，両辺に左から $\left(\boldsymbol{\Omega}^{\mathrm{T}}\boldsymbol{\Omega}\right)^{-1}$ を掛けると

$$\boldsymbol{\theta} = \left(\boldsymbol{\Omega}^{\mathrm{T}}\boldsymbol{\Omega}\right)^{-1}\boldsymbol{\Omega}^{\mathrm{T}}\boldsymbol{y}$$

を得る。これは最小二乗法の式 (3.38) そのものなので，最小二乗法で E が最小になることを示せた。 ◇

—— Part III【役立つ編】——

5 MATLABを活用した制御系設計を行って「役立つ」

扇風機のようにモータの回転速度を制御するときは，モータの**速度制御**という。ロボットアームの回転関節のようにモータの回転角を制御するときは，モータの**位置制御**という。ここでは，DCモータの速度制御と位置制御をそれぞれ現代制御で設計し，得られた制御器をディジタル制御でプログラム化して，制御系をシミュレーションしよう（MATLABで必要なToolboxはp.ii）。

5.1 DCモータのモデリング

制御対象の状態表現や伝達関数を立式することを**モデリング**（モデル化）という。ここではDCモータをモデリングしよう。

5.1.1 動作原理

DCモータは，おもちゃ，電動歯ブラシ，シェーバ，小型扇風機などに使われていて，電池などにつなげるだけで回る。このモータの構造と等価回路を**図5.1**に示す。N極とS極とが対向するようにした永久磁石をモータ内部に固定

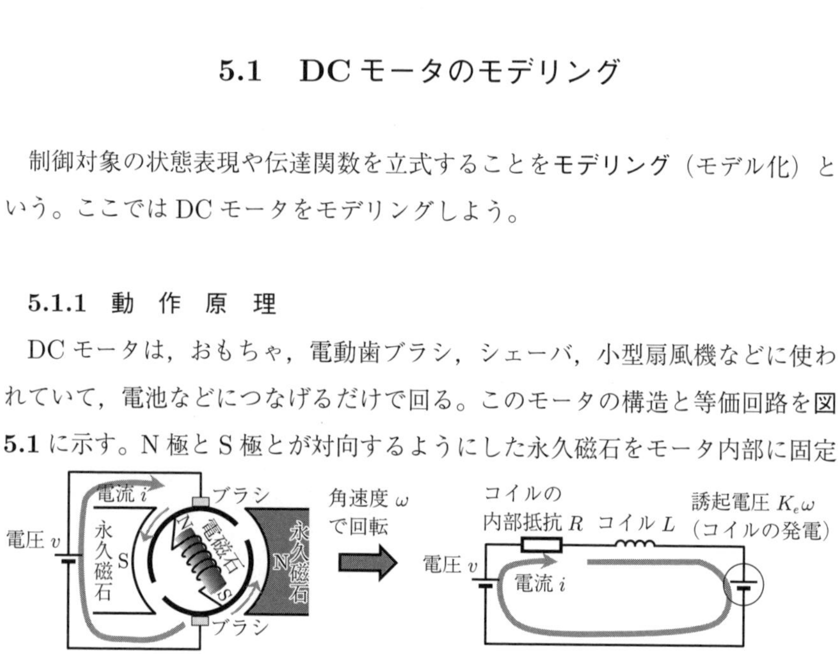

(a) 構　造　　　(b) 等価回路

図5.1 DCモータ

し，両極の間に回転可能な電磁石を配置している。電磁石の N 極と S 極の電極は円弧状になっている。その電極と接するようにブラシが固定され，直流電源からの電気がブラシを通して電磁石に流れる。図 5.1 の場合，電磁石の N 極と永久磁石の S 極，そして電磁石の S 極と永久磁石の N 極とが引き合い，電磁石は時計と反対方向に回転する。電磁石が真横を向くまで回転すると，電磁石の N 極と永久磁石の S 極同士が最も近づく。このとき，ブラシは電磁石の N，S 極の電極のちょうど中間の隙間に位置し，電磁石には電気が流れない。しかし電磁石の慣性により，電磁石は回り続ける。するとブラシはいままでと反対の電極と接触し，電磁石に流れる電流が逆となり，電磁石の S 極と N 極とが入れ替わる。そのため，永久磁石と電磁石の S 極同士が非常に近づいた状態となり，反発し合う。その結果，電磁石はさらに時計と反対方向に回転する。以上の一連の動作を繰り返すことにより，モータは回転し続ける。

5.1.2 モデリング

図 5.1 (b) は DC モータの等価回路である。v〔V〕はモータにかける電圧，i〔A〕はモータに流れる電流，R〔Ω〕は電磁石のコイルの内部抵抗，L〔H〕は電磁石のコイルのインダクタンス，K_e〔V s/rad〕は**誘起電圧定数**である。

(1) 物理法則　電圧 v と電流 i の電気的特性を導こう。このモータは電磁石を回すと発電する。発電で生じる電圧は回転角速度 ω〔rad〕に比例し，速く回せば回すほど大きくなる。この比例定数が誘起電圧定数 K_e であり，発電で生じる電圧は $K_e\omega$ である。電気回路理論によると，図 (b) の直列接続回路の電圧 v は各素子の電圧降下の和に等しいので，つぎの電圧方程式を得る。

$$v = Ri + L\dot{i} + K_e\omega \tag{5.1}$$

モータが回転する力（トルク）T は電磁石の磁力に比例する。磁力は電流 i に比例するので，モータトルク T と電流 i は比例する。その比例定数（トルク定数という）を K_T とすると，次式で表せる。

$$T = K_T i \tag{5.2}$$

モータトルク T とモータ速度 ω の機械的特性を導こう。モータが発生するトルク T と，負荷を回すのに必要なトルクとは釣り合う。ばね・マス・ダンパ系では，系に加える力と釣り合うのは，質量の慣性力と粘性摩擦力とばねの力（弾性力）の和である (p.3 の図 1.1)。これがモータの場合は，回転系であることと，ばねの力がないことだけが異なる。ほかは同じで，質量に相当するのは慣性モーメント（イナーシャ）J〔kg m^2〕，粘性摩擦係数は C_m〔N m s〕であり，速度が角速度 ω に，加速度が角加速度 $\dot{\omega}$ に変わるだけである。よって

$$T = J\dot{\omega} + C_m\omega \tag{5.3}$$

である。右辺第1項の慣性項は，直線系の $F = ma$ の項，つまり加速度に比例する慣性力であり，J は m に相当する。自転車に乗ってペダルを速く漕いで加速するとき，1人乗りよりも2人乗りのほうが重いためにゆっくりとしか加速しない。なぜなら，ペダルを漕ぐ力を F，加速度を a，自転車に乗る人の重さを m とすると，$F = ma$ の関係が成り立っているからである。右辺第2項の摩擦項は，速ければ速いほど大きな力を発生する摩擦力に相当するもので，その比例係数が粘性摩擦係数 C_m である。はちみつツボに棒を入れたとき，停止中は力が不要だが，棒を回すときには力が必要になる。速く回すほど，またははちみつの粘度が大きいほど大きな力が必要である。なぜなら，その力 (トルク) を τ，回転角速度を ω とすると，$\tau = C_m\omega$ の関係が成り立っているからである。

（2） 伝達関数　　式 (5.1)〜(5.3) をラプラス変換して整理すると次式を得る。ここでは i などのラプラス変換をそのまま i と表記する。

$$i = \frac{1}{Ls + R}(v - K_e\omega) \tag{5.4}$$

$$\omega = \frac{1}{Js + C_m}K_T i \tag{5.5}$$

回転角 θ と角速度 ω とは $\theta = \int \omega \, dt$ の関係にあるので次式を得る。

$$\theta = \frac{1}{s}\omega \tag{5.6}$$

式 (5.4) より，電圧 v から電流 i までの伝達特性は一次遅れ系で，その時定数は L/R である[†1]。式 (5.5), (5.6) より，モータトルク T から回転角 θ までの伝達特性は二次遅れ系である[†2]。**図 5.2** に，現場でよく用いられる DC モータ速度制御系を示す。図 (a) のブロック線図には，電気システムの出力である電流 i をフィードバックして電圧 v を制御入力とするマイナーループがある。これを**電流制御** (電流ループ) という。また，機械システムの出力である速度 ω をフィードバックして指令電流 i^* を制御入力とするメインループもある。これを速度制御 (速度ループ) という。このようにループが二重になった制御系を**カスケード制御**という。機械系は，ガタツキやバックラッシュなどの非線形性をもつことが多いが，電気系にはほとんどない。そのため，電流制御によって，指令電流から電流までの制御帯域 (p.45) を，式 (5.5) の機械系の制御帯域よりも十分高くとることができる。そのため，図 (b) のブロック線図のように式 (5.4) の電気システムの伝達関数を 1 とみなして制御できる。このとき，制御対象がシン

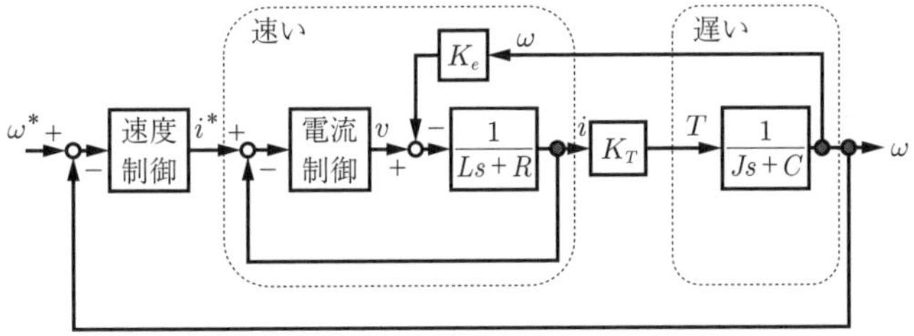

(a) 電流ループと速度ループをもつシステム

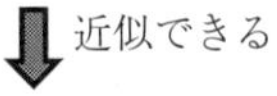

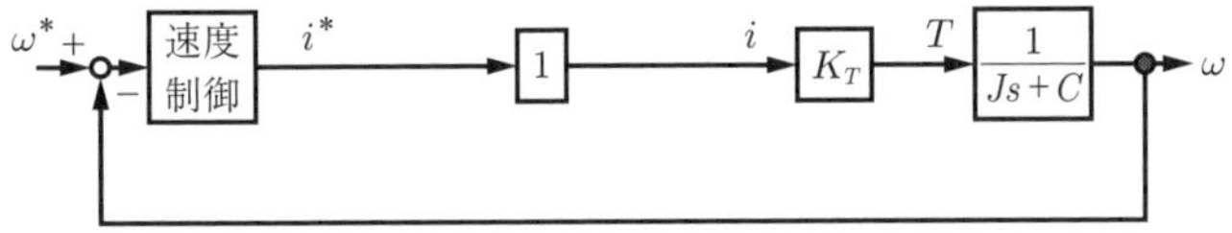

(b) 電流ループを 1 とみなしたシステム

図 5.2 DC モータの速度制御系

---

†1 前書『高校数学でマスターする制御工学』の索引「一次遅れ系」を参照。

†2 前書『高校数学でマスターする制御工学』の索引「二次遅れ系」を参照。

プルな一次遅れ系となり，速度制御器の設計が簡単になる。

(3) 状態方程式　モータに供給するのは電圧 v なので

$$\text{制御入力}\quad u = v \tag{5.7}$$

である。モータの回転角 θ を制御したいとき

$$\text{出力}\quad y = \theta \tag{5.8}$$

である。式 (5.1)～(5.3) を $\dot{\boldsymbol{x}} = \boldsymbol{A}\boldsymbol{x} + \boldsymbol{B}\boldsymbol{u}$ で表すために，最高次の微分項を左辺に集める。式 (5.1) より，i は 1 階微分が最高次なので

$$L\dot{i} = -Ri - K_e\omega + v \tag{5.9}$$

となり，式 (5.2), (5.3) より，θ は 2 階微分が最高次なので

$$J\ddot{\theta} = -C_m\dot{\theta} + K_T i \tag{5.10}$$

となる。これらの右辺の変数を状態変数にする。

$$x_1 = i,\ x_2 = \omega = \dot{\theta} \tag{5.11}$$

これらと式 (5.7) の $u = v$ を式 (5.9), (5.10) に代入する。

$$L\dot{x_1} = -Rx_1 - K_e x_2 + u \tag{5.12}$$

$$J\dot{x_2} = -C_m x_2 + K_T x_1 \tag{5.13}$$

$\boldsymbol{y} = \boldsymbol{C}\boldsymbol{x} + \boldsymbol{D}\boldsymbol{u}$ をつくるために，状態変数 x_3 を出力 y にする。

$$x_3 = y = \theta \leftarrow \text{式 (5.8)} \tag{5.14}$$

両辺を微分すると

$$\dot{x_3} = \dot{\theta} = x_2 \leftarrow \text{式 (5.11)} \tag{5.15}$$

となる。式 (5.12)～(5.15) をまとめて，回転角 θ を制御する位置制御系のモータの状態表現を得る。

$$\begin{bmatrix} \dot{x}_1 \\ \dot{x}_2 \\ \dot{x}_3 \end{bmatrix} = \underbrace{\begin{bmatrix} -R/L & -K_e/L & 0 \\ K_T/J & -C_m/J & 0 \\ 0 & 1 & 0 \end{bmatrix}}_{\boldsymbol{A}} \begin{bmatrix} x_1 \\ x_2 \\ x_3 \end{bmatrix} + \underbrace{\begin{bmatrix} 1/L \\ 0 \\ 0 \end{bmatrix}}_{\boldsymbol{B}} u \quad (5.16)$$

$$y = \underbrace{[0 \quad 0 \quad 1]}_{\boldsymbol{C}} \begin{bmatrix} x_1 \\ x_2 \\ x_3 \end{bmatrix} + \underbrace{0}_{D} \cdot u \quad (5.17)$$

また，モータの角速度 ω を制御するとき，出力 y は $\omega = \dot{\theta}$ である。式 (5.11) より

$$y = \omega = x_2 \quad (5.18)$$

である。これと式 (5.12), (5.13) より，角速度 ω を制御する速度制御系のモータの状態表現を得る。

$$\begin{bmatrix} \dot{x}_1 \\ \dot{x}_2 \end{bmatrix} = \underbrace{\begin{bmatrix} -R/L & -K_e/L \\ K_T/J & -C_m/J \end{bmatrix}}_{\boldsymbol{A}} \begin{bmatrix} x_1 \\ x_2 \end{bmatrix} + \underbrace{\begin{bmatrix} 1/L \\ 0 \end{bmatrix}}_{\boldsymbol{B}} u \quad (5.19)$$

$$y = \underbrace{[0 \quad 1]}_{\boldsymbol{C}} \begin{bmatrix} x_1 \\ x_2 \end{bmatrix} + \underbrace{0}_{D} \cdot u \quad (5.20)$$

(4) 状態変数 $\boldsymbol{x}$ の計測　式 (5.11), (5.15), (5.16) より，位置制御系のモータの状態変数 $\boldsymbol{x}$ は，電流 i，角速度 $\omega = \dot{\theta}$，回転角 θ である。式 (5.19) より，速度制御系のモータの状態変数 $\boldsymbol{x}$ は，電流 i と角速度 ω である。電流 i は，シャント抵抗という 0.1 Ω 以下の抵抗 R をモータと直列に接続して，R の両端の電位差 v_R を測り，オームの法則より $i = \dfrac{v_R}{R}$ を計算すればわかる。回転角 θ は**ロータリーエンコーダ**という角度センサで計測する。回転角速度 ω は，θ をオイラー法などで時間微分して求める。これら以外にも多くの計測手段がある。

5.2　DCモータを状態フィードバックで制御しよう

5.2.1　モータの状態フィードバックとブロック線図

（1）モータの速度制御　　状態フィードバック (p.21) で速度制御するときの制御器の構造を考察しよう。モータの状態表現は式 (5.19), (5.20) である。状態変数は式 (5.11) より

$$\boldsymbol{x} = \begin{bmatrix} x_1 \\ x_2 \end{bmatrix} = \begin{bmatrix} i \\ \omega \end{bmatrix} \leftarrow \omega = \dot{\theta} \tag{5.21}$$

である。状態の目標値 $\boldsymbol{x_r}$ と状態フィードバックゲイン $\boldsymbol{K}$ の要素数は p.21 の式 (1.81) より，$\boldsymbol{x}$ と同じ 2 で

$$\boldsymbol{K} = [k_1 \quad k_2], \quad \boldsymbol{x_r} = \begin{bmatrix} i_r \\ \omega_r \end{bmatrix} \tag{5.22}$$

とおき，制御対象を G と表す。p.21 の式 (1.80) に代入する。

$$\begin{aligned} u &= \boldsymbol{K}(\boldsymbol{x_r} - \boldsymbol{x}) = [k_1 \quad k_2] \begin{bmatrix} i_r - i \\ \omega_r - \omega \end{bmatrix} \\ &= k_1 (i_r - i) + k_2 (\omega_r - \omega) \end{aligned} \tag{5.23}$$

これより，p.21 の図 1.8 は，**図 5.3**(a) になる。さらに $i_r = 0$ として u を変形する。

$$u = k_1 \left((0 - i) + \frac{k_2}{k_1} (\omega_r - \omega) \right) = k_1 \left(\frac{k_2}{k_1} (\omega_r - \omega) - i \right)$$

$$\therefore \quad u = k_1 (i^* - i), \; i^* = \frac{k_2}{k_1} (\omega_r - \omega) \tag{5.24}$$

これをブロック線図で表すと図 5.3(b) になる。図より，この制御器は電流をフィードバックするマイナーループと，速度をフィードバックするメインループの二重のループで構成されている。どちらのループとも P 制御である†。速度制御器は i^* をつくり，それを i の目標値としてマイナーループに渡している。

† 前書『高校数学でマスターする制御工学』の索引「P 制御」を参照。

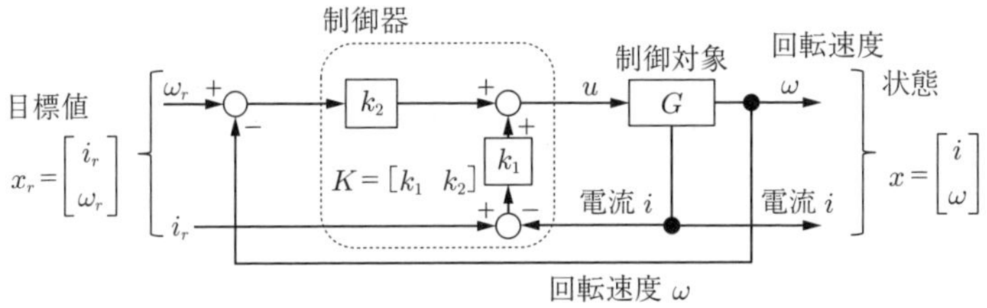

(a) DC モータの速度制御の状態フィードバック系

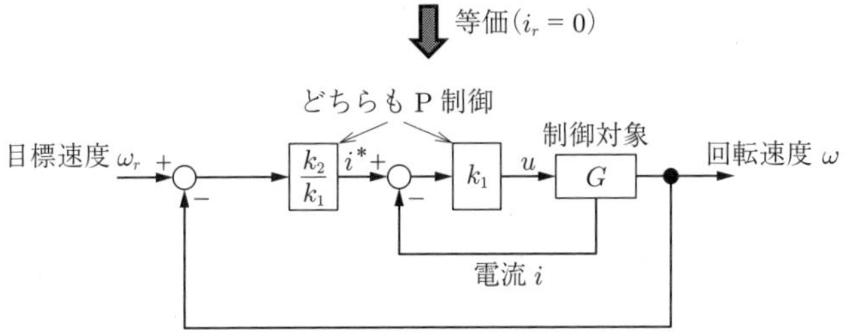

(b) 等価なブロック線図

図 5.3 DC モータの速度制御系

（**2**） **モータの速度サーボ制御**　速度制御器に積分器を含ませるサーボ (p.38) を設計して, 制御器の構造を考察しよう。p.39 の式 (1.121) に $\boldsymbol{y} = \omega$, $\boldsymbol{r} = \omega_r$ を代入する。

$$u = \boldsymbol{K} \begin{bmatrix} -\boldsymbol{x} \\ \int (\omega_r - \omega)\, dt \end{bmatrix}, \ \boldsymbol{K} = [\boldsymbol{K_1} \quad K_i] \tag{5.25}$$

$$= -\boldsymbol{K_1}\boldsymbol{x} + K_i \int (\omega_r - \omega)\, dt$$

$\boldsymbol{K_1} = [k_1 \quad k_2]$ とおき，これと式 (5.21) を代入する。

$$u = -k_1 i - k_2 \omega + K_i \int (\omega_r - \omega)\, dt \tag{5.26}$$

これより，p.38 の図 1.11(b) は，**図 5.4**(a) になる。さらに u を変形する。

$$u = k_1 \left(-i + \frac{-k_2}{k_1}\omega + \frac{K_i}{k_1} \int (\omega_r - \omega)\, dt \right) \leftarrow k_1 \text{ でくくった}$$

$$\therefore \quad u = k_1 (i^* - i), \ i^* = \frac{-k_2}{k_1}\omega + \frac{K_i}{k_1} \int (\omega_r - \omega)\, dt \tag{5.27}$$

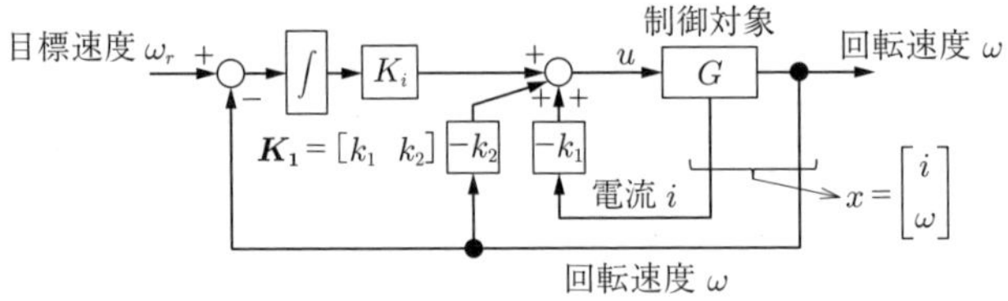

(a)　DC モータの速度制御の状態フィードバックサーボ系

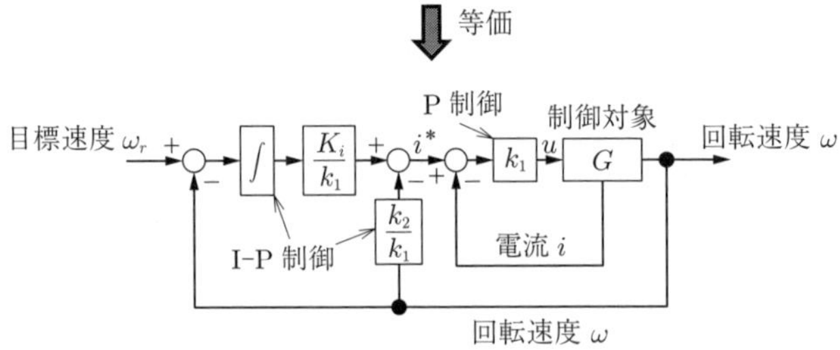

(b)　等価なブロック線図

図 5.4　DC モータの速度制御系のサーボ

これをブロック線図で表すと図 5.4(b) になる。図より，この制御器は P 制御の電流ループと，I–PD 制御の D ゲインをゼロにした I–P 制御の速度ループからなる†。速度制御器は i^* をつくり，それを i の目標値として電流ループに渡している。

（3）　**モータの位置制御**　　状態フィードバック (p.21) で位置制御するときの制御器の構造を考察しよう。モータの状態表現は式 (5.16), (5.17) である。状態変数は式 (5.11), (5.14) より

$$\boldsymbol{x} = \begin{bmatrix} x_1 \\ x_2 \\ x_3 \end{bmatrix} = \begin{bmatrix} i \\ \omega \\ \theta \end{bmatrix} \leftarrow \omega = \dot{\theta} \tag{5.28}$$

である。状態の目標値 $\boldsymbol{x_r}$ と状態フィードバックゲイン $\boldsymbol{K}$ の要素数は p.21 の式 (1.81) より，$\boldsymbol{x}$ と同じ 3 で

† 　前書『高校数学でマスターする制御工学』の索引「I-PD 制御」を参照。

$$\boldsymbol{K} = [k_1 \quad k_2 \quad k_3], \quad \boldsymbol{x_r} = \begin{bmatrix} i_r \\ \omega_r \\ \theta_r \end{bmatrix} \tag{5.29}$$

とおき，制御対象を G と表す。p.21 の式 (1.80) に代入する。

$$\begin{aligned} u &= \boldsymbol{K}(\boldsymbol{x_r} - \boldsymbol{x}) = [k_1 \quad k_2 \quad k_3] \begin{bmatrix} i_r - i \\ \omega_r - \omega \\ \theta_r - \theta \end{bmatrix} \\ &= k_1(i_r - i) + k_2(\omega_r - \omega) + k_3(\theta_r - \theta) \end{aligned} \tag{5.30}$$

これより，p.21 の図 1.8 は，**図 5.5**(a) になる。さらに u を変形する。$\omega_r = \dfrac{d}{dt}\theta_r$，$i_r = 0$ と設定すると式 (5.30) は

$$u = k_1\left(-i + \frac{k_2}{k_1}\frac{d}{dt}(\theta_r - \theta) + \frac{k_3}{k_1}(\theta_r - \theta)\right) \leftarrow \omega = \dot{\theta}$$

$$\therefore \quad u = k_1(i^* - i),\ i^* = \frac{k_3}{k_1}e + \frac{k_2}{k_1}\frac{d}{dt}e,\ e = \theta_r - \theta \tag{5.31}$$

となる。これをブロック線図で表すと図 5.5(b) になる。図より，この制御器は電流をフィードバックする電流ループと，回転角をフィードバックする位置ループの二重のループで構成されている。電流ループは P 制御，位置ループは PD 制御である[†1]。位置制御器は i^* をつくり，それを i の目標値として電流ループに渡している。

つぎに $\omega_r = 0$，$i_r = 0$ と設定すると式 (5.30) は

$$u = k_1\left(-i - \frac{k_2}{k_1}\omega + \frac{k_3}{k_1}(\theta_r - \theta)\right)$$

$$\therefore \quad u = k_1(i^* - i),\ i^* = \frac{k_3}{k_1}e - \frac{k_2}{k_1}\frac{d}{dt}\theta,\ e = \theta_r - \theta \tag{5.32}$$

となる。これをブロック線図で表すと図 5.5(c) になる。位置ループは PI–D 制御の I ゲインをゼロにした P–D 制御となり，PD 制御よりもオーバーシュートが起こりにくくなる[†2]。

---

†1 前書『高校数学でマスターする制御工学』の索引「PD 制御」を参照。
†2 前書『高校数学でマスターする制御工学』の索引「PI-D 制御」を参照。

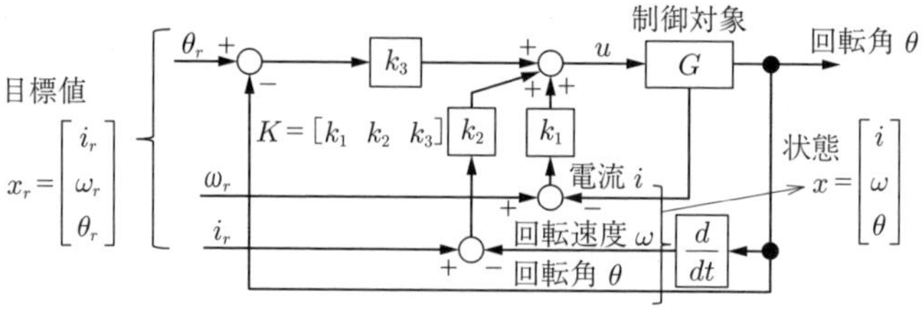

(a)　DC モータの位置制御の状態フィードバック系

等価

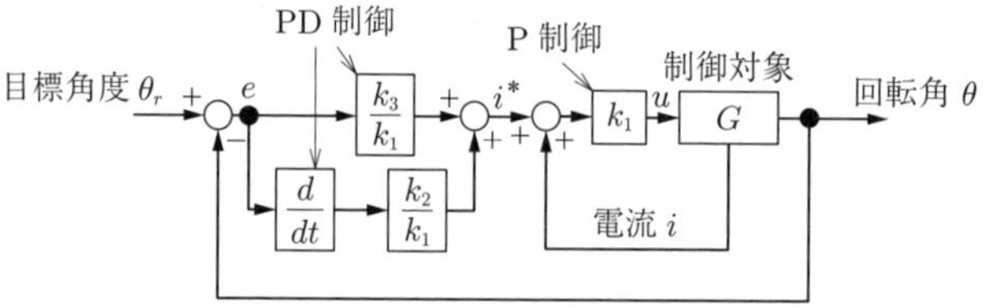

(b)　等価なブロック線図 ($i_r=0,\ \omega_r=d\theta_r/dt$)

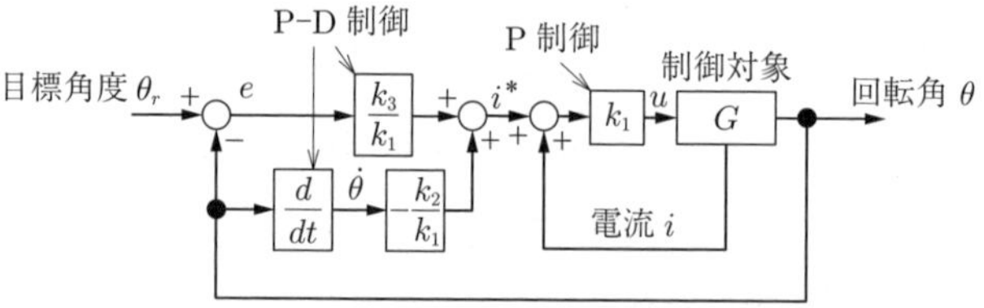

(c)　等価なブロック線図 ($i_r=0,\ \omega_r=0$)

図 5.5　DC モータの位置制御系

5.2.2　状態フィードバックを極配置法で設計しよう

モータの状態表現 ($\boldsymbol{A}$, $\boldsymbol{B}$, $\boldsymbol{C}$, D) を設定する MATLAB コマンドを示す。`program(51)` とタイプしてエンターすれば実行される。

プログラム 5-1

```
R=0.1; Ke=0.2;    %;// R などの値 (SI 単位)
L=0.1e-3;         %;// 0.1e-3 は 0.1 × 10 の-3 乗
KT=0.1; J=0.01; Cm=0.01;
A=[-R/L  -Ke/L; ...
   KT/J  -Cm/J], %;// 速度制御の A
B=[1/L;0],        %;// 速度制御の B, 縦のベクトルの区切りは ;
C=[0  1], D=0,    %;// 速度制御の C, D
```

```
8  G=ss(A,B,C,D);   %;// (A,B,C,D) のシステムを G と名付ける
9  n=length(A);   %;// G のシステム次数 n を求める
```

1~3 行目で，R などのモータの機器定数を SI 単位で設定する。2 行目の `0.1e-3` は 0.1×10^{-3} であり，`e` に続く数値は 10 の指数である。4~8 行目で，p.167 の式 (5.19)，(5.20) によってモータの状態表現 G を設定する。4 行目の `...` はコマンドが下の行に続くときにつける。行列の行 (横) の要素の区切りはスペース ( ) またはコンマ (,)，列 (縦) の区切りはセミコロン (;) である。8 行目の `G=ss(A,B,C,D)` は，状態表現 `(A,B,C,D)` を `G` に代入する。9 行目でシステム次数 (A の行数または列数) を `n` に代入する。`G.A` は `G` の $\boldsymbol{A}$ 行列である。`n=length(A)` は行列 `A` の行数と列数のうち，大きい数である。

図 5.3 (p.169) の速度制御系と，図 5.4 の速度サーボ系と，図 5.5 の位置制御系のそれぞれの状態フィードバックゲイン $\boldsymbol{K}$ を極配置法 (p.22) で設計する MATLAB コマンドを示す。

プログラム 5-2

```
%;// モータ速度制御の K の設計
P=[-1000  -1001];       %;// 望ましい極 (互いに異なる値にする)
K = place(A,B,P),       %;// 極配置法で K を設計
eig(A-B*K),             %;// A-B*K の固有値を表示
%;// モータ速度サーボ制御の K の設計
As=[A [0;0]; ...
     C   0 ];           %;// 式 (1.118)
Bs=[B;0];               %;// 式 (1.118)，縦のベクトルの区切りは;
P=[-100  -101  -102]; %;// 1/s の追加で二次→三次
K = place(As,Bs,P),     %;// 極配置法で K=[K1  Ki] を設計
eig(As-Bs*K),           %;// A-B*K の固有値を表示
%;// モータ位置制御の K の設計
A=[-R/L  -Ke/L  0; ...
    KT/J  -Cm/J  0; ...
     0      1    0];    %;// 位置制御の A
B=[1/L;0;0];            %;// 位置制御の B
C=[0  0  1];            %;// 位置制御の C
P=[-100  -101  -102]; %;// 望ましい極
K = place(A,B,P),       %;// 極配置法で K を設計
eig(A-B*K),             %;// A-B*K の固有値を表示
```

2～4 行目で速度制御の $\boldsymbol{K}$ を設計する。2 行目で，配置する望ましい極 P を -1000, -1001 に設定する。MATLAB では，極を互いに異なる値にしなければエラーが出てしまう。3 行目の `K = place(A,B,P)` では，制御対象 `(A,B,C,D)` の極を P に配置する状態フィードバックゲイン K を設計する。4 行目の `eig(A-B*K)` は，行列 `A-B*K` の固有値を求めて表示する。この固有値は閉ループ系の極である (p.22 の式 (1.83))。これらが P に配置されることを確かめてほしい。MATLAB では行列やベクトルの積をスカラと同じように `B*K` で実行できる。しかし C 言語では for 文などで記述しなければならない。

6～11 行目では，モータ速度サーボ制御の $\boldsymbol{K} = [\boldsymbol{K_1} \quad K_i]$ を設計する。6～8 行目では，p.39 の式 (1.118) の状態表現の $\boldsymbol{A}$ と $\boldsymbol{B}$ を設定する。8 行目の `Bs=[B;0]` では

$$\mathrm{Bs} = \begin{bmatrix} \mathrm{B} \\ 0 \end{bmatrix} \tag{5.33}$$

に設定している。MATLAB では `[B;0]` のようにセミコロン (;) で区切ると縦に並べ，スペース ( ) またはコンマ (,) で区切ると横に並べる。6, 7 行目もそのルールに従い，式 (1.118) の $\boldsymbol{A}$ を設定する。G に $\dfrac{1}{s}$ を追加するため，配置する極が一つ増えて三つになる。これらを 9 行目で指定する。

13～20 行目では，p.167 の式 (5.16), (5.17) のシステムに対し，モータ位置制御の $\boldsymbol{K}$ を設計する。

5.2.3　状態フィードバックを最適制御で設計しよう

最適制御で設計する場合は，プログラム 5-2 の 2, 3 行目を

プログラム 5-3

```
2  Q = diag([0.01  10]); R=1; %;// Q, R を設定
3  K = lqr(A,B,Q,R),          %;// 最適制御の K を設計
```

と書き換える。`Q=diag([0.01 10])` は Q を対角行列

$$\begin{bmatrix} 0.01 & 0 \\ 0 & 10 \end{bmatrix} \tag{5.34}$$

に設定する。状態変数 $\boldsymbol{x}$ の第 2 要素が速度 ω である (p.168 の式 (5.21))。速度を制御するので，Q の対角要素も速度に対する重みである第 2 要素を大きくすることが多い。Q,R の調整は，制御帯域 (p.45) が約 100 rad/s になるように試行錯誤している。K = lqr(A,B,Q,R) は，制御対象の状態表現が (A,B,C,D) で，重み行列が Q,R のとき，状態フィードバックゲイン K を最適制御で設計する。速度サーボ制御と位置制御の場合は，例えば Q=diag([0.01 0.01 1e5]) として要素数を一つ増やす。1e5 は 1×10^5 である。p.169 の式 (5.25) より，Q の対角要素の第 1，2，3 要素は順に電流，速度，位置（速度の積分値）に対する重みである。出力である位置（速度の積分値）に対する重み (Q の 3 行 3 列要素) を大きくすると良い制御性能が得られることが多い。Mat@Scilab では lqr() の代わりに mtlb_lqr() を用いる。

速度サーボの最適制御の設計は，MATLAB コマンド lqi() を用いればより簡単に行える。プログラム 5-2, 5-3 の代わりにつぎのコマンドを実行する。

プログラム 5-4

```
1  Q=diag([0.01 0.01 1e5]); %;// Q は対角行列
2  R = 1;                   %;// R=1 に設定，R の次数は入力 u の数
3  K = lqi(G,Q,R);          %;// LQI で K=[K1  -Ki] を設計
4  K = [K(1:n) -K(n+1)],    %;// MALTAB の lqi() は Ki の符号が逆
```

1，2 行目で，Q,R を設定する。Q,R の調整は，制御帯域が約 100 rad/s になるように試行錯誤している。3 行目の K = lqi(G,Q,R) では，状態フィードバックゲイン K を LQI で設計する。lqi() で求めた K は，式 (5.25) とは K_i の符号が逆なので，4 行目でその符号を入れ替える。K(1:n) の 1:n は 1,2,⋯，n であり，n=2 のとき [K(1) K(2)] である。設計した K を p.169 の式 (5.25) の $\boldsymbol{K}$ として制御入力 u を計算する。

5.2.4 状態フィードバック系のステップ応答とボード線図

閉ループ系のステップ応答を求め，感度関数 $S(s)$ と相補感度関数 $T(s)$ のゲイン線図を書こう。まず速度制御と位置制御の場合を示す。

プログラム 5-5

```
1  Gc=ss(A-B*K, B*K, C-D*K, D*K);%;// 閉ループ系 Gc を求める
2  k = length(Gc);  %;// Gc の要素数 k を求める
3  T = tf(Gc(k));   %;// Gc の第 k 要素が速度 (位置)。T を伝達関数に
4  figure(1), step(T),  %;//閉ループ系のステップ応答を描く
5  figure(2), bodemag(T,1-T), %;//T と S のゲイン線図を描く
```

1行目では，p.22の式(1.83), (1.84)より，状態変数 x_r から出力 y までの閉ループ系の状態表現 (A-B*K, B*K, C-D*K, D*K) を Gc に代入する。2行目の k = length(Gc) では，Gc の要素数 k を求める。Gc と $\boldsymbol{x}$ の要素数は等しく，式(5.21)より k が2なら速度制御，式(5.28)より3なら位置制御である。3行目の T = tf(Gc(k)) では，Gc の第 k 要素を伝達関数にして T に代入する。T は，速度制御ならば目標速度 ω_r から速度 ω までの伝達関数であり，位置制御ならば目標位置 θ_r から位置 θ までの伝達関数である。4行目の figure(1) はグラフ用のウィンドウをつくり，step(T) は T のステップ応答を描く。p.45の式(1.131), (1.132)より，感度関数 S は 1-T である。5行目の bodemag(T,1-T) は，T と S=1-T のゲイン線図を描く。

つぎに速度サーボ制御の場合を示す。

プログラム 5-6

```
1  Cs=[C 0];  Ds=D;   %;// y=C*x+D*u
2  Gc = ss(As-Bs*K, Bs*K, Cs-Ds*K, Ds*K);
3  Gc = tf(Gc);       %;// 伝達関数にする
4  %;// y= Gc*xr, xr=[0;0;(1/s)*r], ∫r dt → (1/s)*r
5  s = tf('s');           %;// s を定義
6  T = Gc*[0;0;1/s];  %;// y=T*r の T を求める
7  T = minreal(T),     %;// 1/s と s とを極零相殺
8  figure(1), step(T),%;// 閉ループ系のステップ応答を描く
9  figure(2),bodemag(T,1-T),%;//T, S のゲイン線図を描く
```

1〜3行目では，$\begin{bmatrix}\boldsymbol{x}_r^{\mathrm{T}} & x_{r2}\end{bmatrix}^{\mathrm{T}}$ (p.39の式(1.120)) から $\begin{bmatrix}\boldsymbol{x}^{\mathrm{T}} & x_2\end{bmatrix}^{\mathrm{T}}$ (式(1.118))

までの閉ループ伝達関数 Gc を求める。式 (1.118) と $y = \boldsymbol{C}\boldsymbol{x} + Du$ の状態表現を (As,Bs,Cs,Ds) とすると As,Bs は，プログラム 5-2 で求めた。Cs,Ds は，$y = \boldsymbol{C}\boldsymbol{x} + Du$ を変形すると

$$y = \boldsymbol{C}\boldsymbol{x} + Du = [\boldsymbol{C} \quad 0] \begin{bmatrix} \boldsymbol{x} \\ x_2 \end{bmatrix} + Du \tag{5.35}$$

となるので，Cs= $[\boldsymbol{C} \quad 0]$，Ds= D である。これらを 1 行目に書き，2 行目で $\begin{bmatrix} \boldsymbol{x}_r^{\mathrm{T}} & x_{r2} \end{bmatrix}^{\mathrm{T}}$ から y までの閉ループ系 Gc を求め，3 行目で伝達関数にする。

5～7 行目で，目標値 x_{r2} から y までの閉ループ伝達関数 T を求める。$\boldsymbol{x_r} = [0 \quad 0]^{\mathrm{T}}$，$x_{r2} = \int r\, dt$ (式 (1.120)) にすると

$$y = \mathtt{Gc} \begin{bmatrix} \boldsymbol{x_r} \\ x_{r2} \end{bmatrix} = \mathtt{Gc} \begin{bmatrix} 0 \\ 0 \\ \frac{1}{s} r \end{bmatrix} = \mathtt{Gc} \begin{bmatrix} 0 \\ 0 \\ \frac{1}{s} \end{bmatrix} r = \mathtt{T} r$$

である。この関係から 6 行目で T を求める。[0;0;1/s] は $\begin{bmatrix} 0 & 0 & \frac{1}{s} \end{bmatrix}^{\mathrm{T}}$ である。7 行目の T = minreal(T) で，T のほぼ等しい極 0 と零点 0 を極零相殺 $\left(\frac{s}{s}\text{を約分}\right)$ する。

5.2.5 状態フィードバックのアンチワインドアップ

状態フィードバック $u = \boldsymbol{K}(\boldsymbol{x_r} - \boldsymbol{x})$ の計算は，偏差と $\boldsymbol{K}$ の要素との内積である。この場合，P 制御と同じでアンチワインドアップが不要なことが多い。しかし，サーボ制御の場合は積分演算を含むため，PID 制御器の積分項に対するアンチワインドアップと同じ処理 (p.80) を行う。

5.2.6 状態フィードバックのマイコンへの実装

$u = \boldsymbol{K}(\boldsymbol{x_r} - \boldsymbol{x})$ は積和なので工夫しなくてもプログラム化してマイコンに実装できる。サーボの積分は，積分ゲインを K_i として p.51 の式 (2.10) で積和にすればプログラム化してマイコンに実装できる。

5.2.7　状態フィードバック最適制御のシミュレーション

図 5.3(p.169) の速度制御系と，図 5.4(p.170) の速度サーボ制御系をシミュレーションする。5.2.3 項で，制御帯域 (p.45) が約 100 rad/s になるように最適制御で設計した状態フィードバックゲイン $\boldsymbol{K}$ を用いる。目標角速度 ω_r は 20 rad/s で，モータには 5 V の入力飽和があり，時刻 0.3 s に粘性摩擦係数 C_m が 4 倍に変動する。これは，スクリューがさらさらした液体の中で回っているときに，液体が突然ドロドロに変わるような変動であり，うまく制御しなければ減速してしまうだろう。

シミュレーション結果を図 **5.6** に示す。図 (a) は出力の速度 $y(t)$，図 (b) は制御入力の電圧 $u(t)$ である。一点鎖線は速度制御で，入力飽和してもオーバーシュートが起こらないが，定常偏差が発生してしまう。破線は速度サーボ制御で，最終的には定常偏差がなくなるが，途中で入力飽和のためにオーバーシュートが発生してしまう。実線は積分を停止するアンチワインドアップ (p.80) を施した速度サーボ制御で，オーバーシュートも定常偏差もなく，良好な応答になる。0.3 s に C_m が変動してもすぐに $u(t)$ が上がり，ほとんど影響を受けていない。

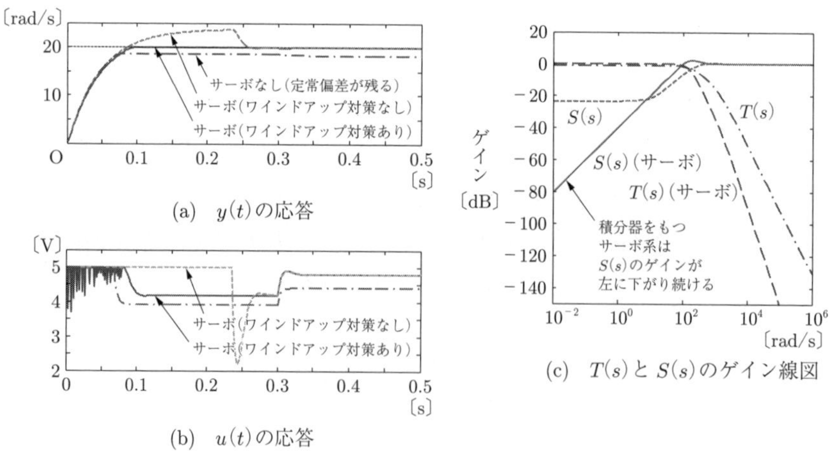

(a)　$y(t)$の応答

(b)　$u(t)$の応答

(c)　$T(s)$と$S(s)$のゲイン線図

図 **5.6**　モータの状態フィードバック最適制御のシミュレーション結果

図 (c) は制御系の感度関数 $S(s)$ と相補感度関数 $T(s)$ のゲイン線図である。速度制御の $S(s)$ は，左が平坦になっているのに対し，制御器が積分器を含む速度サーボ制御では左に下がり続ける。

速度制御は MATLAB で `program(550)` とタイプしてエンターすれば実行できる。速度サーボ制御は `program(551)` と，アンチワインドアップを施した速度サーボ制御は `program(552)` とタイプする。

5.3 DC モータの速度を出力フィードバックで制御しよう

状態フィードバックでは電流 i を計測して，状態 $\boldsymbol{x}$ の一部として使用した。ここでは，i を計測しないで，オブザーバで計算して状態フィードバックと組み合わせる併合系を考える。併合系の速度を制御するための出力フィードバック制御器を設計する。調整パラメータ (極配置法の配置する極，LQG の重み行列，H^∞ 制御の制御帯域など) は，制御帯域 (p.45) が約 100 rad/s になるように調整する。

5.3.1 併合系を極配置法で設計しよう

まずモータの状態表現を設定するためにプログラム 5-1 を実行しておく。極配置法で，併合系の出力フィードバック制御器 K を設計する例を示す。

プログラム 5-7

```
1  P =[-300 -301],   %;// 望ましい極 P を指定（重解は避ける）
2  K = place(A,B,P), %;// 極配置法で K を設計
3  eig(A-B*K),       %;// A-B*K の固有値を表示
4  Po=[-1000 -1001], %;// 望ましい極 P を指定（重解は避ける）
5  L = place(A',C',Po)',%;// 極配置法で L を設計
6  eig(A-L*C),       %;// A-L*C の固有値を表示
7  K=ss(A-B*K-L*C+L*D*K,-L,-K,0); %;// 併合系の制御器 K を作成
```

1，2 行目で状態フィードバックゲイン `K` を極配置法 (p.22) で設計し，3 行目で極を表示する。2 行目の `K = place(A,B,P)` は，制御対象 `(A,B,C,D)` の極を `P` に配置する `K` を設計する。3 行目の `eig(A-B*K)` は，行列 `A-B*K` の固有

値を求める。4, 5 行目でオブザーバゲイン L を極配置法で設計し，6 行目で極を表示する。5 行目の L = place(A',C',Po)' は，制御対象の双対システム (A',C',B',D) の極を Po に配置する L を設計する (p.29 の式 (1.100), (1.101))。A' は A の転置である。6 行目の eig(A-L*C) は，行列 A-L*C の固有値を求める。オブザーバの極 Po のほうが速くなるように，状態フィードバックの極 P の 3 倍以上に設定している (p.42)。7 行目で，併合系の制御器 K を設定する (p.41 の式 (1.124))。

■ **併合系のサーボを極配置法で設計しよう**　　まずモータの状態表現を設定するために，プログラム 5-1 を実行しておく。極配置法で，積分器を含む出力フィードバック制御器を設計する例を示す。

プログラム 5-8

```
1  As=[A [0;0]; ...
2       C   0 ];          %;// 式 (1.118) の A 行列
3  Bs=[B;0];              %;// 式 (1.118) の B ベクトル
4  P=[-100 -101 -102],    %;// 望ましい極 P を指定（重解は避ける）
5  K = place(As,Bs,P),    %;// 極配置法で K=[K1  Ki] を設計
6  eig(As-Bs*K),          %;// As-Bs*K の固有値を表示
7  Po=[-1000 -1001];      %;// 望ましい極 P を指定（重解は避ける）
8  L = place(A',C',Po)', %;// 極配置法で L を設計
9  %;// 式 (1.126), (1.127) で制御器 K を求める
10 A11 = A-B*K(1:2)-L*C+L*D*K(1:2);
11 A12 = (B-L*D)*K(3);
12 K=ss([A11 A12;0 0 0],[-L;1],[-K(1:2) K(3)],0);
```

1〜3 行目で，p.39 の式 (1.118) の A 行列と B ベクトルを設定し，4 行目で望ましい極を指定し，5 行目で極配置法によって状態フィードバックゲイン K を設計し，6 行目で As-Bs*K の固有値を表示している。7, 8 行目で，オブザーバゲイン L を設定する。10〜12 行目で，制御器 K を状態表現で設定する (p.43 の式 (1.126), (1.127))。

5.3.2　併合系を LQG で設計しよう

まずモータの状態表現 G を設定するために，プログラム 5-1 を実行しておく。LQG(p.41) で，出力フィードバック制御器 K を設計する例を示す。

プログラム 5-9

```
1 Q=diag([1 1e5]);  R=1; %;// 状態フィードバックのQ, Rを指定
2 Qo=Q;  Ro=1;           %;// カルマンフィルタのQ, Rを指定
3 QR=blkdiag(Q,R); QRo=blkdiag(Qo,Ro); %;// QR=[Q 0;0 R]
4 K = -lqg(G,QR,QRo);    %;// LQGでKを設計
5 T = feedback(G*K,1);   %;//相補感度関数T=G*K/(1+G*K)を計算
6 S = 1-T;               %;//感度関数S=1-Tを計算
7 figure(1), step(T);    %;//Tのステップ応答を描く
8 figure(2), bodemag(T,1-T);%;//T,Sのゲイン線図を描く
9 figure(3), pzmap(T);   %;//Tの極(×), 零点(○)を描く
```

1~3行目で，最適制御の重み行列を設計する。状態フィードバックの重み行列は`Q`, `R`で，オブザーバは`Qo`, `Ro`である。3行目の`blkdiag(Q,R)`は，2×2の行列`Q`と1×1の`R`を対角に並べ，それら以外の要素をゼロとした行列

$$\left[\begin{array}{ccc} \multicolumn{2}{c}{\multirow{2}{*}{\mathtt{Q}}} & 0 \\ & & 0 \\ 0 & 0 & \mathrm{R} \end{array}\right]$$

をつくる。4行目の`K = -lqg(G,QR,QRo)`で，LQG制御器の状態表現`K`を設計する。Mat@Scilabの場合はコマンド`lqg()`の代わりに`mtlb_lqg()`を用いる。5行目では，相補感度関数T= `feedback(G*K,1)`= $\dfrac{\mathtt{G*K}}{1+\mathtt{G*K}}$を求める。`feedback(G1,G2)`は，$\dfrac{\mathtt{G1}}{1+\mathtt{G1*G2}}$を計算するコマンドである。6行目で，感度関数`S`を求める。7行目で，`T`のステップ応答を描く。`figure(1)`は，グラフ用のウィンドウをつくる。`step(T)`は，`T`のステップ応答を描く。8行目の`bodemag(T)`は，`T`のゲイン線図を描く。9行目の`pzmap(T)`は，複素平面上に`T`の極を×で，零点を○で表示する。

■ **併合系のサーボをLQGで設計しよう**　まずモータの状態表現`G`を設定するために，プログラム5-1を実行しておく。LQGサーボ(p.42の1.2.10項)で，積分器を含む出力フィードバック制御器を設計する例を示す。

プログラム 5-10

```
Q =1*eye(n,n);  R=1;  %;// 状態フィードバックのQ, Rを指定
Qo=1*eye(n,n);  Ro=1; %;// カルマンフィルタのQ, Rを指定
QR=blkdiag(Q,R); QRo=blkdiag(Qo,Ro); %;// QR=[Q,0;0,R]
```

```
4  Qi=1000000;                 %;// 速度の積分値に対する重み
5  %;// LQG で PID 型の K と I-PD 型の K2 を設計
6  K  = lqg(G,QR,QRo,Qi,'1dof'); %;// PID 型 (u=K*e)
7  K2 = lqg(G,QR,QRo,Qi);        %;// I-PD 型 (u=K2*r+K2*y)
8  %;// 相補感度関数 T, T2 を計算
9  T  = feedback(G*K,1);         %;// T=G*K/(1+G*K)
10 T2 = feedback(G*(-K2(2)),1);  %;// T2=G/(1-G*K2(2))
11 %;// ステップ応答を描く
12 figure(1), step(T);           %;// PID 型
13 figure(2),                    %;// グラフ用ウィンドウをつくる
14 step(K2(1)*feedback(G,-K2(2))); %;// I-PD 型
```

1〜4 行目で，最適制御の重み行列を設計する。eye(n,n) は n 次の単位行列である。4 行目の Qi は，p.43 の式 (1.127) の積分ゲイン K_i に対する重みである。Qi は積分器の強さに関係し，大きいほど K_i が大きくなる。Qi をほかの重み行列よりも大きくしたほうが良い制御性能が得られることが多い。6, 7 行目の lqg() で制御器を設計する。引き数の G,QR,QRo,Qi は順に，制御対象 G，重み行列 Q と R を対角に並べた行列 QR，オブザーバの Qo と Ro を並べた行列 QRo，積分ゲイン K_i に対する重み Qi である。設計した K と K2 とは，それぞれ p.43 の図 1.13(a)，(b) の制御器である。K2 は要素数 2 のベクトルであり，u を

$$u = \mathtt{K2(1)}r + \mathtt{K2(2)}y \tag{5.36}$$

で計算する。両辺に G を掛けて $y=\mathtt{G}u$ を代入すると

$$y = \frac{\mathtt{G*K2(1)}}{1 - \mathtt{G*K2(2)}}r \tag{5.37}$$

となる。これより，ステップ応答を求める (14 行目)。相補感度関数 T は観測ノイズから出力 y までの伝達関数である†。したがって，K，K2 のそれぞれの相補感度関数 T，T2 は

$$T = \frac{\mathtt{G*K}}{1 + \mathtt{G*K}}, \quad T_2 = \frac{\mathtt{G*(-K2(2))}}{1 + \mathtt{G*(-K2(2))}} \tag{5.38}$$

† 前書『高校数学でマスターする制御工学』の 2.2.4 項を参照。

となる (9, 10 行目)。それぞれの伝達関数表現の差 tf(T)-tf(T2) がゼロになることを確かめてほしい。

5.3.3 併合系の混合感度問題を H^∞ 制御で設計しよう

まずモータの状態表現 G を設定するために，プログラム 5-1 を実行しておく。混合感度問題 (p.45) の H^∞ 制御で，積分器を含む出力フィードバック制御器を設計する。ここでは，G が虚軸上に極をもつ制御対象でも設計できるように，p.46 の手順 (1)～(3), (a)～(c) で設計する例を示す。

プログラム 5-11

```
1  s=tf('s'); %;// s を定義
2  G1 = G/s;  %;// (a) 制御対象に 1/s を含ませる
3  k = 1;     %;// Ws と Wt の次数
4  w0 = 100;  %;// [rad/s], 制御帯域
5  A = 0.01;  %;// |Ws|と|Wt|の最小値 A
6  M = 10;    %;// |Ws|と|Wt|の最大値 M
7  A=A^(1/k);    M=M^(1/k);
8  Ws=((s+w0*A)/(s/M+w0))^k; %;// Ws を求める
9  Wt=((A*s+w0)/(s+w0/M))^k; %;// Wt を求める
10 %;// (1) 双一次変換で虚軸上の極を不安定な極に移動させる
11 p2=pole(Wt^(-1))*2; p1=pole(Ws^(-1))/2;
12 G2 =tf(bilin(ss(G1),1,'Sft_jw',[p2 p1]));
13 Ws2=tf(bilin(ss(Ws),1,'Sft_jw',[p2 p1]));
14 Wt2=tf(bilin(ss(Wt),1,'Sft_jw',[p2 p1]));
15 %;// (2), (b) 混合感度問題を H ∞制御で解いて K を求める
16 [K2,Cl,gam]=mixsyn(G2,Ws2^(-1),[],Wt2^(-1));
17 K=bilin(K2,-1,'Sft_jw',[p2 p1]); %;// (3) 双一次変換で逆変換
18 K=K/s;                           %;// (c)1/s を K につける
19 %;// γ, S, T, Ws, Wt をチェックする
20 disp(' γは'),disp(gam);      %;// γを表示
21 S=(1+G*K)^(-1);   T=1-S;    %;// S と T を計算
22 figure(1),                  %:// γ Ws, γ Wt と
23 bodemag(gam*Ws,gam*Wt,S,T); %;// S, T のゲイン線図を描く
24 figure(2),                  %:// 閉ループ系の
25 step(feedback(G*K,1));      %;// ステップ応答を書く
```

2 行目では，制御対象 G に積分器 $\dfrac{1}{s}$ を含ませる (手順 (a))。3～6 行目では，調整パラメータを設定する。7～9 行目では，感度関数 S の重み Ws と，相補感度

関数 T の重み Wt を求める。11～14 行目では，一般化双一次変換で制御対象の虚軸上の極を不安定な極に移動させる (手順 (1), p.46)。Mat@Scilab の場合はコマンド `bilin()` の代わりに `mtlb_bilin()` を用いる。16 行目では，混合感度問題を H^∞ 制御で解く (手順 (2), (b))。K2 は制御器，gam は γ である。17 行目では，制御器 K2 を一般化双一次変換で逆変換して K を求める (手順 (3))。18 行目では，$\dfrac{1}{s}$ を K につける (手順 (c))。20～25 行目によって，**図 5.7** のグラフが現れ，γ は 1.019 5 と表示される。S, T は W_s, W_t よりも，ある周波数で最大で 1.019 5 倍大きくなっている (p.45)。それが大きすぎるようなら，制御性能が悪くなるが制御帯域 w0 をもっと小さくするなど妥協して再設計する。設計した $K(s)$ の伝達関数は `zpk(minreal(K))` とタイプすると，つぎの伝達関数が表示され，積分器 $\dfrac{1}{s}$ をもつことを確認できる。

$$K(s) = \frac{92\,166\,(s+20\,000)\,(s+979.6)\,(s+21.44)}{s\,(s+18\,260)\,(s^2+20\,000s+1.02\times 10^8)} \tag{5.39}$$

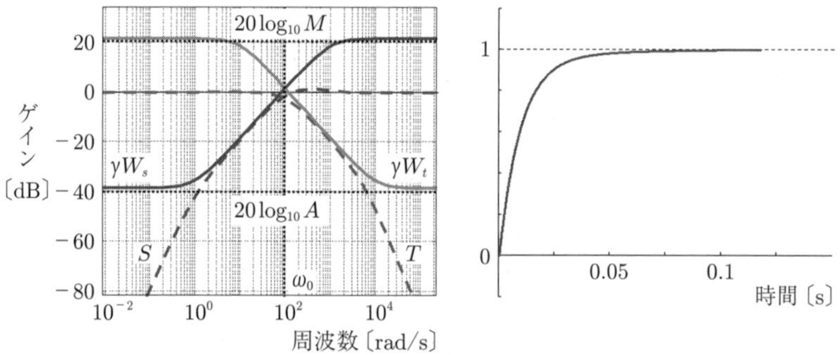

(a)　ゲイン線図　　　　(b)　ステップ応答

図 5.7　混合感度問題のシミュレーション結果

5.3.4　出力フィードバック制御器をマイコンに実装しよう

制御器 K の状態方程式を z 変換 (p.62 の式 (2.33), (2.34)) すると差分方程式 (式 (2.32)) になるので，C 言語などにプログラム化してマイコンに実装できる。

5.3.5 出力フィードバック制御器のアンチワインドアップをしよう

出力フィードバック制御器を状態表現にして，状態表現のアンチワインドアップを行う (p.84)。

5.3.6 出力フィードバックのシミュレーション

ここでは，DC モータの速度制御系の出力フィードバック制御系のシミュレーション例を示す。この制御系は制御器に積分器をもたせるサーボ系で，電流を計測しないで速度だけをフィードバックする。目標角速度 ω_r は 20 rad/s で，用いるモータには 5 V の入力飽和があり，時刻 0.3 s に粘性摩擦係数 C_m が 4 倍に変動する。極配置法 (p.180)，LQG(p.181)，H^∞ 制御 (p.183) で制御帯域 (p.45) が約 100 rad/s になるように試行錯誤で設計した制御器を用いる。アンチワインドアップは，調整が不要な p.84 の積分を停止する方法を用いる。制御器 K を設計してから，つぎのシミュレーションを実行する。

プログラム 5-12

```
1   T = 0.001;        %;// [s], サンプル時間を設定
2   Gz = c2d(G,T);   %;// 制御対象 G を z 変換する
3   Kz = c2d(K,T);   %;// 制御器 K を z 変換する
4   umax = 5;        %;// [V], 入力飽和の値を設定
5   r = 20; y = 0;   %;// [rad/s], 目標値 r と y(0) の初期値を設定
6   xp=0*B; x=0*K.B;%;// G, K の状態の初期値を設定
7   for i=1:(0.5/T),%;// ここからシミュレーション
8     e = r-y;                %;// 偏差 e を求める
9     x = Kz.A*x + Kz.B*e;    %;// 制御器の状態 x を計算
10    u = Kz.C*x + Kz.D*e;    %;// 制御入力 u を計算
11    %;// アンチワインドアップ
12    if abs(u)>umax,         %;// 入力飽和のとき
13      x = x-Kz.B*e;         %;// 9 行目とセットで e=0 にする
14    end
15    %;// 入力飽和
16    if u>umax,              %;// プラスに入力飽和したとき
17      u= umax;              %;// u= umax にする
18    elseif u<-umax,         %;// マイナスに入力飽和したとき
19      u= -umax;             %;// u= -umax にする
20    end
21    %;// 0.3s で Cm を 4 倍にする
22    if i==300,              %;// 300 サンプル目のとき
```

```
23       G.A(2,2)=G.A(2,2)*4; %;// Cm を 4 倍にする
24       Gz=c2d(G,T);         %;// z 変換する
25     end
26     %;// モータのシミュレーション
27     xp = Gz.A*xp + Gz.B*u; %;// モータの状態 xp を計算
28     y  = Gz.C*xp + Gz.D*u; %;// モータの速度 y を計算
29
30     ymem(i,1)=y;           %;// y を記録
31     tmem(i,1)=i*T;         %;// t を記録
32   end %;// ここまでシミュレーション
33   plot(tmem,ymem), %;// y のグラフを描く
```

1行目でサンプル時間を設定し，2, 3行目で制御対象と制御器を z 変換し (p.62の式 (2.32))，4行目で入力飽和値を設定し，5, 6行目で目標値と初期値を設定する。6行目の `K.B` は状態表現 `K` の $\boldsymbol{B}$ ベクトルであり，それに0を掛けたベクトルを，同じサイズの状態変数 `x` の初期値にする (p.21の式 (1.81))。7行目の `for i=1:(0.5/T)` は，8～32行目の `end` までのシミュレーション本体部分を繰り返し実行する。繰り返すたびに，`i` が1, 2, $\cdots$ と増え，`i` が `0.5/T` になった時点で繰返しを終了する。この繰返しは，サンプル時点を意味し，繰り返すたびに時間がサンプル時間 `T` ずつ進むことをシミュレーションしている。マイコンに実装する際は，8～20行目までをプログラム化し，タイマー処理などでサンプル時間ごとにその部分を実行する。8～10行目では，制御器のディジタルの状態表現の差分方程式 (p.62の式 (2.32)) で制御入力 `u` を計算する。MATLABでは行列 `Kz.A`(`Kz` の A 行列) とベクトル `x` の積をスカラと同じように `Kz.A*x` で実行できる。12～14行目は，飽和中に積分を停止するアンチワインドアップである。入力飽和のときに9行目と13行目とセットで `x = Kz.A*x` (p.84の式 (3.11)) をつくる。16～20行目では，入力飽和をする (p.78)。22～25行目では，0.3 s のときからモータの粘性摩擦係数 C_m を4倍にする (p.167の式 (5.19))。`G.A(2,2)` は `G` の A 行列の2行2列要素である。27, 28行目では，制御対象のディジタルの状態表現の差分方程式 (p.62の式 (2.32)) で出力 `y` をシミュレーションする。30, 31行目では，時系列データ (ベクトル) の `ymem`, `tmem` の第 `i` 要素に，`i` サンプル時点の `y` と時間 `i*T` を代入し，すべての出力

と時間を記録する。33 行目で，y のグラフを描く。

(1) 極 配 置 法　極配置法によるサーボ制御のシミュレーション結果を**図 5.8** に示す。図 (a) は出力の速度 $y(t)$，図 (b) は制御入力の電圧 $u(t)$ である。破線は速度サーボ制御で，最終的には定常偏差がなくなるが，初めに入力飽和によるオーバーシュートが発生してしまう。実線は積分を停止するアンチワインドアップを施した速度サーボ制御で，オーバーシュートも定常偏差もなく，良好な応答になる。0.3 s に C_m が変動してもすぐに $u(t)$ が上がり，ほとんど影響を受けていない。図 (c) は制御系の感度関数 $S(s)$ と相補感度関数 $T(s)$ である。

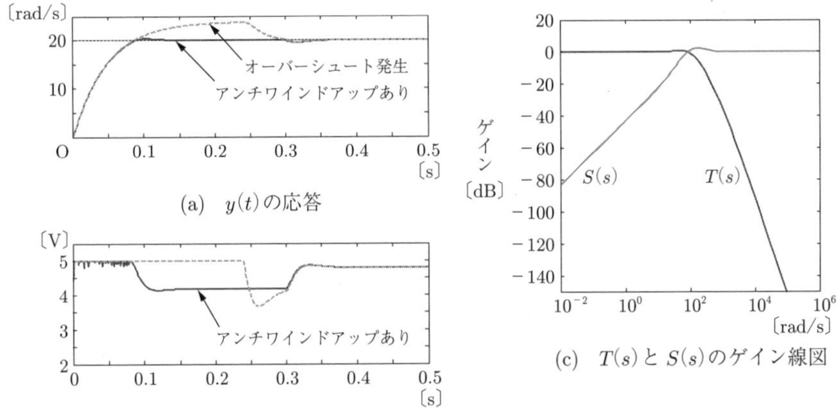

(a)　$y(t)$ の応答

(b)　$u(t)$ の応答

(c)　$T(s)$ と $S(s)$ のゲイン線図

図 5.8　極配置法によるサーボ制御のシミュレーション結果

本シミュレーションの MATLAB コマンドは，速度サーボ制御が `program(561)`，アンチワインドアップを施した速度サーボ制御が `program(562)` である。

(2) LQG　LQG によるアンチワインドアップありのサーボ制御のシミュレーション結果を**図 5.9** に示す。アンチワインドアップありの極配置法と同じく，良好な結果である。本シミュレーションの MATLAB コマンドは `program(572)` である。

(3) H^∞ 制 御　H^∞ 制御によるアンチワインドアップありのサーボ制御のシミュレーション結果を**図 5.10** に示す。アンチワインドアップありの極

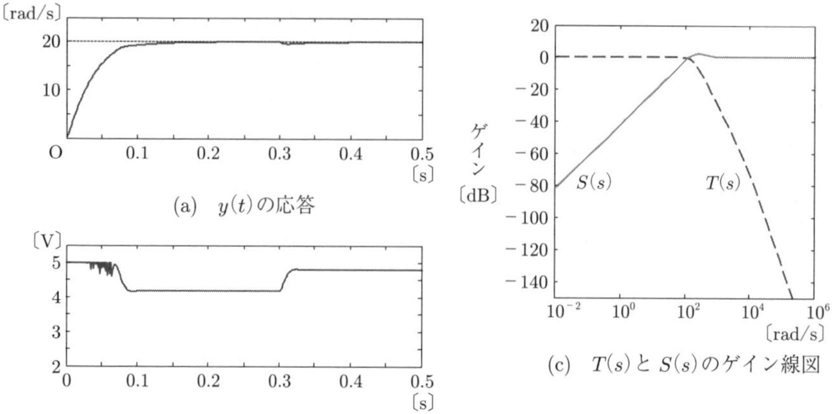

(a)　$y(t)$の応答

(b)　$u(t)$の応答

(c)　$T(s)$と$S(s)$のゲイン線図

図 5.9　LQGによるサーボ制御のシミュレーション結果

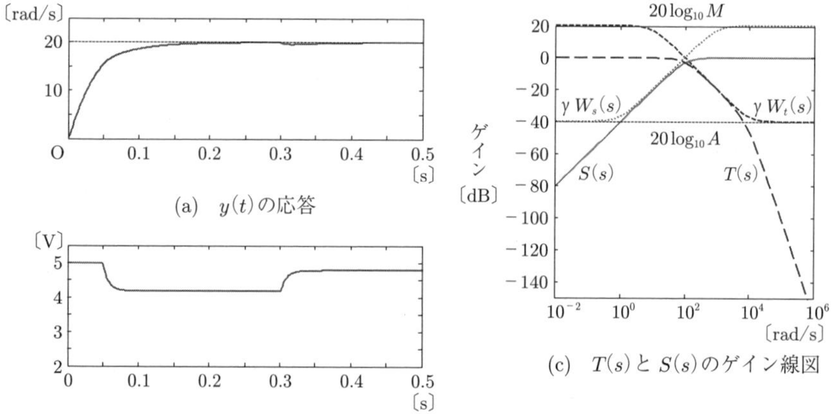

(a)　$y(t)$の応答

(b)　$u(t)$の応答

(c)　$T(s)$と$S(s)$のゲイン線図

図 5.10　H^∞ 制御によるサーボ制御のシミュレーション結果

配置法と同じく，良好な結果である。図 (c) は制御系の感度関数 $S(s)$ と相補感度関数 $T(s)$ であり，各関数ともその重みよりも小さくなっている。本シミュレーションのMATLABコマンドは `program(582)` である。

引用・参考文献

1) 小坂 学：高校数学でマスターする制御工学—本質の理解から Mat@Scilab による実践まで—, コロナ社 (2012)

2) 柴田 浩, 藤井知生, 池田義弘：新版 制御工学の基礎, 朝倉書店 (2001)

3) 小郷 寛, 美多 勉：システム制御理論入門, 実教出版 (1980)

4) 川田昌克：MATLAB/Simulink による現代制御入門, 森北出版 (2011)

5) 佐藤和也, 下本陽一, 熊澤典良：はじめての現代制御理論, 講談社 (2012)

6) R. Hanus, M. Kinnaert, and J. L. Henrotte：Conditioning technique, a general anti-windup and bumpless transfer method, Automatica, Vol. 23, No. 6, pp. 729-739 (1987)

7) E. C. Levi：Complex-Curve Fitting, IRE Trans. on Automatic Control, Vol. AC-4, pp. 37-44 (1959)

8) 小坂 学, 田邊 雄：安定余裕を指定する PID オートチューニング方法, 日本機械学会年次大会 (2014)

索　　引

【あ】

アナログフィルタ　103
アンチワインドアップ　79
安　定　58

【い】

位相余裕　89, 90
一意解　139
一次方程式　117
位置制御　162, 166
1 入出力系　2
1 入力 1 出力系　2
イナーシャ　164
インパルス性ノイズ　103

【え】

エイリアシング　66
エイリアス成分　66

【お】

オイラー法　49
オーバーシュート　78
オブザーバ　29
オブザーバゲイン　29
重み行列　36
折返し雑音　66

【か】

可安定　26
階　乗　15
可観測　30, 33
可観測性行列　31
可観測正準形　11
可観測標準形　11
可検出　30
カスケード制御　165
可制御　25, 142
可制御性行列　25, 140
可制御正準形　8, 140
可制御標準形　8
カットオフ周波数　95
カルマンフィルタ　30
慣性モーメント　164
観　測　4
感度関数　45

【き】

擬似逆行列　110
既　約　34
逆関数　87
逆行列　124
逆行列補題　126
行　数　118
強制応答　15
行ベクトル　117
行　列　118
行列式　124
極　12, 57
極配置法　22, 30, 142, 173, 179
極零相殺　35

【く】

くし型フィルタ　94
グループ遅延　98

【け】

計算トルク法　87
ゲイン　95
ゲイン余裕　89
減衰帯域　95
減衰比　95
現代制御　1
厳密な線形化　88

【こ】

後進差分　51
勾　配　157
勾配ベクトル場　157
ゴースト　66
古典制御　1
ごま塩ノイズ　104
固有値　12, 128
固有ベクトル　128
固有方程式　128
混合感度問題　45, 183

【さ】

最小二乗法　110
最小実現　34
サイズ　118
最適制御　35, 147, 175
最適レギュレータ　36
サージ　103
差分方程式　49, 57
サーボ　20, 169
サーボ問題　20
残　差　111
サンプリングタイム　48
サンプリング定理　65
サンプル時間　48
サンプル時点　60
サンプル周期　48
サンプル周波数　48

サンプルホールド　61
三平方の定理　155

【し】

式誤差　110
時系列　50
次　数　2, 117
システム　1
システム行列　2
システム次数　2
システム同定　105
自然対数の底　15
実　部　58
自動整合制御　81, 84
シフト演算子　54
シミュレーション　50
遮断帯域　95
周波数応答　107
周波数応答法　107
出　力　1
出力フィードバック　40
出力方程式　2
準正定値行列　143
準負定値行列　143
状　態　2
状態観測器　29
状態空間表現　2
状態推移行列　15
状態遷移行列　15
状態表現　2
状態フィードバック　21
状態フィードバックゲイン　21
状態変数　2
状態変数変換　7
状態方程式　2
——の解　15
初期時間　15
初期値応答　15
除去帯域　95

【す】

スカラ　2, 122
ステップ応答　105
スパイクノイズ　103

【せ】

正規化周波数　103
正規方程式　110
制御帯域　45, 89
制御対象　1
正定値行列　143
正定行列　143
積　分　116
積分項　51
0 次ホールド　61
ゼロ次ホールド　61
遷移行列　15
漸化式　49
漸近安定　145
線形二次形式ガウス形　41
線形二次形式レギュレータ　36
線形二次積分制御　39
線形変換　7
前進差分　49, 51

【そ】

双一次変換　46, 53
双一次 z 変換　53
双対システム　11, 30, 134
相補感度関数　45
速度制御　162, 165
速度ループ　165

【た】

対角行列　36
対角要素　122
台形近似　53
台形差分法　53
対称行列　126, 143
第 2 種チェビシェフフィルタ　102
楕円フィルタ　102
タスティン変換　53
多入出力系　4
——の状態方程式　4
単位行列　122
単一入出力系　2

【ち】

チェビシェフフィルタ　98
遅延演算子　54
中央値フィルタ　103
チューニング　89
調波成分　94
直列接続　19, 139

【つ】

通過帯域　95

【て】

ディジタルフィルタ　102
定常ゲイン　60
定常偏差　38
伝達関数　7
転　置　126, 180
電流制御　165
電流ループ　165

【と】

同一次元オブザーバ　29
同値変換　7, 134
特性方程式　128
トルク定数　163

【な】

ナイキスト角周波数　65, 102
ナイキスト周波数　65
内　積　117
内部モデル原理　38

【に】

二次形式　143
入　力　1
入力飽和　78

【ね】

粘性摩擦係数　164

【の】

ノッチフィルタ　*94*

【は】

ハイパスフィルタ　*93*
掃出し法　*124*
バターワースフィルタ　*97*
ばね・ダンパ系　*3*
ばね・マス・ダンパ系　*10*
ハム音　*95*
パルス伝達関数　*55*
半正定値行列　*143*
半正定行列　*143*
バンドエリミネーション
　フィルタ　*93*
バンドパスフィルタ　*93*
半負定行列　*143*
半負定値行列　*143*

【ひ】

ピタゴラスの定理　*155*
微　分　*116*
微分項　*51*

【ふ】

フィードバック制御の原理　*1*
フィードバック接続　*20, 140*
フィルタ　*93*
フーリエ変換　*107*
不可観測　*30*
不可制御　*26*
不感帯　*86*
符号関数　*82*
負定値行列　*143*
プリワーピング　*67*
フルランク　*25, 125*
分離定理　*41, 150*

【へ】

併　合　*40*
併合系　*40, 179*
　——の LQG サーボ
　　42, 181
並列接続　*19, 139*
ベクトル　*117*
ベッセルフィルタ　*97*
偏微分　*157*

【ほ】

飽和要素　*78*

【ま】

マイナーループ　*165*

【む】

むだ時間要素　*60*

【め】

メインループ　*165*
メディアンフィルタ　*103*

【も】

モード　*17*

【ゆ】

唯一解　*124, 139, 145*
誘起電圧定数　*163*

【よ】

余因子行列　*124*
要　素　*117*

【ら】

乱　数　*112*

【り】

リアプノフ関数　*144*
リアプノフの安定性理論　*144*
リアプノフ不等式　*145*
リアプノフ方程式　*146*
リカッチ方程式　*37*
離散化　*48*
リップル　*97*
リミットサイクル　*90*

【れ】

零行列　*121*
零次ホールド　*61*
零状態応答　*15*
零　点　*57*
零入力応答　*15*
零ベクトル　*121*
レギュレータ　*20*
レギュレータ問題　*20*
列　*118*
列　数　*118*
列ベクトル　*117*
連立一次方程式　*118*

【ろ】

ロータリーエンコーダ　*167*
ローパスフィルタ　*93*
ロールオフ　*95*

【わ】

ワインドアップ　*79*

【A】

abs()　*81*
arx()　*113*

【B】

BEF　*93*
besself()　*102*
bilin()　*76*
blkdiag()　*181*
bodemag()　*176, 181*
bode()　*100*
BPF　*93*
butter()　*100*

【C】

cheby1()　*102*
cheby2()　*102*
c2d()　*76*

【D】

DC モータ　*162*
diag()　*174*
d2c()　*76*

【E】

eig()　*174, 179*
ellip()　*102*
eye()　*182*

【F】

feedback()　*181*
figure()　*176, 181*
filter()　*77*

【G】

grad　*157*

【H】

H^∞ 制御　*45, 183*
HPF　*93, 99*

【I】

$\boldsymbol{I}$　*122*
idinput()　*108, 112*
invfreqs()　*114*

【L】

length()　*173, 176*
LPF　*93, 95*
LQG　*41, 180*
LQG サーボ　*42, 181*
lqg()　*181*
LQI　*39*
lqi()　*175*
LQR　*36*
lqr()　*38, 175*
lsim()　*108*

【M】

M 系列　*112*
medfilt1()　*104*
minreal()　*177*

【O】

$\boldsymbol{O}$　*17, 121*

【P】

place()　*174, 179*
plot()　*77*
pzmap()　*181*

【R】

Re　*58*

【S】

sign()　*82*
ss()　*173*
step()　*106, 176, 181*

【T】

tf()　*176*
tfdata()　*76*
Tustin 変換　*53*

【Z】

z 変換　*60*
zpk()　*184*

【ギリシャ文字・記号】

∇　*157*
∂　*157*

【MATLAB 操作】

行列式を計算　*27*
極配置法を設計する　*172*
積分器を含む LQG を設計する　*181*
行列の積　*174, 186*
併合系サーボを極配置法で設計する　*180*
併合系を極配置法で設計する　*179*
リカッチ方程式を解く　*37*
離散化　*75*
H^∞ 制御を設計する　*45*
LQG を設計する　*180*
LQI を設計する　*175*
LQR を設計する　*38*

── 著 者 略 歴 ──

1989年　大阪府立大学工学部電子工学科卒業
1991年　大阪府立大学大学院工学研究科博士前期課程修了（電子工学専攻）
1991年　ダイキン工業株式会社 電子技術研究所
～01年
1999年　大阪府立大学大学院工学研究科博士後期課程修了（電気情報系専攻）
　　　　博士（工学）
2001年　近畿大学講師
2006年　近畿大学助教授
2011年　近畿大学教授
　　　　現在に至る

高校数学でマスターする　**現代制御とディジタル制御**
──本質の理解から Mat@Scilab による実践まで──
Modern Control and Digital Control Based on High School Math
──From the Essence to the Practice Using Mat@Scilab──

2015 年 9 月 25 日　初版第 1 刷発行 ★
2020 年 1 月 15 日　初版第 3 刷発行

検印省略

著　者　小坂（こさか）　学（まなぶ）
発 行 者　株式会社　コ ロ ナ 社
　　　　　代 表 者　牛 来 真 也
印 刷 所　三 美 印 刷 株 式 会 社
製 本 所　有限会社　愛 千 製 本 所

112–0011　東京都文京区千石 4–46–10
発 行 所　株式会社　**コ ロ ナ 社**
CORONA PUBLISHING CO., LTD.
Tokyo Japan
振替 00140–8–14844・電話(03)3941–3131(代)
ホームページ　https://www.coronasha.co.jp

ISBN 978–4–339–03218–5　C3053　Printed in Japan　（横尾）

計測・制御テクノロジーシリーズ

（各巻A5判，欠番は品切または未発行です）

■計測自動制御学会 編

配本順	書名	著者	頁	本体
1.（9回）	計測技術の基礎	山崎弘郎・田中充 共著	254	3600円
2.（8回）	センシングのための情報と数理	出口光一郎・本多敏 共著	172	2400円
3.（11回）	センサの基本と実用回路	中沢信明・松井利一・山田功 共著	192	2800円
4.（17回）	計測のための統計	寺本顕武・椿広計 共著	288	3900円
5.（5回）	産業応用計測技術	黒森健一 他著	216	2900円
6.（16回）	量子力学的手法によるシステムと制御	伊丹・松井・乾・全 共著	256	3400円
7.（13回）	フィードバック制御	荒木光彦・細江繁幸 共著	200	2800円
9.（15回）	システム同定	和田・奥・田中・大松 共著	264	3600円
11.（4回）	プロセス制御	高津春雄 編著	232	3200円
13.（6回）	ビークル	金井喜美雄 他著	230	3200円
15.（7回）	信号処理入門	小畑秀文・浜田望・田村安孝 共著	250	3400円
16.（12回）	知識基盤社会のための人工知能入門	國藤進・中田豊久・羽山徹彩 共著	238	3000円
17.（2回）	システム工学	中森義輝 著	238	3200円
19.（3回）	システム制御のための数学	田村捷利・武藤康彦・笹川徹史 共著	220	3000円
20.（10回）	情報数学 ―組合せと整数およびアルゴリズム解析の数学―	浅野孝夫 著	252	3300円
21.（14回）	生体システム工学の基礎	福岡豊・内山孝憲・野村泰伸 共著	252	3200円

定価は本体価格+税です。
定価は変更されることがありますのでご了承下さい。

図書目録進呈◆